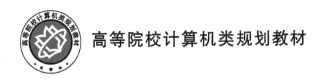

高等院校计算机类规划教材

虚拟现实技术与应用

主　编　胡小强

副主编　何　玲　祝智颖

U0291027

北京邮电大学出版社
www.buptpress.com

内 容 简 介

本书为普及与应用虚拟现实(VR)技术而编写,本书主要介绍了 VR 的概念、发展状况,VR 系统的硬件组成,VR 系统的相关技术,VR 的工具软件等。本书理论与应用实践相结合,通过对本书内容的学习,读者可实现快速入门的目标。

全书共分为 6 章,第 1 章为 VR 技术概论,主要介绍了 VR 的发展历程、特性、应用现状;第 2 章主要介绍了 VR 系统的硬件设备,包括 VR 感知设备、交互设备、跟踪设备和虚拟世界生成设备;第 3 章主要介绍了 VR 系统的相关技术;第 4 章主要介绍了 VR 技术的相关软件,包括建模软件和开发引擎;第 5 章主要介绍了全景技术;第 6 章主要介绍了 Unity 3D 开发基础,包括 VR 和 AR 的一些应用案例。希望本书的出版有助于推动 VR 技术的普及,让更多人关注 VR 技术的应用与开发。

本书可作为高等院校虚拟现实技术、动画、数字媒体技术、数字媒体艺术、教育技术学、计算机应用等专业本科与专科学生的教材,也可作为 VR 教育培训班的教材及参考书,同时可作为 VR 爱好者的自学教材。

图书在版编目(CIP)数据

虚拟现实技术与应用 / 胡小强主编. -- 北京:北京邮电大学出版社,2020.12(2024.8 重印)
ISBN 978-7-5635-6285-5

Ⅰ.①虚… Ⅱ.①胡… Ⅲ.①虚拟现实 Ⅳ.①TP391.98

中国版本图书馆 CIP 数据核字(2020)第 261979 号

策划编辑:马晓仟   **责任编辑:**马晓仟   **封面设计:**七星博纳

出版发行:北京邮电大学出版社
社 址:北京市海淀区西土城路 10 号
邮政编码:100876
发 行 部:电话:010-62282185   传真:010-62283578
E-mail:publish@bupt.edu.cn
经 销:各地新华书店
印 刷:河北虎彩印刷有限公司
开 本:787 mm×1 092 mm 1/16
印 张:17.75
字 数:465 千字
版 次:2020 年 12 月第 1 版
印 次:2024 年 8 月第 5 次印刷

ISBN 978-7-5635-6285-5   **定价:46.00 元**

· 如有印装质量问题,请与北京邮电大学出版社发行部联系 ·

前　　言

　　虚拟现实(VR,Virtual Reality)技术也称"灵境技术",于20世纪80年代起源于美国。2016年为"VR元年",在此之后,全球兴起了一股VR应用的浪潮,VR逐渐渗透、深化、应用于各个领域并更好地服务于人们的美好生活。VR与生俱来拥有与其他领域深入融合的巨大潜力,它可与军事、航空航天、教育、工业、农业、医疗卫生、休闲娱乐、文化艺术等领域相融合并为其带来新的生机与活力。

　　如今,VR技术已经处于快速发展阶段。近五年来,VR产业经过不断的探索发展,形成了从硬件、软件到技术的初步整合和行业链条。我国高度重视VR产业发展,积极加强布局。《国家中长期科学和技术发展规划纲要(2006—2020年)》把VR列为前沿技术中信息技术部分的三大技术之一。《国家创新驱动发展战略纲要》《信息产业发展指南》《"十三五"国家信息化规划》等国家重大规划对推进VR产业发展都做了具体部署,以期我国能够抢占全球VR战略制高点。2018年12月,工业和信息化部发布了《关于加快推进虚拟现实产业发展的指导意见》,全面规划了VR产业的发展目标、发展路径和重点任务,加速了VR产业发展。

　　与此同时,VR专业人才也越发成为刚性需求,引起了国家有关部门和专家们的高度重视。2018年9月,教育部在《普通高校高等职业教育(专科)专业目录》中增设"虚拟现实应用技术"专业,2020年2月,教育部把"虚拟现实技术"本科专业纳入《普通高校本科专业目录(2020年版)》,至此,VR正式以学科专业的身份登上历史舞台。为了培育更多的前沿应用型人才,为新技术探索更多的可能性,推动VR新技术的发展,VR的教育书籍也应该紧跟时代的潮流,以普及更多有用的VR知识。我们虚拟现实教育研究(VRE)团队从2003年开始关注VR技术,并从事VR人才的培养工作,依托南昌市VR感知交互重点实验室,经过长期的探索,积累了一些VR技术的经验和资源,希望通过本书向对VR感兴趣的读者循序渐进地普及VR基本原理和知识,并结合相关实例阐述VR的具体应用,让读者在动手操作中感受VR的神奇之处,在提升读者能动性的同时激发其学习VR的兴趣,吸引更多的人才投身VR产业大潮。

基于当前 VR 的发展现状，本书主要介绍了 VR 的概念、发展状况，VR 系统的硬件组成，VR 系统的相关技术，VR 的工具软件等。全书共分 6 章，第 1 章主要介绍了 VR 的发展历程、特性、应用现状；第 2 章主要介绍了 VR 系统的硬件设备，包括 VR 感知设备、交互设备、跟踪设备和虚拟世界生成设备；第 3 章主要介绍了 VR 系统的相关技术；第 4 章主要介绍了 VR 技术的相关软件，包括建模软件和开发引擎；第 5 章主要介绍了全景技术；第 6 章主要介绍了 Unity 3D 开发基础，包括 VR 和 AR 的一些应用案例。希望本书的出版有助于推动 VR 技术的普及，让更多人关注 VR 技术的应用与开发。

本书由胡小强教授担任主编，何玲、祝智颖担任副主编。第 1～4 章由胡小强编写，第 5 章由何玲编写，第 6 章由祝智颖编写，姚兴宇、范晓婷、王媛媛、梁巧房等为本书开发了大量的 VR 教学资源，另外，张玉平、杨松、李嘉诚、马志梅、王瑞雪、史晓倩、方开亮等对本书的编写提供了大量的帮助。

需要特别说明的是，本书在编写过程中参考、引用了国内外的一些论文和研究成果，编者在此向这些文献的作者表示诚挚的敬意，且本书中有部分图片来源于网络，由于未找到图片的作者，故未标明出处，编者在此向这些图片的作者表示感谢。同时，由于当前 VR 技术的飞速发展，所以书中若有疏漏和错误之处，欢迎各位专家和广大读者朋友对本书提出宝贵的意见和建议。

如果您在自学、教学、应用中有相关问题可联系 VRBOOK@126.com，我们 VRE 团队为您准备了教学用 PPT、大量的 VR/AR 相关教学资料、精品教学课程录像等，期望与您进行交流，共同为我国 VR 人才培养做贡献。

编 者
2020 年 9 月

目 录

第1章 虚拟现实技术概论 ·· 1

1.1 虚拟现实技术概述 ·· 2

　　1.1.1 虚拟现实技术的定义 ··· 2

　　1.1.2 虚拟现实技术的发展历程 ···································· 3

　　1.1.3 虚拟现实系统的组成 ··· 9

　　1.1.4 虚拟现实技术与其他技术 ···································· 11

　　1.1.5 虚拟现实技术的实现意义与影响 ···························· 16

1.2 虚拟现实技术的特性 ·· 17

　　1.2.1 沉浸性 ··· 18

　　1.2.2 交互性 ··· 20

　　1.2.3 想象性 ··· 22

1.3 虚拟现实与增强现实、混合现实 ·································· 22

　　1.3.1 增强现实技术 ·· 23

　　1.3.2 混合现实技术 ·· 25

　　1.3.3 VR、AR、MR 的异同 ·· 26

1.4 虚拟现实中人的因素 ·· 27

　　1.4.1 人的视觉 ··· 27

　　1.4.2 人的听觉 ··· 30

　　1.4.3 身体感觉 ··· 32

　　1.4.4 健康与安全问题 ·· 34

1.5 虚拟现实技术的研究状况 ·· 36

　　1.5.1 国外的研究状况 ·· 36

　　1.5.2 国内的研究状况 ·· 38

　　1.5.3 目前存在的问题 ·· 39

1.5.4 今后的研究方向 ·· 40

1.6 虚拟现实技术的应用 ·· 41

1.6.1 军事与航空航天 ·· 41

1.6.2 教育与培训 ·· 44

1.6.3 建筑设计与城市规划 ·· 49

1.6.4 娱乐、文化体育艺术 ·· 51

1.6.5 商业领域 ·· 56

1.6.6 工业领域 ·· 57

1.6.7 医学领域 ·· 59

习题 ·· 61

第2章 虚拟现实系统的硬件设备 ·· 62

2.1 感知设备 ·· 62

2.1.1 视觉感知设备 ·· 63

2.1.2 听觉感知设备 ·· 78

2.1.3 触觉感知设备 ·· 79

2.1.4 味觉感知设备 ·· 84

2.1.5 嗅觉感知设备 ·· 86

2.2 基于自然的交互设备 ·· 87

2.2.1 三维控制器 ·· 87

2.2.2 数据手套 ·· 88

2.2.3 体感交互设备 ·· 91

2.2.4 语音交互 ·· 93

2.2.5 触觉交互 ·· 93

2.3 三维定位跟踪设备 ·· 94

2.3.1 电磁跟踪系统 ·· 95

2.3.2 声学跟踪系统 ·· 97

2.3.3 光学跟踪系统 ·· 98

2.3.4 机械跟踪系统 ·· 101

2.3.5 惯性位置跟踪系统 ·· 101

2.4 虚拟世界生成设备 ·· 102

2.4.1 基于 PC 的 VR 系统 ·· 104

2.4.2 基于图形工作站的 VR 系统 ·· 105

2.4.3 基于分布式计算机的 VR 系统 ·· 107

2.4.4 三维建模设备 ·· 108

习题 ·· 114

第3章　虚拟现实系统的相关技术 ·· 115

3.1　立体显示技术 ·· 115

3.1.1　彩色眼镜法 ··· 116

3.1.2　偏振光眼镜法 ·· 117

3.1.3　串行式立体显示法 ·· 118

3.1.4　裸眼立体显示实现技术 ·· 119

3.1.5　全息显示技术 ·· 120

3.2　环境建模技术 ·· 122

3.2.1　几何建模技术 ·· 123

3.2.2　物理建模技术 ·· 125

3.2.3　行为建模技术 ·· 125

3.2.4　听觉建模技术 ·· 126

3.3　真实感实时绘制技术 ·· 127

3.3.1　真实感绘制技术 ·· 127

3.3.2　基于几何图形的实时绘制技术 ·· 129

3.3.3　基于图像的实时绘制技术 ·· 131

3.4　三维虚拟声音的实现技术 ··· 132

3.4.1　三维虚拟声音的概念与作用 ··· 132

3.4.2　三维虚拟声音的特征 ·· 133

3.4.3　语音识别技术 ·· 134

3.4.4　语音合成技术 ·· 134

3.5　自然交互与传感技术 ·· 135

3.5.1　手势识别 ·· 136

3.5.2　面部表情识别 ·· 137

3.5.3　眼动跟踪 ·· 139

3.5.4　触觉(力觉)反馈传感技术 ··· 139

3.5.5　嗅觉交互技术 ·· 140

3.5.6　定位跟踪技术 ·· 140

3.6　实时碰撞检测技术 ··· 141

3.6.1　碰撞检测的要求 ·· 141

3.6.2　碰撞检测的实现方法 ·· 142

3.7　数据传输技术 ·· 142

3.7.1　5G 通信技术 ·· 143

3.7.2　蓝牙传输技术 ·· 144

3.7.3　WiFi 传输技术 ·· 144

习题 ………………………………………………………………………………… 145

第4章 虚拟现实技术的相关软件 ………………………………………………… 146

4.1 虚拟现实技术的建模工具软件 ……………………………………………… 146

4.1.1 3ds Max ………………………………………………………………… 147

4.1.2 Maya …………………………………………………………………… 148

4.1.3 CINEMA 4D …………………………………………………………… 150

4.1.4 DAZ 3D ………………………………………………………………… 152

4.1.5 RealityCapture ………………………………………………………… 153

4.2 虚拟现实技术开发引擎 ………………………………………………………… 157

4.2.1 Unity 3D ………………………………………………………………… 158

4.2.2 Unreal Engine …………………………………………………………… 160

4.2.3 VR-Platform ……………………………………………………………… 162

4.2.4 其他开发引擎 …………………………………………………………… 163

习题 ………………………………………………………………………………… 166

第5章 全景技术 …………………………………………………………………… 167

5.1 全景技术概述 …………………………………………………………………… 168

5.1.1 全景技术的特点 ………………………………………………………… 168

5.1.2 全景技术的分类 ………………………………………………………… 168

5.1.3 常见的全景技术 ………………………………………………………… 170

5.2 全景制作的硬件设备与拍摄方法 ……………………………………………… 174

5.2.1 硬件设备 ………………………………………………………………… 174

5.2.2 全景照片的拍摄方法 …………………………………………………… 183

5.2.3 柱形全景作品的制作 …………………………………………………… 185

5.2.4 球形全景作品的制作 …………………………………………………… 188

5.2.5 对象全景作品的制作 …………………………………………………… 196

5.3 手机全景作品的拍摄与制作 …………………………………………………… 199

5.3.1 手机全景作品的拍摄技术 ……………………………………………… 199

5.3.2 手机全景拍摄设备 ……………………………………………………… 199

5.3.3 手机全景拍摄 …………………………………………………………… 201

5.3.4 手机全景拍摄后期制作 ………………………………………………… 205

5.4 无人机全景拍摄 ………………………………………………………………… 214

5.4.1 无人机全景拍摄技术 …………………………………………………… 214

5.4.2 无人机全景拍摄设备 …………………………………………………… 215

5.4.3 无人机全景拍摄 ………………………………………………………… 218

　　5.4.4　无人机全景拍摄后期制作与发布 ……………………………… 220

习题 ………………………………………………………………………… 234

第6章　Unity 3D 开发基础 ……………………………………………… 235

6.1　Unity 3D 开发引擎安装 ……………………………………………… 236

　　6.1.1　Unity 3D 的历史版本 …………………………………………… 236

　　6.1.2　Unity 3D 的安装指南 …………………………………………… 236

6.2　Unity 3D 开发引擎简介 ……………………………………………… 239

　　6.2.1　界面简介 ………………………………………………………… 239

　　6.2.2　物理引擎和碰撞检测 …………………………………………… 245

　　6.2.3　Unity UGUI ……………………………………………………… 246

　　6.2.4　Mecanim 动画系统 ……………………………………………… 248

6.3　VR 开发实战案例 ……………………………………………………… 248

　　6.3.1　VR 全景制作演示案例 …………………………………………… 248

　　6.3.2　VR 开发演示案例 ………………………………………………… 256

6.4　AR 开发实战案例 ……………………………………………………… 261

　　6.4.1　AR 开发演示案例（一） ………………………………………… 261

　　6.4.2　AR 开发演示案例（二） ………………………………………… 267

习题 ………………………………………………………………………… 271

参考文献 ………………………………………………………………… 272

第1章 虚拟现实技术概论

学习目标

1. 掌握虚拟现实技术的基本定义
2. 掌握虚拟现实技术的分类、特性
3. 掌握 VR/AR/MR 的异同
4. 了解虚拟现实系统的组成
5. 了解虚拟现实技术中人的因素
6. 了解虚拟现实技术与其他学科的关系
7. 了解虚拟现实技术的研究与应用状况

虚拟现实(VR,Virtual Reality)技术又称"虚拟环境""灵境技术""赛伯空间"等,是 20 世纪发展起来的一项全新的计算机实用技术。它源于美国军方开发研究出来的一种计算机仿真技术,其主要目的是用于军事上的仿真,在美国军方内部使用。一直到 20 世纪 80 年代末期,虚拟现实技术才开始作为一个较完整的体系受到人们极大的关注,并开始得到广泛应用。

虚拟现实技术是 20 世纪以来科学技术进步的结晶,它集中体现了计算机图形学、计算机仿真技术、多媒体技术、物联网技术、人体工程学、人机交互理论、人工智能等多个领域的最新成果,是一门富有挑战性的交叉技术前沿学科和研究领域。它以计算机技术为主,利用计算机和一些特殊的输入与输出设备来营造出一个"看起来像真的、听起来像真的、摸起来像真的、嗅起来像真的、尝起来像真的"的多感官三维虚拟世界(虚拟环境)。在这个虚拟世界中,人与虚拟世界可进行自然的交互,并能实时产生与真实世界相同的感觉,使人与虚拟世界融为一体,即人们可以直接观察与感知周围世界及物体的内在变化,与虚拟世界中的物体之间进行自然的交互(包括感知环境并干预环境)。

虚拟现实从英文"Virtual Reality"一词翻译过来,"Virtual"可以理解为"这个世界或环境是虚拟的,不是真实的,是由计算机运算生成的,存在于计算机内部的世界";"Reality"的含义是真实的世界或现实的环境,把两者合并起来就称为虚拟现实;也就是说采用以计算机为核心的一系列设备,并通过各种技术手段创建出一个新的虚拟环境,让人感觉到就如处在真实的客观世界一样。

虚拟现实技术现在已成为信息领域中继多媒体技术、网络技术之后得到广泛关注及研究、开发与应用的热点,也是目前发展最快的一项多学科综合技术。

虚拟现实技术的发展与普及,对我们有十分重大的意义。它改变了过去人与计算机之间枯燥、生硬、被动的交流方式,使人机之间的交互变得更为人性化,为人机交互接口开创了新的研究领域,为智能工程的应用提供了新的界面工具,为各类工程的大规模数据可视化提供了新的描述方法,也同时改变了人们的工作方式和生活方式,改变了人们的思想观念。虚拟现实技术已成为新的媒体、一门艺术、一种文化、一个产业。

据有关权威人士断言,在 21 世纪,人类将进入虚拟现实的科技新时代,虚拟现实技术将是信息技术的代表,虚拟现实技术、理论分析、科学实验也将为人类探索客观世界规律的三大手段。

近年来,虚拟现实技术发展迅猛,特别是自 2016 年虚拟现实元年以来,江西南昌打响了全球 VR 产业的"第一枪",全球 VR 产业应用成为一大热点,各大公司推出虚拟现实相关硬件与技术,HTC、Oculus、SONY(索尼)三大头盔显示器产品相继发售,越来越多的软件硬件公司投身于 VR 产业大潮,推动着虚拟现实技术高速发展。2018 年年底以来,我国 VR 产业投融资市场火热。数据显示,截止到 2019 年 9 月,我国 VR 产业融资数量为 49 件,融资金额达到99.21 亿元。随着我国 VR 产业的发展成熟,未来 VR 内容的探索将成为中国厂商的主流。某机构预测报告表明,2021 年在我国 VR 市场上,VR 头戴设备及消费级内容将占据三分之二。到 2021 年,我国 VR 市场规模将达到 544.5 亿元。

展望未来,VR 市场有着广阔的发展前景。预计随着 VR 技术的日趋成熟,VR 概念的普及,VR 市场需求将不断提升,VR+各领域的应用也将逐步展开,人们对 VR 产品消费支出也将保持增长态势。

1.1　虚拟现实技术概述

1.1.1　虚拟现实技术的定义

关于虚拟现实技术的定义,目前尚无统一的标准,有多种不同的定义,主要分为狭义和广义两种。

狭义的定义认为虚拟现实技术就是一种先进的人机交互方式。在这种情况下,虚拟现实技术被称为"基于自然的人机接口",在虚拟现实环境中,用户看到的是彩色的、立体的,随视点不同变化的景象,听到的是虚拟环境中的声响,手、脚等身体部位可以感受到虚拟环境反馈给用户的作用力,由此使用户产生一种身临其境的感觉。换言之,就是人采用与感受真实世界一样的(自然的)方式来感受计算机生成的虚拟世界,具有与其在真实世界中一样的感觉。

广义的定义即虚拟现实技术为对虚拟想象(三维可视化的)或真实的、多感官的三维虚拟世界的模拟。它不仅是一种人机交互接口,更主要的部分是对虚拟世界内部的模拟。人机交互接口采用虚拟现实的方式,对某个特定环境真实再现后,用户通过自然的方式接受和响应模拟环境的各种感官刺激,与虚拟世界中的人及物体进行思想和行为等方面的交流,使用户产生身临其境的感觉。

综上所述,虚拟现实技术的定义可以归纳如下:虚拟现实技术是指采用以计算机技术为核心的现代高科技手段生成逼真的视觉、听觉、触觉、嗅觉、味觉等多模态的虚拟环境,用户借助一些特殊的输入与输出设备,采用自然的方式与虚拟世界中的物体进行交互,相互影响,从而产生身临其境的感受和体验的技术。

其中,虚拟环境即计算机生成的具有鲜明色彩的立体、多模态虚拟环境,它可以是某一特定现实世界的真实体现,也可以是纯粹构想的虚拟世界;特殊的输入与输出设备是指除键盘、鼠标之外,如头盔显示器、数据手套、传感设备等穿戴于用户身上的设备;自然交互即用户在日常生活中对物体进行操作并得到实时反馈,如手的移动、头的转动、人的走动等。

从虚拟现实技术的相关定义可以看出,虚拟现实技术在人机交互方面有了很大的改进。

1. 人机接口设备的改进

传统的计算机系统通常采用键盘、鼠标、显示器、话筒、音箱等接口设备与人进行交互,这些接口设备能基本满足各种数据和多媒体信息的交互,以至于自计算机发明以来人们一直采用键盘与鼠标进行输入,这类接口设备是面对计算机开发的,人们操作计算机就必须学习这些设备的相关操作。而在虚拟现实系统中,强调基于自然的交互方式,采用的是三维鼠标、头盔显示器、数据手套、空间跟踪定位设备,通过这些特殊的输入与输出设备,用户可以利用自己的视觉、听觉、触觉、嗅觉、味觉等来感知环境,用自然的方式来与虚拟世界进行互动,这些设备不是特别为计算机设计的而是专门为人设计的。这也是虚拟现实技术中最有特色的内容,充分体现了计算机人机接口的新方向。

2. 人机交互内容的改进

计算机从 20 世纪 40 年代发明以来,最早的应用就是数值计算。当时,计算机主要用来处理与计算有关的数值。此后,计算机的功能扩大到处理数值、字符串、文本等各类数据。近十年来,计算机的功能更扩大到处理图形、图像、视频、动画、声音等多种媒体信息。而在虚拟现实系统中,由计算机提供的不仅是"数据、信息",而且还包括多种媒体信息的"环境",这是多模态数据,以环境作为计算机处理的对象和人机交互的内容。人机交互内容的改进,开拓了计算机应用的新思路,体现了计算机应用的新方向。

3. 人机接口效果的改进

在虚拟现实系统中,用户通过基于自然的特殊设备进行交互,得到逼真的视觉、听觉、触觉、嗅觉、味觉等多模态的感知效果,使人产生身临其境的感觉,好像其置身于真实世界中,这也就大大改进了人机交互的效果,同时也体现了人机交互的一个发展要求。

虚拟现实技术产生的具有交互作用的虚拟世界,使人机交互界面更加形象和逼真,因此这激发了人们对虚拟现实技术的兴趣。近十年来,国内外对虚拟现实技术的应用较广泛,虚拟现实技术在军事与航空航天、商业、医疗、教育、娱乐、影视等多个领域也得到越来越广泛的应用,并取得了巨大的经济效益与社会效益。正是因为虚拟现实技术是一个发展前景非常广阔的新技术,人们对它的应用前景充满了憧憬,对虚拟现实技术产业充满期待。

1.1.2　虚拟现实技术的发展历程

像大多数技术一样,虚拟现实技术不是突然出现的。在美国它经过军事、企业及学术实验室长时间研制开发后才进入民用领域。虽然它起源于 20 世纪 80 年代,但其实早在 20 世纪 50 年代中期就有人提出类似的构想:当计算机刚在美国、英国的一些大学相继出现,电子技术还处于以真空电子管为基础的时候,美国电影摄影师 Morton Heilig 就成功地利用电影技术,通过"拱廊体验"让观众经历了一次沿着美国曼哈顿街道的想象之旅。但由于当时各方面的条件制约,如缺乏相应的技术支持,没有合适的传播载体,硬件处理设备缺乏等,虚拟现实技术没有得到很大的发展。直到 20 世纪 80 年代末，随着计算机技术的高速发展及 Internet 技术的普及，虚拟现实技术才得到广泛的应用。

虚拟现实技术的发展大致分为三个阶段：20 世纪 70 年代以前，是虚拟现实技术的探索阶段；20 世纪 80 年代初期到中期，是虚拟现实技术系统化，从实验室走向实用的阶段；20 世纪 80 年代末期至今，是虚拟现实技术高速发展的阶段。

1. 虚拟现实技术的探索阶段

1929 年，在多年使用教练机训练器（机翼短，不能产生离开地面所需的足够提升力）进行飞行训练之后，Edwin A. Link 发明了简单的机械飞行模拟器，在室内某一固定的地点训练飞行员，使乘坐者的感觉和坐在真的飞机上一样，使受训者可以通过模拟器学习如何进行飞行与航行。

1956 年，在全息电影原理的启发下，Morton Heilig 研制出一套称为 Sensorama 的多通道体验的显示系统，如图 1-1-1 所示。这是一套只供单人观看，具有多种感官刺激的立体显示装置，它是模拟电子技术在娱乐方面的具体应用。它模拟驾驶汽车沿曼哈顿街区行驶，生成立体的图像、立体的声音效果，并产生不同的气味，座位也能根据"剧情"的变化摇摆或振动，还能让人感觉到有风在吹动。这套设备在当时非常先进，但观众只能观看而不能改变所看到的和所感受到的世界，也就是说这套设备无交互操作功能。1960 年，Morton Heilig 获得单人使用立体电视设备的美国专利，该专利蕴含了虚拟现实技术的思想。

图 1-1-1　Sensorama 立体电影系统

1965 年，计算机图形学的奠基者美国科学家 Ivan Sutherland 博士在国际信息处理联合会大会上，发表了一篇名为"The Ultimate Display"（《终极的显示》）的论文，文中提出了一种全新的、富有挑战性的图形显示技术，即观察者能否不通过计算机屏幕这个窗口来观看计算机生成的虚拟世界，而是直接沉浸在计算机生成的虚拟世界之中，就像我们生活在客观世界中一样：随着观察者随意地转动头部与身体（即改变视点），他所看到的场景（即由计算机生成的虚拟世界）就会随之发生变化，同时，他还可以用手、脚等部位以自然的方式与虚拟世界进行交互，虚拟世界会产生相应的反应，从而使观察者有一种身临其境的感觉。

后来这一理论被公认在虚拟现实技术中起着里程碑的作用,所以 Ivan Sutherland 既被称为"计算机图形学"之父,又被称为"虚拟现实"之父,图 1-1-2 所示为 Ivan Sutherland 与他设计的头盔显示器。

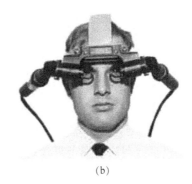

(a)　　　　　　　　　　　　　　(b)

图 1-1-2　虚拟现实之父 Ivan Sutherland 与他设计的头盔显示器

1966 年,美国麻省理工学院林肯实验室在海军科研办公室的资助下,研制出了第一个头盔显示器(HMD,Helmet Mounted Display)。

1967 年,美国北卡罗来纳大学开始了 Grup 计划,研究探讨力反馈(Force Feedback)装置。该装置可以将物理压力通过用户接口引向用户,可以使人感到一种计算机仿真力。

1968 年,Ivan Sutherland 在哈佛大学的组织下开发了头盔显示器,他使用两个可以戴在眼睛上的阴极射线管(CRT)并发表了一篇名为"A Head-mounted 3D Display"的论文,文中对头盔显示器装置的设计要求、构造原理进行了深入的分析,并描绘出这个装置的设计原型,成为三维立体显示技术的奠基性成果。在 HMD 的样机完成后不久,研制者们又反复研究,在此基础上把能够模拟力量和触觉的力反馈装置加入这个系统,并于 1970 年研制出了一个功能较齐全的头盔显示器系统,如图 1-1-2(b)所示。

1973 年,Myron Krueger 提出了"Artificial Reality"(人工现实)一词,这是早期出现的描述"虚拟现实"的词。

1929—1973 年虚拟现实技术的发展情况如图 1-1-3 所示。

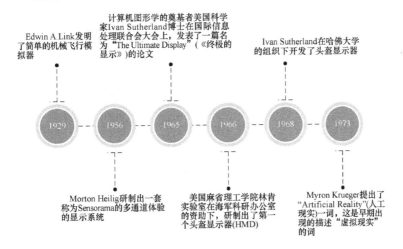

图 1-1-3　虚拟现实技术的探索阶段

2. 虚拟现实技术的系统化阶段

20 世纪 80 年代初期到中期,开始形成虚拟现实技术的基本概念。这一时期出现了 VIEW 系统等比较典型的虚拟现实系统。

进入 20 世纪 80 年代,美国国家航空航天局(NASA)及美国国防部组织了一系列有关虚拟现实技术的研究,并取得了令人瞩目的研究成果,引起了人们对虚拟现实技术的广泛关注。

20 世纪 80 年代初,美国国防部高级研究计划局(DARPA)为坦克编队作战训练开发了一个实用的虚拟战场系统 SIMNET。其主要目标是减少训练费用,提高安全性,另外也可减轻对环境的影响(爆炸和坦克履带会严重破坏训练场地)。这项计划的成果是产生了能使在美国和德国的二百多个坦克模拟器联成一体的 SIMNET 模拟网络,坦克编队可在此网络中模拟作战。

1984 年,NASA Ames 研究中心虚拟行星探测实验室的 M. McGreevy 和 J. Humphries 博士组织开发了用于火星探测的虚拟世界视觉显示器,将火星探测器发回的数据输入计算机,为地面研究人员构造了火星表面的三维虚拟世界。在随后的虚拟交互世界工作站(VIEW)项目中,他们又开发了通用多传感个人仿真器和遥控设备。

1985 年,美国空军研究实验室和 Dean Kocian 共同开发了 VCASS 飞行系统仿真器。

1986 年,Furness 提出了一个叫作"虚拟工作台"(Virtual Crew Station)的革命性概念;Robinett 与合作者发表了早期的虚拟现实系统方面的论文"The Virtual Environment Display System";Jesse Eichenlaub 提出开发一个全新的三维可视系统,其目标是使观察者不使用那些立体眼镜、头跟踪系统、头盔等笨重的辅助设备也能看到同样效果的三维世界。这一愿望在 1996 年得以实现,因为 2D/3D 转换立体显示器的发明。

1987 年,James D. Foley 教授在具有影响力的 *Scientific American* 上发表了一篇题为 "Interfaces for Advanced Computing"(先进的计算机接口)的文章;另外还有一篇报道数据手套的文章,这篇文章及其后在各种报刊上发表的虚拟现实技术的文章引起了人们的极大兴趣。

1989 年,基于 20 世纪 60 年代以来所取得的一系列成就,美国的 VPL 公司的创始人 Jaron Lanier 正式提出了"Virtual Reality"一词。在当时研究此项技术的目的是提供一种比传统计算机仿真更好的方法。

1980—1989 年虚拟现实技术的发展情况如图 1-1-4 所示。

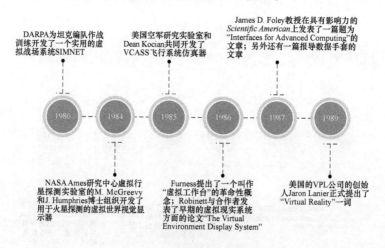

图 1-1-4　虚拟现实技术的系统化阶段

3. 虚拟现实技术的高速发展阶段

进入 20 世纪 90 年代后,迅速发展的计算机硬件技术与不断改进的计算机软件系统极大地推动了虚拟现实技术的发展,使得基于大型数据集合的声音和图像的实时动画制作成为可能,人机交互系统的设计不断创新,很多新颖、实用的输入/输出设备不断地在市场上出现,而这些都为虚拟现实系统的发展打下了良好的基础。

1992 年,美国 Sense 8 公司开发了“WTK”开发包,为虚拟现实技术提供更高层次上的应用。

1993 年 11 月,宇航员通过虚拟现实系统的训练成功地完成了从航天飞机的运输舱内取出新的望远镜面板的工作。波音公司在一个由数百台工作站组成的虚拟世界中,用虚拟现实技术设计出由 300 万个零件组成的波音 777 飞机。

1996 年 10 月 31 日,世界上第一场虚拟现实技术博览会在伦敦开幕。全世界的人们都可以通过因特网坐在家中参观这个没有场地、没有工作人员、没有真实展品的虚拟博览会。这个博览会是由英国虚拟现实技术公司和英国《每日电讯》电子版联合举办的。人们在因特网上输入博览会的网址,即可进入展厅和会场等地浏览。展厅内有大量的展台,人们可从不同角度和距离观看展品。

1996 年 12 月,世界上第一个虚拟现实环球网在英国投入运行。这样,因特网用户便可以在由一个立体虚拟现实世界组成的网络中遨游,身临其境般地欣赏各地风光,参观博览会,到大学课堂听讲座,等等。输入英国“超景”公司的网址之后,显示器上将出现“超级城市”的立体图像。用户可从“市中心”出发参观虚拟超级市场、游艺室、图书馆和大学等场所。

英国“超景”公司总裁在新闻发布会上说,虚拟现实技术的问世,是“因特网继纯文字信息时代之后的又一次飞跃,其应用前景不可估量”。随着因特网传输速度的加快,虚拟现实技术应用也趋于广泛。因此,虚拟现实全球网的问世已是大势所趋。这种网络将被广泛地应用于工程设计、教育、医疗、军事演习、娱乐等领域,虚拟现实技术开始影响与改变着人们的生活。

2012 年,Oculus Rift 项目募集到资金,推出了价格低廉且具有广角和低延迟等沉浸体验的 VR 设备,迎合了市场的需求,拉近了设备和用户之间的距离。

2014 年,谷歌(Google)公司发布了一款 VR 眼镜 Google CardBoard,令手机摇身一变,成为“VR 查看器”,用户可以以非常低廉的成本即通过手机来体验 VR 世界。谷歌的这一举措随即引发了“移动 VR”的爆发。

2014 年 3 月,Facebook(脸书)创始人扎克伯格体验过 Oculus Rift 后,坚定地认为其代表下一代的计算机平台,他用 20 亿美元收购了 Oculus Rift VR 公司,该收购案引爆了 VR 领域的科技热潮。

2016 年 3 月,日本索尼公司宣布推出 PlayStation VR 套件,同年 10 月,该套件以比较低廉的价格开始销售。PlayStation VR 与 HTC Vive 和 Oculus Rift VR 套件相比,在硬件上没有优势,屏幕分辨率也没有它们的高,但其价格比它们便宜。PlayStation VR 不是最好的 VR 设备,却把 VR 带入了日常消费者的生活中。

2017 年我国 VR 产业市场规模已经达到 160 亿元,同比增长 164%。我国在虚拟现实核心关键技术产品研发方面取得了多项突破,部分技术走在了世界前列。例如,在交互技术上,我国解决了 VR 头盔被线缆束缚的问题,开发出全球首款 VR 眼球追踪模组。在光场技术上,光场拍摄系统实现了高精度三维建模,精度达到亚毫米级。在终端产品上,国产 VR 眼镜已经成功应用在“太空之旅”中航天员的心理舒缓项目上。

世界 VR 产业大会是由我国工业和信息化部和江西省人民政府主办的每年一度的 VR 产

业大会,其永久落户在江西省南昌市。大会聚焦 VR 发展的关键和共性问题,探讨产业发展趋势和解决之道;展示 VR 领域的最新成果、前沿技术和最新产品,推动行业应用和消费普及;搭建 VR 国际交流平台,引导全球资源和要素向中国汇聚。

2018 年 10 月,第一届世界 VR 产业大会以"VR 让世界更精彩"为主题,大会包括开幕式、主论坛、平行论坛、产业对接等多项精彩活动。主论坛以"虚拟现实定义未来信息社会"为主题。平行论坛围绕着 VR 技术研究,包括产业生态、人工智能、IEEE 标准、5G 等主题论坛;围绕着 VR 产业发展,包括投资路演、先进制造、动漫、文化旅游等主题论坛;围绕着行业应用,包括教育培训、娱乐游戏、影视内容、新闻出版等主题论坛。

2019 年 10 月举行的 2019 世界 VR 产业大会以"VR＋5G 开启感知新时代"为主题。微软、HTC、中国电信等多家知名企业都设立了展馆。大会期间举办的 VR/AR 产品和应用展览会的布展面积从 2018 年的 2 万平方米扩展到 6 万平方米,分为 VR/AR 产品和应用展区以及通信电子展区。其中,VR/AR 产品和应用展区分别设置教育图书、动漫卡通、影视应用、游戏体验、电子竞技五大应用展区以及境外展团。通信电子展区主要展示了基于 VR、物联网、5G 等技术研发的产品。大会发布了《虚拟现实产业发展白皮书(2019)》。《虚拟现实产业发展白皮书(2019)》认为,技术成熟、消费升级需求、产业升级需求、资本持续投入、政策推动这五大因素促进 VR 产业快速发展。图 1-1-5 所示为 2018 及 2019 世界 VR 产业大会。

图 1-1-5　2018 及 2019 世界 VR 产业大会

HTC(宏达国际电子股份有限公司)是一家位于我国台湾地区的手机与平板计算机制造商。近年来转型向 VR 领域发展,并在 2015 年 3 月发布 VR 头盔产品 HTC Vive,在业界影响较大。2020年 3 月,HTC 举办了首场以"零界·未来"为主题的 Vive 虚拟生态大会(HTC's V2EC 2020),如图 1-1-5 所示。该大会以完全虚拟的全交互形式取代现实会议。来自 55 个国家的千余名观众参加了此次虚拟盛会,与 VR 及相关行业的专家与学者及来自 AMD、Qualcomm Technologies(高通)、英伟达、中国移动、中国电信和中国联通等多家公司共同以 VR 形象相聚于虚拟空间,畅谈 5G 与 VR 的未来和前景,体验一场突破时间与空间限制的 VR 全互动性体验。这是 HTC Vive 在特殊时期一次突破性的尝试,也是 HTC Vive 生态的一次创新表述,更是 VR 技术以及沉浸式计算机产业的里程碑式的事件,标志着虚拟与现实界限的全力突破。

如今,在 5G 技术的推动下,VR/AR＋5G 发展迅速。作为第 5 代移动通信网络,5G 的理论峰值速率高于 10 Gbit/s,比 4G 网络的传输速度快百倍。而 5G 所带来的先进特性不仅可以赋能手机,还将成为更多终端类型和更多行业发展的驱动力,支持更多应用落地。这种高带宽、高速率也将会对人们的日常生活和娱乐产生影响,VR 作为下一代移动计算平台,5G 的到来也使其迎来全面的发展和变革。图 1-1-6 所示为 20 世纪 80 年代末期至今虚拟现实技术的发展情况。

图 1-1-5　HTC 公司的 Vive 虚拟生态大会（HTC's V2EC 2020）

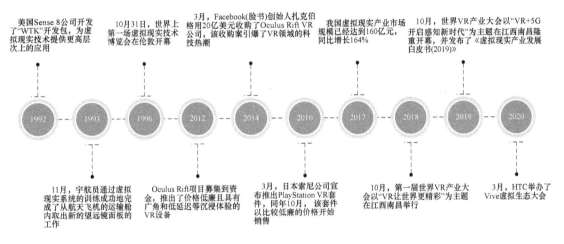

图 1-1-6　虚拟现实技术的高速发展阶段

1.1.3　虚拟现实系统的组成

一个典型的虚拟现实系统主要由计算机、输入/输出设备、应用软件系统和数据库等组成，其模型如图 1-1-7 所示。

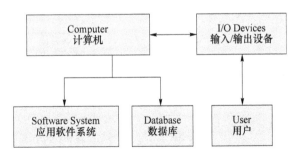

图 1-1-7　虚拟现实系统

1. 计算机

在虚拟现实系统中，计算机是系统的心脏，被称为虚拟世界的发动机。它负责虚拟世界的生成、人与虚拟世界的自然交互等功能的实现。由于所生成的虚拟世界本身具有高度复杂性，尤其在大规模复杂场景中，生成虚拟世界所需的计算量极为巨大，因此对虚拟现实系统中的计算机配置提出了极高的要求。计算机通常可分为基于高性能个人计算机、基于高性能图形工作站及超级计算机系统等。

2. 输入/输出设备

在虚拟现实系统中,用户与虚拟世界之间要实现自然交互、多模态交互,依靠传统的键盘与鼠标是无法实现的,必须采用特殊的输入/输出设备来识别用户各种形式的输入,并实时生成相应的反馈信息。常用的设备有用于手势输入的数据手套、用于语音交互的三维声音系统、用于立体视觉输出的头盔显示器、用于输出力量的力反馈设备等。

3. 应用软件系统

在虚拟现实系统中,应用软件完成的功能有:虚拟世界中物体的几何模型、物理模型、运动模型的建立;三维虚拟立体声的生成;触觉、嗅觉等环境的建立;虚拟世界的人机交互功能的实现;模型管理技术及实时显示技术、虚拟世界数据库的建立与管理等。

4. 数据库

虚拟世界数据库主要存放的是整个虚拟世界中所有物体的各方面信息。在虚拟世界中含有大量的物体,在数据库中就需要有相应的模型。如在显示物体图像之前,就需要有描述虚拟环境的三维模型数据库支持。

图 1-1-8 所示是基于头盔显示器的典型虚拟现实系统,由计算机、头盔显示器、数据手套、力反馈装置、话筒、耳机等设备组成。该系统首先由计算机运算生成一个虚拟世界,由头盔显示器输出立体的视觉显示,耳机输出立体的听觉显示,用户可以采用头的转动、手的移动、语音方式等与虚拟世界进行自然交互,计算机能根据用户输入的各种信息实时进行计算,即对交互行为进行反馈,由头盔显示器更新相应的场景显示,由耳机输出虚拟立体声音、由力反馈装置产生触觉(力觉)反馈。

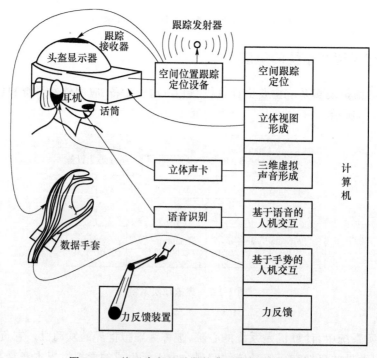

图 1-1-8　基于头盔显示器的典型虚拟现实系统

虚拟现实系统应用最多的专用设备是头盔显示器和数据手套。但是把使用这些专用设备作为虚拟现实系统的标志还不十分准确,虚拟现实技术是在计算机应用(特别是在计算机图形学方面)和人机交互方面开创的全新的学科领域,当前在这一领域我们的研究还处于初级阶段,头盔显示器和数据手套等设备只是当前已经实现虚拟现实技术的一部分虚拟现实设备,虚拟现实技术所涉及的范围还很广泛,远不止这几种设备。

1.1.4　虚拟现实技术与其他技术

1. 虚拟现实技术与计算机图形学

计算机图形学(CG,Computer Graphics)是利用计算机研究图形的表示、生成、处理、显示的学科。它研究的基本内容是如何在计算机中表示图形,以及如何利用计算机进行图形的生成、处理和显示的相关原理与算法。它是计算机科学最活跃的分支之一,随着计算机技术的发展而发展,近 30 年来它发展迅速、应用广泛。事实上,图形学的应用在某种意义上标志着计算机软、硬件的发展水平。计算机图形学的研究内容非常广泛,如图形硬件、图形标准、图形交互技术、光栅图形生成算法、曲线曲面造型、实体造型、真实感图形计算与显示算法,以及科学计算可视化、计算机动画、自然景物仿真、虚拟现实等。

从处理技术上看,图形主要分为两类,一类是由线条组成的图形,如工程图、等高线地图、曲面的线框图等;另一类是类似于照片的明暗图,也就是通常所说的真实感图形,这必须建立图形所描述场景的几何表示,再用某种光照模型,计算在假想的光源、纹理、材质属性下的光照明效果。事实上,图形学也把可以表示几何场景的曲线曲面造型技术和实体造型技术作为其重要的研究内容。同时,真实感图形计算的结果是以数字图像的方式提供的,计算机图形学也就和图像处理有着密切的关系。图形与图像两个概念的区别越来越模糊,但一般认为还是有区别的:图像纯指计算机内以位图形式存在的灰度信息,而图形通常由点、线、面、体等几何元素和灰度、色彩、线型、线宽等非几何属性组成。图形含有几何属性,或者说更强调场景的几何表示,是由场景的几何模型和景物的物理属性共同组成的。

20 世纪 80 年代中期以来,超大规模集成电路的发展为图形学的飞速发展奠定了物质基础。计算机运算能力的提高,图形处理速度的加快,使得图形学的各个研究方向得到充分发展,图形学已广泛应用于动画、科学计算可视化、CAD/CAM(计算机辅助设计/计算机辅助制造)、影视娱乐、虚拟现实等领域。

为了提高计算机图形学的研究与应用水平,每年在美国召开 ACM SIGGRAPH(美国计算机协会计算机图形图像特别兴趣小组)会议,SIGGRAPH 会议是由布朗大学教授 Andries van Dam(Andy)和 IBM 公司 Sam Matsa 在 20 世纪 60 年代中期发起的,这是计算机图形学顶级年度会议,也是全球影响最广、规模最大、最权威的计算机图形学会议。每年全球顶尖的科技公司、研究院和高等学府的人员会齐聚一堂,分享各自的研究成果。SIGGRAPH 会议在很大程度上促进了图形学的发展,近年来,它也极大地推动了 VR 的发展应用。

2019 年的 SIGGRAPH 出现了不少大胆的创新产品。例如,台北科技大学展示了一种手提箱大小的面部触觉解决方案 LiquidMask,LiquidMask 可使 VR 用户的面部感受到冷热的液体感觉。LiquidMask 可以提供触觉反馈,温度变化范围约为 20~36 ℃,并且有望用于水下 VR 体验。另外一家公司则用一个巨大的假体尾巴来畅想未来。这种尾巴可以作为第三平衡肢体来增强用户的平衡感,又或者是出于锻炼等目的来干扰用户的平衡感。麻省理工学院媒体实验室研发的"Deep Reality"软件利用实时心率、皮肤电活动和大脑活动监测创造了一个旨在帮助用户放松和反思的体验。当用户戴上头显并躺下后，"Deep Reality"将利用"几乎难以察觉的光线闪烁、声音脉动以及水下 3D 生物的缓慢移动来反映用户的内部状态。"图 1-1-9 所示为 2019 年 7 月在美国洛杉矶会展中心举行的第 46 届 SIGGRAPH2019 大会。

图 1-1-9　SIGGRAPH2019 大会

计算机图形学来源于生活、科学、工程技术、艺术、音乐、舞蹈、电影等领域，反过来，它又大大促进了它们的发展。

计算机图形学的任务是在计算机上生成看起来是真的，动起来像真的的图像，用户通过显示器（犹如一个窗户）观看计算机生成的图像所构造的景象。但是，在多感知和存在感方面图形学与虚拟现实技术有较大差距。图形学主要依赖于视觉感知，虽然生成的图形可以具有三维立体数据，但由于感知手段的限制，用户并不能感到自己和生成的图形世界融合在一起，比如场景不能随自己视线的改变而改变等。

尽管如此，虚拟现实技术的发展离不开计算机图形学的进步，虚拟现实技术的很多基础理论源于计算机图形学，很多学术学科分类也把虚拟现实技术作为计算机图形学类下的一个发展方向。确实目前虚拟现实技术离不开图形学技术，并随图形学技术的发展而高速发展。但编者认为，虚拟现实系统是一个综合的系统，随着它的进一步发展，它不仅包括图形学的内容，还包括机械、电子、人工智能等多学科的内容，并借助这些学科的最新发展成果，共同推动虚拟现实技术的发展与应用。

2. 虚拟现实技术与多媒体技术

所谓媒体（Media），通常认为包含两种含义。一种是指信息的物理载体（即存储和传递信息的实体），如纸质的书、照片、磁盘、光盘、磁带以及相关的播放设备等；另一种是指信息的表现形式（或称传播形式），如文本、声音、图像、动画等。在计算机多媒体技术中所说的媒体，一般是指后者，即计算机不仅能处理文字、数值之类的信息，而且还能处理声音、图形、电视图像等各种不同形式的信息。国际电话电报咨询委员会（CCITT）把媒体分成 5 类。

① 感觉媒体：指直接作用于人的感觉器官，使人产生直接感觉的媒体。如引起听觉反应的声音，引起视觉反应的图像等。

② 表示媒体：指传输感觉媒体的中介媒体，即用于数据交换的编码。如图像编码（JPEG、MPEG 等）、文本编码（ASCII 码、GB2312 等）和声音编码等。

③ 表现媒体：指进行信息输入和输出的媒体。如键盘、鼠标、扫描仪、话筒、摄像机等为输

入媒体；显示器、打印机、喇叭等为输出媒体。

　　④ 存储媒体：指用于存储表示媒体的物理介质。如硬盘、光盘、U 盘等。

　　⑤ 传输媒体：指传输表示媒体的物理介质。如网络电缆、光缆等。

　　多媒体的英文单词是 Multimedia，它由 media 和 multi 两部分组成。一般理解为多种媒体的综合。多媒体技术不是各种信息媒体的简单复合，它是一种把文本（Text）、图形（Graphics）、图像（Images）、动画（Animation）和声音（Sound）等形式的信息结合在一起，并通过计算机进行综合处理和控制，能支持完成一系列交互式操作的信息技术。它具有集成性、交互性、非线性、实时性等特点。

　　多媒体技术的发展改变了计算机的应用领域，使计算机由办公室、实验室中的专用品变成了信息社会的普通工具，广泛应用于工业生产管理、学校教育、公共信息咨询、商业广告、军事指挥与训练，甚至家庭生活与娱乐等领域。

　　从多个方面看，多媒体技术与虚拟现实技术有很多相似之处，但两者之间的关系，一直以来都存在着如下争论。

　　一些学者认为多媒体技术包括虚拟现实技术，因为虚拟现实技术是一种通过计算机技术、传感技术、仿真技术、微电子技术表现出来的仿真科技产品，它着重于用数字模仿真实世界；多媒体技术则是一种综合的表现形式，只要把文本、图形、图像、动画和声音等形式的信息结合在一起进行的表现就可以统称为多媒体，所以虚拟现实只是多媒体表现形式里面的一种而已。

　　另一些学者则认为虚拟现实技术应该包括多媒体技术，因为多媒体技术的出现源于计算机/个人计算机的出现。多媒体技术使计算机能够交互式处理文字、声音、图像、动画、视频等多种媒体信息。为了实现这些目标，多媒体计算机配置了海量存储器、声卡、3D 图形加速卡等硬件设备。然而虚拟现实技术却不一样，它包括各种软硬件、附属设施，它不仅局限于在计算机上的应用，还可以应用在视觉、听觉、触觉、嗅觉、味觉等媒体感觉上，应用面较为广泛，所以就其应用的范围而言，多媒体技术应该算是虚拟现实技术的一个应用子集。就像 3D 空间的特例是 2D 空间一样，2D 技术实际是 3D 技术的一个子集或者说是一个特殊应用。他们认为多媒体应该归属于虚拟现实技术的一个子集。"虚拟现实之父"Ivan Sutherland 曾说过，多媒体技术再向前跨进一步，就必然进入"虚拟现实"。

　　其实，两者之间谁是谁的应用子集都无关紧要，两者相互渗透较多，按照多媒体技术和虚拟现实的定义，它们应是相互交叉的学科。过多地讨论这个问题没有什么意义，主要是我们应该懂得虚拟现实技术是现在主要流行的高科技表现技术，概念并不重要，重要的是我们要懂得如何应用它。等到虚拟现实技术发展到与多媒体技术一样被广泛应用时，也许会有更好的答案。

3. 虚拟现实技术与系统仿真技术

　　系统仿真技术是一种实验技术，它为一些复杂系统创造了一种计算机实验环境，使系统的未来性能测试和长期动态特性能在相对极短的时间内在计算机上得以实现。从实施过程来看，系统仿真技术通过对所研究系统的认识和了解，抽取其中的基本要素的关键参数，建立与现实系统相对应的仿真模型，经过模型的确认和仿真程序的验证，在仿真试验设计的基础上，对模型进行仿真实验，以模拟系统的运行过程，观察系统状态变量随时间变化的动态规律性，并通过数据采集和统计分析，得到被仿真的系统参数的统计特性，通过分析数据为决策提供辅助依据。

　　虚拟现实系统侧重于表现形式，它可以与客观世界相同，也可以与现实背道而驰，而系统仿真则侧重于真实复杂世界的科学抽象,真正反映出现实世界的运动形式。利用虚拟现实技术可以更好地帮助系统仿真验证模型的有效性,并可以更加直观地、有效地表现仿真结果,两者相辅相成。

4. 虚拟现实技术与三维动画技术

从外部的表现形式来看,虚拟现实技术让人看到的东西与三维动画差别不大,其实两者是不同的两种技术,虚拟现实技术和传统三维动画技术有本质的区别。传统三维动画依靠计算机预先处理好的含有某些场景或物体等的静态图片连续播放形成,不具有任何交互性,即用户不是根据自己的意愿去查看信息,而只能按照设计师预先固定好的一条线路去看某些场景,系统只能给用户提供很少的或不是所需的信息,用户是被动的;而虚拟现实技术则截然不同,它通过计算机实时计算场景,可以根据用户的需要把整个空间中所有的信息真实地提供给用户,用户可根据自己的路线行走,计算机会产生相应的场景,真正做到"想得到,就看得到",所以说交互性是两者最大的区别。

虚拟现实技术源于人们对传统三维动画自由交互的渴望,虽然它形式上和三维动画有些相似之处,但它最终会替代传统三维动画。举例来说,3ds Max 是三维动画制作的常用软件,其制作效果好,运行效率高,用户遍及全球。如果利用 3ds Max 渲染一张小区建筑效果图大概需要几十秒的时间,而虚拟现实软件在同样的分辨率下,每一秒却需要渲染几十帧这样的效果图,因为如果每秒不能达到 20 帧以上,就难以达到和人类实时交互的目的。这种效率是三维动画软件通过软件的优化所无法达到的。

房地产展示是这两个技术最常用的领域,目前,很多房地产公司采用三维动画技术来展示楼盘,其设计周期长,模式固定,制作费用高。在国内也已经有多家公司采用虚拟现实技术来进行设计,其展示效果好,设计周期短,更重要的是它是基于真实数据的科学仿真,不仅可达到一般展示的功能,而且还可把业主带入未来的建筑物内参观,还可展示如门的高度、窗户朝向、某时间的日照、采光的多少、样板房的自我设计、与周围环境的相互影响等。这些都是传统三维动画技术所无法比拟的。有关虚拟现实技术与传统三维动画技术的比较如表 1-1-1 所示。

表 1-1-1 虚拟现实技术与传统三维动画技术的比较

	虚拟现实	传统三维动画
场景的选择性	虚拟世界由基于真实数据建立的数字模型组合而成,严格遵循工程项目设计的标准和要求,属于科学仿真系统。用户亲身体验虚拟三维空间,可自由选择观察路径,有身临其境的感觉	场景画面由动画制作人员根据材料或想象直接绘制而成,与真实的世界和数据有较大的差距,属于演示类艺术作品。观察路径预先假定,无法改变
实时交互性	操纵者可以实时感受运动带来的场景变化,步移景异,并可亲自布置场景,具有双向互动的功能	只能像电影一样单向演示场景变化,画面需要事先制作生成,耗时、费力、成本较高
空间立体感	支持立体显示和 3D 立体声,三维空间感真实	不支持
演示时间	没有时间限制,可真实详尽地展示,并可以在虚拟现实基础上导出动画视频文件,同样可以用于多媒体资料制作和宣传,性价比高	受动画制作时间限制,无法详尽展示,性价比低
方案应用灵活性	在实时三维世界中,支持方案调整、评估、管理、信息查询等功能,适合较大型复杂工程项目的规划、设计、投标、报批、管理等需要,同时又具有更真实和直观的多媒体演示功能	只适合简单的演示功能

5. 虚拟现实技术与 5G 通信技术

第 5 代移动通信技术(5th generation mobile networks,简称 5G 技术)是最新一代蜂窝移动通信技术,也是 4G(LTE-A、WiMax)、3G(UMTS、LTE)和 2G(GSM)系统的延伸。5G 的性能目标是高数据速率、减少延迟、节省能源、降低成本、提高系统容量和大规模设备连接。Release-15 中的 5G 规范的第一阶段是为了适应早期的商业部署。

2019 年 10 月 31 日,我国三大运营商公布 5G 商用套餐,并于当年 11 月 1 日正式上线 5G 商用套餐。5G 技术的主要优势在于,数据传输速率远远高于以前的蜂窝网络,最高可达 10 Gbit/s,比当前的有线互联网要快,比先前的 4G LTE 蜂窝网络快 100 倍。另一个优点是 5G 具有较低的网络延迟(更快的响应时间),低于 1 ms,而 4G 为 30～70 ms。由于数据传输更快,5G 网络将不仅为手机提供服务,而且将成为一般性的家庭和办公网络提供商,与有线网络提供商竞争。

目前,增强性移动带宽、海量连接和高可靠、低时延是 5G 技术的核心特点,5G 技术成熟了,主机云化,虚拟现实系统的应用成本便可大大降低。

在当前虚拟现实体验中,很多体验者经常感到头晕目眩,这主要是由网络延迟造成的。5G 网络具有更高的速度和更宽的带宽,将成为解决这些问题的关键技术。

随着 5G 高带宽、高速率、高可靠、低时延技术的发展,它完全可以助力虚拟现实技术共同去克服一些技术上的难题。云渲染技术的普及将会给运营商及整个产业链带来巨大的商业价值,解决提升性能和用户体验所遇到的诸多瓶颈问题,VR 设备清晰度也将进一步提升。5G 时代才真正是虚拟现实技术实现规模性增长的一个时代。

2019 年 2 月 3 日(大年廿九),江西卫视春节联欢晚会重磅推出 5G＋360°8K VR 春晚,这是电视史上首个基于 5G 网络传输的超清全景 VR 春晚。现场部署多台六目 8K 超高清全景摄像机同步拍摄并通过联通 5G 网络实时回传,超大带宽,超低时延,不掉帧,无卡顿。观众还可以直接用手机屏幕代替 VR 头显,裸眼身临其境地观赏春晚高清画面。

我国首个国家级 5G 新媒体平台——中央广播电视总台"央视频"5G 新媒体平台在 2020 年实现了春节联欢晚会 VR 直播,打造科技"年夜饭",实现全媒体时代收看春节联欢晚会的三维全景视角。总台依托 5G＋VR 等创新型科技手段,打造了一个融合地面、空中、海面的立体空间图景,首创了虚拟网络交互制作模式(VNIS),VNIS 系统远程采集超高清分辨率的动态 VR 实景内容,通过 5G 等网络技术将高质量 VR 视频传输到总台央视频虚拟演播室 VR 渲染系统,并进行实时渲染制作,实现视觉特效与节目内容的无缝结合,图 1-1-10 所示为 2020 年央视春节联欢晚会现场。

图 1-1-10　2020 年央视春节联欢晚会现场

2020 年新冠肺炎疫情期间,上亿网友通过 5G＋VR/AR＋4K 全景式旋转超高清镜头观看武汉火神山、雷神山医院的建设场景,充当"云监工"。通过连续性提供的直播画面,网友如临现场,清楚地了解了火神山、雷神山医院的建设环境、建设流程、施工细节、工人施工动作和对话,手中的"屏幕"变身"超级舆论场",有效地监督着施工进度,见证了中国速度。

继亿万"云监工"见证了火神山、雷神山医院建设的"中国速度"后,2020 年 4 月,中国三大电信运营商实现了对世界屋脊——珠穆朗玛峰的 5G 信号覆盖,中国电信联合央视频推出 5G＋VR/AR 慢直播,通过 4K 高清画面,以 VR 全景视角带广大网友观看珠穆朗玛峰日升日落的 24 小时,体验身临海拔 5 000 米看珠穆朗玛峰的沉浸式感受。

1.1.5　虚拟现实技术的实现意义与影响

虚拟现实技术的广泛应用,能够实现人与自然之间和谐交互,扩大人对信息空间的感知通道,提高人类对跨越时空事物和复杂动态事件的感知能力。虚拟现实技术把计算机应用提高到一个崭新的水平,其作用和意义是十分重要的。此外,我们还可从更高的层次上来看待其作用和意义。

1. 在观念上,从"以计算机为主体"变成"以人为主体"

人们研究虚拟现实技术的初衷是"计算机应该适应人,而不是人适应计算机"。在传统的信息处理环境中,一直强调的是"人适应计算机",人与计算机通常采用键盘与鼠标进行交互,这种交互是间接的、非直觉的、有限的,人要使用计算机必须要先学习如何使用。而虚拟现实技术的目标或理念是要逐步使"计算机适应人",人机交互不再使用键盘、鼠标等,而是使用数据手套、头盔显示器等,人通过视觉、听觉、触觉、嗅觉,以及形体、手势或言语等媒体形式,参与到信息处理的环境中,并取得身临其境的体验。人们可以不必意识到自己在同计算机打交道,而可以像在日常生活中那样去同计算机交流,这就把人从操作计算机的复杂工作中解放出来。人在使用计算机时无须培训与学习,操作计算机也异常简单方便。在信息技术日益复杂、用途日益广泛的今天,虚拟现实技术对计算机的普及使用,充分发挥信息技术的潜力具有重大的意义。

2. 在哲学上,使人进一步认识"虚"和"实"之间的辩证关系

虚和实的关系是一个古老的哲学话题。我们是处于真实的客观世界中,还是只处于自己的感观世界中,一直是唯物论和唯心论争论的焦点。以视觉为例,我们所看到的世界,不过是视网膜上的影像。过去,视网膜上的影像都是真实世界的反映,因此客观的真实世界同主观的感观世界是一致的。现在,虚拟现实导致了二重性,虚拟现实的景物对人感官来说是实实在在的存在,但它又的的确确是虚构的东西。但是,按照虚构的东西行事,往往又会得出正确的结果。因此就引发了哲学上要重新认识"虚"和"实"之间关系的课题。

事实上,虚拟现实技术刚出现便引起了许多哲学家的关注。人们开始以新的眼光重读以往的哲学史。古老的柏拉图的洞穴之喻可以说是一个"虚拟现实"问题,根据斯劳卡在《大冲突》一书的描述,虚拟体系将不断扩张,物质空间、个性、社会之类词汇的定义也将从根本上发生改变。现在人们已经可以在同一时间里与地球上不同地区的人通过某种界面相聚,在不远的将来相互触摸都将成为可能。这样一来,真实事物与技术制造的幻觉就变得无法分辨了,物质的存在变得可有可无,甚至成为一种假象。"现实"这个词语将丧失它所有的意义,或变得意义模糊而无法确认,甚至连死亡也完全失去了它的领地。这种存在方式不仅突破了以往一切媒介的制约,也突破了自然身体的时空限度。对网络文化的早期鼓吹者吉布森而言,今天人们通过因特网,借助超文本链接的方式是幼稚可笑的,真正的网络空间并非通过键盘和鼠标,而是通过植入大脑和身体中的神经传感器进入的。他在著名科幻小说《神经漫游者》中提出的"网络空间"(cyberspace)的概念被沿用至今,成为轰动一时的电影《黑客帝国》的创作灵感来源。电影提出了一个可怕的问题:既然可以通过虚拟技术创造一个与现实世界相同的世界,那么我们有什么绝对的理由相信,原先认为是真实的世界就不是一场虚拟?

当然,上述构想毕竟还没有完全成为事实,但虚拟与现实的界限已经模糊。就目前的技术水平而言,高精度的网络遥感和身体互动尚不可行(但就远景而言却难以限量),纯粹意义上的文字通信也难以达到理想化。在更多情况下,虚拟现实是由文字、图像、声音、动画与想象情境等多层次的符号意象共同构成的,使当代人的感知环境进入了相当程度上的虚实交错。在虚实交错的情境下,网络游戏等数字仿真所体现的不仅是某种逃避或消遣,而是窗口式交往对整个当代生活秩序的重构,虚拟现实以最直接的游戏形式展现了世界最深刻的一面。

当虚拟比真实还真实时,真实便反而成了虚拟的影子,当代生活就成为一个完全符号化的幻象。技术媒介不仅不需要模仿现实,而且本身就是现实。在数字仿真和实时反馈构成的当代世界图景中,虚拟与现实的模仿论关系发生了彻底颠倒。

3. 引起了一系列的技术和手段的重大变革

虚拟现实技术的应用,改变了过去一些陈旧的技术,出现了新技术、改进产品设计开发的手段,大大提高了工作效率,减小了危险性,降低了工作难度,也使训练与决策的方式得以改进。

4. 促进了相关理论与技术的进步

首先是硬件技术的进步,虚拟现实系统的建立与实现依赖着计算机等硬件设备,其大大促进了计算机等硬件设备的高速发展,与此同时,虚拟现实技术的产生与发展,本身就依赖于其他技术的最新成果,反之,相关软件与理论也随着虚拟现实技术的发展而高速发展,如图形理论、算法与显示技术,图形、图像/视频和其他感知信号的处理与融合技术,传感器与信息获取技术,人机交互技术等。

5. 促进了计算机学科的交叉融合

由于虚拟现实系统的建立的需要,人们设计出很多新型的硬件、软件与处理方法,这涉及计算机图形学、人体工程学、人工智能等多学科的综合应用,虚拟现实系统是一个综合的系统,虚拟现实技术的发展促进了计算机相关学科的发展。

6. 为人类认识世界提供了全新的方法与手段,对人类的生活产生了重大的影响

虚拟现实技术可以使人类跨越时间与空间去经历和体验世界上早已发生或尚未发生的事件;可以使人类突破生理上的限制,进入宏观或微观世界进行研究和探索;也可以模拟因条件限制等原因而难以实现的任务。

1.2　虚拟现实技术的特性

虚拟现实系统提供了一种先进的人机接口,它可以为用户提供视觉、听觉、触觉、嗅觉、味觉等多种直观而自然的实时感知交互的方法与手段,最大限度地方便用户操作,从而减轻用户的负担、提高系统的工作效率。其效率高低主要由系统的沉浸程度与交互程度来决定。美国科学家 G. Burdea 和 Philippe Coiffet 在 1993 年世界电子年会上发表了一篇题为"Virtual Reality

System and Applications"的文章,在该文中提出了一个"虚拟现实技术的三角形"的概念,该三角形表示虚拟现实技术具有的 3 个突出特征:沉浸性(Immersion)、交互性(Interactivity)和想象性(Imagination),如图 1-2-1 所示。

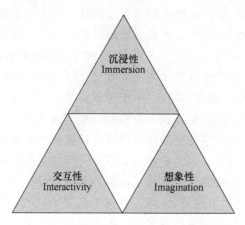

图 1-2-1　虚拟现实技术的 3 个突出特性

1.2.1　沉浸性

沉浸性即用户感觉自己好像完全置身于虚拟世界之中一样,被虚拟世界所包围。虚拟现实技术的主要特征就是让用户觉得自己是计算机系统所创建的虚拟世界的一部分,使用户由被动的观察者变成主动的参与者,自觉沉浸于虚拟世界之中,参与虚拟世界的各种活动。所创造的虚拟环境能使用户产生"身临其境"的感觉,使其相信在虚拟环境中人也是确实存在的,而且在操作过程中虚拟环境可以自始至终地发挥作用,就像真正的客观世界一样。

比较理想的虚拟世界可以达到使用户难以分辨真假的程度,甚至超越真实,实现比现实更逼真的照明和音响等效果。

虚拟现实的沉浸性来源于对虚拟世界的多感知性,除了我们常见的视觉感知、听觉感知外,还有力觉感知、触觉感知、运动感知、味觉感知、嗅觉感知、身体感觉等。从理论上来说,虚拟现实系统应该具备人在现实客观世界中具有的所有感知功能。但鉴于科学技术的局限性,目前在对虚拟现实系统的研究与应用中较为成熟或相对成熟的感知技术主要是视觉沉浸、听觉沉浸、触觉沉浸,有关嗅觉沉浸、味觉沉浸等其他的感知技术正在研究中,还很不成熟。

1. 视觉沉浸

视觉通道给人的视觉系统提供图形显示。为了给用户身临其境的感觉,视觉通道应该满足以下要求:显示的像素应该足够小,使人不至于感觉到像素的不连续;显示的频率应该足够高,使人不至于感觉到画面的不连续;要提供具有双目视差的图形,形成立体视觉;要有足够大的视场,理想情况是显示画面充满整个视场。

虚拟现实系统向用户提供虚拟世界真实的、直观的三维立体视图,并直接接受用户控制。在虚拟现实系统中,产生视觉沉浸性是十分重要的,视觉沉浸性的建立依赖于用户与合成图像的集成,虚拟现实系统必须向用户提供立体三维效果及较宽的视野,同时随着人的运动,所得到的场景也随之实时地改变。较理想的视觉沉浸环境是在洞穴式立体显示设备(CAVE)中,采用多面立体投影系统可得到较强的视觉效果。另外,可将此系统与真实世界隔离,避免其受到外面真实世界的影响,用户可获得完全沉浸于虚拟世界的感觉。

2. 听觉沉浸

听觉通道是除视觉通道外的另一个重要感觉通道,如果在虚拟现实系统中加入与视觉同步的声音效果作为补充,可以在很大程度上提高虚拟现实系统的沉浸效果。在虚拟现实系统中,主要让用户感觉到的是三维虚拟声音,这与普通立体声有所不同,普通立体声可使人感觉声音来自某个平面,而三维虚拟声音可使用户感觉到声音来自围绕双耳的一个球形中的任何位置。虚拟现实系统也可以模拟大范围的声音效果,如闪电、雷鸣、波浪声等自然现象的声音,在沉浸式三维虚拟世界中,两个物体碰撞时,也会出现碰撞的声音,并且用户根据声音能准确判断出声源的位置。

3. 触觉沉浸

在虚拟现实系统中,我们可以借助各种特殊的交互设备,使用户能体验抓、握等操作的感觉。当然目前的技术水平不可能达到与真实世界完全相同的触觉沉浸,将来也不可能,除非技术发展到能与人脑直接进行交流的程度。目前我们主要侧重于力反馈方面。如使用充气式手套,在虚拟世界中与物体接触时,能产生与真实世界相同的感觉,如用户在打球时,不仅能听到拍球时发出的"嘭嘭"声,还能感受到球对手的反作用力,即手上有一种受压迫的感觉。

4. 嗅觉沉浸

嗅觉沉浸即人在与虚拟环境的交互过程中,虚拟环境可让人闻到逼真的气味,使人沉浸在此环境中,并能与此环境直接进行自然的互动及产生联想。

德国气味学家汉斯·哈特(Hanns Hatt)认为,嗅觉是生物最原始的感知方式。没有嗅觉,单细胞生物甚至无法觅食,也无法区分易消化和不易消化的食物。正因如此,与后期进化而来的听觉和视觉相比,嗅觉与人们的记忆和情感系统的联系更加直接。甚至有学者认为相对于触觉和视觉,嗅觉的记忆能力要比它们高65%。

据调查,最早的气味模拟项目可追溯到2006年,美国一个创新技术研究所研制出一种可模拟战争"气味环境"的DarkCon模拟器。该模拟器可以在训练场地中制造出爆炸的炸弹、燃烧的卡车、腐烂的尸体和街道上的污水等物质散发出的气味。新兵提前接触这些难闻的气味能更快地适应实战环境。

早期的气味模拟在使用方式上是通过在场地中安装气味释放器来进行气味传播的。而且在效果上要显得单一和笨拙。

虚拟嗅觉技术在工业、医学、教育、娱乐、生活和军事等领域发挥着其他感知不可替代的作用。在电影领域,气味电影院可以让观众根据影片中的不同画面闻到不同的气味,让观众有身临其境的全新体验。在游戏领域,虚拟嗅觉技术可以根据游戏情节模拟游戏环境中的气味。

在国家高技术研究发展计划、国家自然科学基金和浙江省自然科学基金的资助下,浙江理工大学虚拟现实实验室和上海尚特文化传播有限公司致力于虚拟嗅觉技术在国内外博物馆互动体验中的研究和推广应用,目前已创新研发出我国具有完全独立自主知识产权的多款虚拟嗅觉生成装置。

著名游戏厂商育碧在2016年发布了一款名为Nosulus Ri的"嗅觉"外设,该外设通过激发两端小胶囊中的臭味药水来实现"臭味"功能。

虽然这些设备还不是很成熟,但也是虚拟现实技术在嗅觉研究领域的一个突破。

5. 味觉沉浸、身体感觉沉浸等

虚拟现实系统除了可以实现以上的各种感觉沉浸外,还可以实现身体的各种感觉沉浸、味觉沉浸等,但基于当前的科技水平,人们对这些沉浸性的形成机理还知之较少,有待进行进一步的研究与开发。

日本团队开发的味觉体验设备(图 1-2-2)能够通过电流振动舌头,从而刺激味蕾让人们感受到咸味。据报道,该研究团队目前已经将研究的味觉扩展到甜味。

图 1-2-2　味觉体验设备

新加坡国立大学和东京大学的研究人员也通过在头部安装电极的方法,让人们能够在 VR 的环境中"咀嚼"与"品尝"到食物。

1.2.2　交互性

在虚拟现实系统中,交互性的实现与传统的多媒体技术有所不同。在传统的多媒体技术中,从计算机发明直到现在,人机之间主要通过键盘与鼠标进行一维、二维的交互,而虚拟现实系统强调人与虚拟世界之间要以自然的方式进行交互,如人的走动、头的转动、手的移动等,另外用户可以借助特殊的硬件设备(如数据手套、力反馈设备等),以自然的方式,与虚拟世界进行交互,实时产生在真实世界中一样的感知,甚至连用户本人都意识不到计算机的存在。例如,用户可以用手直接抓取虚拟世界中的物体,这时手有触摸感,并可以感觉物体的重量,用户能区分所拿的是石头还是海绵,并且在场景中被抓的物体也立刻随着手的运动而移动。

虚拟现实技术的交互性具有以下特点。

(1)虚拟环境中人的参与与反馈

人是虚拟现实系统中一个重要的因素,人是产生一切变化的前提,正是因为有了人的参与与反馈,才会有虚拟环境中实时交互的各种要求与变化。

(2)人机交互的有效性

人与虚拟现实系统之间的交互基于具有真实感的虚拟世界,虚拟世界与人进行自然的交互,人机交互的有效性是指虚拟场景的真实感,真实感是前提和基础。

(3)人机交互的实时性

实时性指虚拟现实系统能快速响应用户的输入。例如头转动后能立即在所显示的场景中产生相应的变化,并且能得到相应的其他反馈;用手移动虚拟世界中的一个物体,物体位置会立即发生相应的变化。没有人机交互的实时性,虚拟环境就失去了真实感。

(4)人机交互新形态:多模态交互

在虚拟世界中,人与键盘、鼠标等的交互很不自然,要达到更好的体验,人机须通过基于自然的方式来进行交互。在最新应用系统中,多模态交互方式常被采用。所谓多模态即将多种感官融合。多模态交互打破了传统计算机式的键盘输入交互模式,它通过文字、语音、体感、触觉、视觉、嗅觉、味觉等多种方式进行人机交互,充分模拟人与人之间的交互,如图 1-2-3 所示。

在多模态交互过程中,用户能根据情境和需求自然地做出相应的与真实世界相同的行为,而无须思考过多的操作细节。自然的多模态交互削弱了人们对鼠标和键盘的依赖,降低了操控的复杂程度,使用户更专注于动作所表达的语义及交互的内容。多模态交互更亲密、更简单、更通情达理,也更具有美学意义。

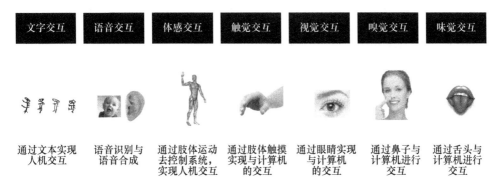

图 1-2-3　多模态交互方式

在 2019 年的国际消费类电子产品展览会(CES)上,智能驾舱、车载人机交互系统、沉浸式体验成为大家的关注焦点。各大汽车原始设备制造商(OEM)都在推动手势识别人机接口(HMI)的商用落地,包括实现对天窗、车窗、智能座椅、空调的调节控制,以及对车载娱乐多媒体系统的选择、播放等操作。清华大学与阿里巴巴自然交互体验联合实验室启动创新项目SmartTouch,旨在帮助盲人充分利用触觉和手机进行交互,SmartTouch 2.0 采用一体触觉膜设计,提供基于语音和触觉的多模态交互方式,为视障用户提供智能语音导览,讲解界面元素及操作方法。

微软公司出品的 Xbox ONE 游戏机包含一系列体感交互游戏。用户可以调动全身进行游戏,使自己真正进入游戏情景,如图 1-2-4 所示。不同的游戏需要不同的身体动作进行控制。

图 1-2-4　体感交互游戏

微软在 2016 年推出了 HoloLens 头戴式显示器,研发了全新的触觉反馈交互技术。HoloLens 搭载了环境映射和手部追踪技术,支持手势,可让用户通过手势与叠加在真实世界的 3D 虚拟对象进行交互,如图 1-2-5 所示。

微软的实验性软件 MRTouch 利用 HoloLens 先进的环境映射和手部追踪技术,能够精确定位可用作虚拟输入设备的平坦表面,借助 MRTouch,可以将任何平台表面用作触控表面,如桌面与墙壁。用户只需触摸要使用的表面,然后手指向下拖到右侧,便将创建一个虚拟窗口,就可以打开应用程序。物理表面可让用户在按下时感受虚拟按钮,同时可以实现更精确的输入。悬空手势适用于简单的交互，但由于缺乏触觉反馈而无法分辨自己在何时按下了按钮，用户将很难使用虚拟菜单。另外，悬空交互仅限于单个输入点，而 MRTouch 支持多达 10 位的多点触控交互。

图 1-2-5　HoloLens 头戴式显示器的悬空手势与触觉反馈交互

1.2.3　想象性

想象性指虚拟的环境是人想象出来的，同时这种想象体现出设计者相应的思想，因而可以用来实现一定的目标。所以说虚拟现实技术不仅是一种媒体或一种高级用户接口，而且它还是为解决工程、医学、军事等方面的问题而由开发者设计出来的应用软件，通常它以夸大的形式反映设计者的思想。虚拟现实系统是设计者为发挥虚拟现实技术的创造性而设计的。虚拟现实技术的应用，为人类认识世界提供了一种全新的方法和手段，可以使人类突破时间与空间，去经历和体验世界上早已发生或尚未发生的事件；可以使人类进入宏观或微观世界进行研究和探索；也可以使人类完成那些因为某些条件限制而难以完成的事情。

例如在建设一座大楼之前，传统的方法是绘制建筑设计图纸，无法形象展示建筑物更多的信息，而现在可以采用虚拟现实系统来进行设计与仿真，非常形象直观。制作的虚拟现实作品反映的就是某个设计者的思想，只不过它的功能远比那些呆板的图纸生动强大得多，所以有些学者称虚拟现实为放大人们心灵的工具，或人工现实，这就是虚拟现实所具有的第 3 个特征，即想象性。

现在，虚拟现实技术在许多领域中起到了十分重要的作用，如核试验、新型武器设计、医疗手术的模拟与训练、自然灾害预报，这些问题如果采用传统方式去解决，必然要花费大量的人力、物力及漫长的时间，甚至会牺牲人员的生命。而虚拟现实技术的出现，为解决和处理这些问题提供了新的方法及思路，人们借助虚拟现实技术，沉浸在多维信息空间中，依靠自己的感知和认知能力全方位地获取知识，发挥主观能动性，寻求解答，形成新的解决问题的方法和手段。

综上所述，虚拟现实系统具有"沉浸性""交互性""想象性"的特征，它使参与者能沉浸于虚拟世界之中，并与之进行交互。所以也有人说，虚拟现实系统是能让用户通过视觉、听觉、触觉等信息通道感受设计者思想的高级计算机接口。

1.3　虚拟现实与增强现实、混合现实

近十年来，随着计算机技术、网络技术、人工智能等新技术的高速发展及应用，虚拟现实技

术也迅速发展,并呈现多样化的发展趋势,其内涵也已经大大扩展。虚拟现实技术不仅指那些采用高档可视化工作站、高档头盔显示器等一系列昂贵设备的技术,而且包括一切与其有关的具有自然交互、逼真体验的技术与方法。虚拟现实技术的目的在于达到真实的体验和基于自然的交互,而一般的单位或个人不可能承受其硬件设备及相应软件的昂贵价格,因此我们说只要是能达到上述部分目的的系统就可以称为虚拟现实系统。

近年来,在虚拟现实技术的基础上,根据虚拟现实系统的相关特点,对虚拟现实技术进行了扩展,形成了 VR、AR、MR 等新技术,目前 VR 与 AR 技术在实际应用中最为广泛。

1.3.1　增强现实技术

沉浸式 VR 系统强调人的沉浸感,即沉浸在虚拟世界中,人所处的虚拟世界与现实世界相隔离,看不到真实的世界也听不到真实的世界。而增强现实系统既可以允许用户看到真实世界,又可以让用户看到叠加在真实世界上的虚拟对象。它是把真实环境和虚拟环境组合在一起的一种系统,既可减少构成复杂真实环境的开销(因为部分真实环境由虚拟环境取代),又可对实际物体进行操作(因为部分物体处于真实环境),真正达到了亦真亦幻的境界。在增强式虚拟现实系统中,虚拟对象所提供的信息往往是用户无法凭借其自身感觉器官直接感知的深层信息,用户可以利用虚拟对象所提供的信息来加强在现实世界中的认知。

增强现实(AR,Augmented Reality)通过计算机技术,将虚拟的信息应用到真实世界,使真实的环境和虚拟的物体实时地叠加并能够在同一个画面或空间中同时存在。

增强现实主要具有以下 3 个特点:

① 真实世界和虚拟世界融为一体;

② 具有实时人机交互功能;

③ 真实世界和虚拟世界在三维空间中是融合的。

增强现实系统可以在真实的环境中增加虚拟物体,如在室内设计中,可以在门、窗上增加装饰材料,改变各种式样、颜色等来审视最后的效果。增强现实技术是一种将真实世界信息和虚拟世界信息“无缝”集成的新技术,它把原本在现实世界的一定时间空间范围内很难体验到的实体信息,通过计算机等科学技术,模拟仿真后再叠加,将虚拟的信息应用到真实世界,被人类感官所感知,从而达到超越现实的感官体验。

增强现实技术不仅展现了真实世界的信息,而且将虚拟的信息同时显示出来,两种信息相互补充、叠加。在视觉化的增强现实中,用户利用头盔显示器,把真实世界与计算机图形多重合成在一起,便可以看到真实的世界围绕着它。

增强现实技术包含多媒体、三维建模、实时视频显示及控制、多传感器融合、实时跟踪及注册、场景融合等新技术与新手段。

按照原理不同,增强现实技术可以分为如下几类。

1. 基于标记的增强现实

这里的标记一般使用提前定义好的图案,通过手机、平板计算机的摄像头识别这些图案,识别后会自动触发(预设好的)虚拟的物体在屏幕上呈现。最早一般都是采用二维码来触发AR,其识别技术非常成熟,简单方便、识别速度快、成功率很高。此外,二维码图案还可以方便地计算镜头的位置和方向,在实际使用中为了显示效果,一般会将二维码内容进行覆盖。但商业应用不会使用视觉体验较差的二维码标记,基本都是基于特定标记图像的增强现实,支付宝的 AR 实景红包就是这个原理。图 1-3-1 所示是使用特定图片作为标记的 AR 展示。

图 1-3-1　基于标记的增强现实

2. 基于地理位置服务的增强现实

基于地理位置服务(LBS)的增强现实一般使用嵌入在手机等智能设备中的全球定位系统(GPS)、电子罗盘、加速度计等传感器来提供位置数据。它最常用于地图类 App 中,比如用户打开手机 App 开启摄像头对着街道拍照,屏幕上便可以显示附近的商家名称、评价等信息,如图 1-3-2 所示。也可以用来进行实景导航等。

图 1-3-2　基于地理位置服务的增强现实

3. 基于投影的增强现实

基于投影的增强现实直接将信息投影到真实物体的表面。例如将手机的拨号键投影到手上,实现隔空打电话,如图 1-3-3 所示。

图 1-3-3　基于投影的增强现实

还有就是用于汽车前挡风玻璃的平视显示器(HUD,Head-up Display),它可以将汽车行驶的速度、油耗、发动机转速、导航等信息直接投影到前挡风玻璃上,而驾驶员不需要低头去看仪表或者手机(这在高速驾驶时非常危险),帮助驾驶员更便捷、全面地感知车况路况,提高驾驶安全性。

4. 基于场景理解的增强现实

基于场景理解的增强现实是目前使用最广的,也是最有前景的 AR 展现形式。其中物体识别和场景理解起着至关重要的作用,直接关系到最终呈现效果的真实感。最有名的就是2016 年日本任天堂公司推出的 Pokemon Go 手游。玩家可以通过手机屏幕在现实环境里发现精灵,然后进行捕捉或者战斗,如图 1-3-4 所示。比如用户面前是一片真实的草地,但透过手机屏幕,他能看见一只小精灵在草地上;把手机移开,其实只有草地,增强现实技术把虚拟的物体通过手机屏幕叠加到了现实世界中。

图 1-3-4　基于场景理解的增强现实

目前,增强现实系统常用于医学可视化、军用飞机导航、设备维护与修理、娱乐、文物古迹的复原等。典型的实例是医生在进行虚拟手术中,戴上可透视性头盔显示器,既可看到手术现场的情况,又可以看到手术中所需的各种资料。

1.3.2　混合现实技术

混合现实(MR,Mix Reality)技术是虚拟现实技术的进一步发展,该技术通过在虚拟环境中引入现实场景信息,在虚拟世界、现实世界和用户之间搭起一个交互反馈的信息回路,以增强用户体验的真实感,如图 1-3-5 所示。

图 1-3-5　混合现实系统

混合现实(MR)(包括增强现实和增强虚拟)指的是合并现实和虚拟世界而产生的新的可视化环境。在新的可视化环境里物理和数字对象共存,并实时互动。系统通常有 3 个主要特点:

① 它结合了虚拟和现实,将现实场景与虚拟场景进行叠加;

② 三维跟踪注册,对现实场景中的图像或物体进行跟踪与定位;

③ 实时运行。

混合现实需要在一个能与现实世界各事物相互交互的环境中实现。如果一切事物都是虚拟的那就是 VR。如果展现出来的虚拟信息只能简单地叠加在现实事物上,那就是 AR。MR 的关键点就是与现实世界进行交互和信息的及时获取。

根据 Steve Mann 的理论,智能硬件最后都会从 AR 技术逐步向 MR 技术过渡。"MR 和 AR 的区别在于 MR 通过一个摄像头让用户看到裸眼都看不到的现实,AR 只管叠加虚拟环境而不管现实本身。"

中投产业研究院发布的《2020—2024 年中国虚拟现实产业深度调研及投资前景预测报告》显示,2017 年中国 VR 头戴设备市场规模为 22.9 亿元,同比增长 5.4%,随着游戏主机禁令的解除,同时伴随移动 VR 产品的面世,市场需求量将持续增长,2018 年 VR 市场规模约为 51.4 亿元,同比增长 124.5%,2020 年市场规模将达到 220 亿元,市场具有很大的潜力。国内一线科技企业已加入 VR 设备及内容的研发中,而在内容创造方面,也已经有了超次元 MR 这样的作品,这必然推动 VR 技术更快地向 AR、MR 技术过渡。

1.3.3 VR、AR、MR 的异同

虽然 VR、AR、MR 都涉及客观世界与虚拟世界,但三者还是有本质的差别。

1. 与虚拟世界的关系不同

VR:看到的虚拟世界一切都是假象!用户需要佩戴头盔之类的设备,完全沉浸在一个虚拟空间里,把现实世界的视觉与听觉完全隔断。

AR:在虚拟世界中,能分清哪个是真,哪个是假!AR 通过叠加虚拟的影像,与真实世界不完全隔断。

MR:在虚拟世界中,分不清哪个是真,哪个是假!就是将虚拟的东西和真实的东西混合在一起,包括增强现实和增强虚拟,使物理与数字对象共存于一个新的可视化环境中,并实时互动。

2. 表现特征和侧重点不同

VR 以想象为特征,创造与用户交互的虚拟世界,把人从精神上送到一个虚拟世界中,重在实现"以假乱真";AR 以虚拟结合为特征,将虚拟物体、信息和真实世界进行叠加,实现对现实的增强,重在实现"亦真亦假";MR 是合并现实和虚拟世界融合产生的新的可视化环境,重在实现"真假不分"。

3. 实现技术不同

VR 的视觉呈现方式是阻断人与真实世界的连接,通过设备实时渲染,营造出一个全新的虚拟世界,AR 的视觉呈现是在人眼与真实世界连接的情况下,通过叠加影像,加强其视觉呈现效果;MR 是虚拟现实技术的进一步发展,在虚拟世界、真实世界和用户之间搭起一个反馈

的信息通道,以增强用户体验的真实感,如图 1-3-6 所示。

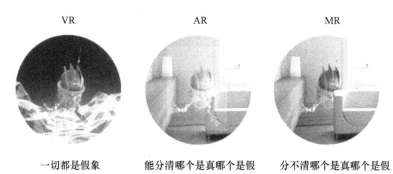

图 1-3-6　VR、AR、MR 示意图

另外,从概念上来说,VR 是纯虚拟数字画面,而 AR 是虚拟数字画面加上裸眼现实,MR 是数字化现实加上虚拟数字画面。VR 是 AR 的子集,AR 是 MR 的子集。

1.4　虚拟现实中人的因素

在虚拟现实系统中,强调的是人与虚拟环境之间的交互作用,或是两者的相互作用,从而反映出虚拟环境所提供的各种感官刺激信号及人对虚拟环境做出的各种反应动作,要实现"看起来像真的、听起来像真的、摸起来像真的、嗅起来像真的、尝起来像真的"的多感官刺激,必须采用相应的技术来"欺骗"人的眼睛、耳朵、鼻子、舌头等器官,所以说人在虚拟现实系统中是一个重要的组成部分。在虚拟现实系统的设计与实现过程中,人起着不可或缺的作用,同时,对一个虚拟现实系统性能的评价主要体现在系统提供的接口与人配合的可信度如何、舒适度如何等。表 1-4-1 列出的是虚拟环境给人提供的各种感官刺激。本节主要介绍与虚拟现实技术相关的人的因素。

表 1-4-1　虚拟环境给人提供的各种感官刺激

人的感官		人体器官	虚拟环境中的显示设备	说明
视觉		眼睛	显示器、头盔显示器、投影仪等	感觉各种可见光
听觉		耳朵	耳机、喇叭等	感觉声波
触觉	触觉	头、手、脚等	触觉传感器	皮肤感知各种温度、压力、纹理等
	力觉		力觉传感器	肌肉等感知力度
嗅觉		鼻子	气味放大传递装置	感知空气中的化学成分
味觉		舌头	味觉传感器	感知液体中的化学成分
身体感觉		四肢等	数据衣等	感知肢体或身躯的位置与角度
前庭感觉		大脑	动平台	平衡感知

1.4.1　人的视觉

人的感知有 $80\%\sim90\%$ 来自人类的视觉,要实现虚拟现实的目的,首先要在视觉上进行模拟,其实质就是采用虚拟现实技术来欺骗人的眼睛,下面先来了解一下人的视觉。

1. 人的视觉模型

人的视觉是通过人眼来实现的,人眼是一个高度发达的器官。视觉系统主要由角膜、前房、晶状体、玻璃体及视网膜等组成,如图 1-4-1(a)所示,除视网膜外的其他部分共同组成一套光学系统,使来自外界的物体的光线发生折射,在视网膜上形成倒置像,之后再由大脑部分颠倒过来。如图 1-4-1(b)所示,铅笔的反射光线通过眼睛晶状体的透镜,其倒置图像直接投影在视网膜上。

视网膜是眼的光敏层,共有 10 层。光线通过其中 8 层,被另外两层的光感受器吸收。光感受器是每只眼睛视网膜中 1.26 亿个神经细胞中的一部分,它在受到特定波长的光的刺激时,会发出电信号。脊椎动物有两种光感受器,分别是视杆细胞和视锥细胞。视杆细胞负责低分辨率的、单色的、夜间的视觉。视锥细胞负责高分辨率的、彩色的、白天的视觉。

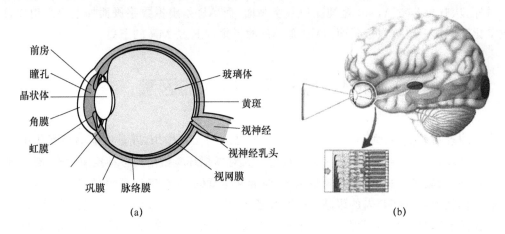

前房
瞳孔
晶状体
角膜
虹膜
巩膜 脉络膜
玻璃体
黄斑
视神经
视神经乳头
视网膜

(a)   (b)

图 1-4-1 视觉系统生理结构图

2. 立体视觉

视觉的另一个重要因素是立体视觉能力。人在现实世界中看到的物体是立体的,这样可以感觉出被看物体的远近。人是如何产生立体感觉的? 人的两眼位于头部的不同位置,两眼之间相距 6~8 cm,因此看同一个物体,两眼会得到稍有差别的视图。左视区的信息,送到两眼视网膜的右侧。在视交叉处,左眼的一半神经纤维交叉到大脑的右半球,左眼的另一半神经纤维不交叉,直接到大脑的左半球。这样,两眼得到的左视区的所有信息,都送到右半球,在大脑中融合,形成立体视觉。图 1-4-2 所示为人类立体视觉形成的原理。

3. 屈光度

与眼的光学部分有关的一个度量是"屈光度"。有 1 个屈光度的镜头,可以聚焦平行光线在 1 m 处。人眼的聚焦能力约 60 屈光度,聚焦平行光大约在 17 mm,这就是眼球尺寸,是晶状体和视网膜之间的距离。

人的屈光度是可以变化的,这称为调节或聚焦。这保证人对远近物体都能看到清晰的图像。年轻人可以连续改变 14 个屈光度,年长后调节能力减弱。在注视运动物体时,自动调节屈光度。调节的作用是保证某个距离的物体清晰,而其他距离的物体模糊。这相当于滤波器的作用,使人集中关注视场中部分区域。而在头盔显示器中屈光度是不能调节的,2 个图像一般都聚焦在 2~3 m 处。

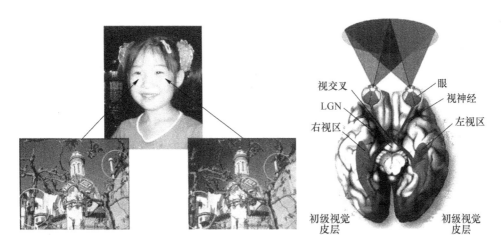

图 1-4-2　立体视觉形成原理

4. 瞳孔

瞳孔是晶状体前的孔,直径可变化。瞳孔的作用有 2 个:①瞳孔放大时,眼睛中进入的光线比较多,可增加眼的敏感度,如人在暗处瞳孔会放大;②当瞳孔缩小时可增加近视觉的视距,看近处的物体会比较清楚。同时,瞳孔可限制入射光,挡住眼睛周围的杂乱光线,在中心区的光学效果最好。

5. 分辨力

分辨力是人眼区分两个点的能力。分辨力分为黑白分辨力与彩色分辨力,人眼对彩色分辨力比对黑白分辨力要低很多。

6. 明暗适应

人眼对亮度的变化感觉会自动调节,这是通过改变在视杆和视锥细胞中光敏化合物的浓度来实现的。例如从强光处进入暗处或照明忽然停止时,视觉光敏度逐渐增强,能够分辨周围物体的过程称为暗适应,一般人大概要 40 分钟才能适应。亮适应是指从暗处进入阳光下时的适应能力,人的亮适应能力很强,对视杆细胞适应时间约 1 小时,对视锥细胞适应时间约几分钟。

7. 周围视觉和中央视觉

视网膜不仅是被动的光敏表面,通过视杆细胞和视锥细胞与神经细胞的连接,而且它有一定的图像处理能力。中央凹是视网膜的中央部分,在光轴与视网膜焦点附近,直径约 1 mm,有高密度视锥细胞。中央凹区域的视觉称为中央视觉。中央视觉是高分辨率部分,是彩色的、白天的视觉。视网膜周围区域包含视杆细胞和视锥细胞。视网膜周围区域的视觉称为周围视觉。这些神经细胞对光强的变化敏感,它帮助人们注意运动物体。周围视觉是单色的、夜间的视觉,虽然分辨率低,但对运动物体敏感。

8. 视觉暂留

人的眼睛具有保持视觉印象的特性。光对视网膜所产生的视觉在光停止作用后仍保留一段时间的现象称为视觉暂留。

视觉暂留是电影、电视、虚拟现实显示的基础。临界融合频率(CFF)效果会产生把离散图像序列组合成连续视觉的能力,CFF 最低为 20 Hz,取决于图像尺寸和亮度。英国电视帧频为 25 Hz,美国电视帧频为 30 Hz。电影帧频为 24 Hz。同时,人眼对闪烁的敏感与亮度成正比,所以若白天的图像更新率为 60 Hz,则夜间只要 30 Hz。

9. 视场

视场(FOV)指人眼能够观察到的最大范围,通常以角度来表示,视场越大,观测范围越大。如果显示平面是在投影平面内的一个矩形,则视场是矩形四边分别与视点组成的四个面围成的部分。一般来说,一只眼睛的水平视场大约为 150°,垂直视场大约为 120°,双眼的水平视场大约为 180°,重直视场大约为 120°,双眼定位于一幅图像时,水平重叠部分大约为 120°,而在实际的虚拟现实系统中,可能产生水平±100°,垂直±30°的视场,这就会产生很强的沉浸感。

1.4.2 人的听觉

听觉是人类感知世界的第二大通道,因此在虚拟现实系统中,除在视觉上进行模拟,还必须在听觉上进行模拟,其实质就是用虚拟现实技术产生的声音来欺骗人的耳朵,让人感觉听起来是真的,并作为视觉的补充,使虚拟现实系统的沉浸感进一步增强。当然如果听到的声音与看到的场景不同步,会加大人眩晕的感觉。在虚拟现实系统开发时,也需重视听觉的建模与开发,因此也有必要认识人类的听觉系统。

1. 人类的听觉系统

如图 1-4-3 所示,人的耳朵分为外耳、中耳、内耳。外耳、中耳是接收并传导声音的装置;内耳则是感受声音和初步分析声音的场所。所以,外耳、中耳合称为传音系统,而内耳及其神经传导路径则称为感音神经系统。

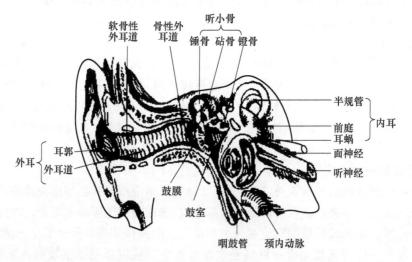

图 1-4-3 听觉系统模型

外耳包括耳郭和外耳道两部分。主要作用是收集及部分放大声音和参与声音方向的辨别。

中耳的结构比外耳复杂,包含鼓室、咽鼓管等 4 个部分。鼓室又称中耳腔,容积约为 2 ml。中耳腔内有一条通到鼻咽部的管道,叫作咽鼓管。咽鼓管使中耳与外界相通,起到调节鼓室压力的作用。

内耳构造非常精细,管道盘旋,好像迷宫一样,故称为迷路。内耳分为 3 个部分,即半规管、前庭和耳蜗。半规管和前庭主要负责身体平衡,耳蜗则负责感受声音。

外耳把声音引导进内耳,它也作为滤波器而改变声音。把手放在耳前面,就会感到声音的变化。声音最终冲击耳膜,使之振动。耳膜振动再传到耳蜗,并且振动加大 20 倍。

人耳感受声音的过程就是听觉的产生过程。听觉的产生过程是一个复杂的生理过程,它包括 3 个基本过程:

① 声波在耳朵内部的传递过程;

② 声波在传递过程中由声波引起的机械振动转变为生物电能,同时通过化学递质的释放而产生神经冲动的过程;

③ 听觉中枢对传入信息进行综合加工处理的过程。

声音是通过空气传导和骨传导两种途径传入内耳的。正常情况下以空气传导为主,也就是说声波通过这两种途径传入内耳使毛细胞兴奋,毛细胞又和蜗神经的末梢相接触,毛细胞兴奋后激发化学递质的释放,使蜗神经产生冲动。冲动经蜗神经传导路径传入大脑,经大脑皮质听觉中枢的综合分析,最后才使人感觉到声音,即听到声音。

2. 频率范围

耳蜗有 3 个螺旋管,被 Reissner 膜和耳底膜 2 个膜片分开。振动会刺激耳底膜上的 2 万～3 万个硬毛,并产生电信号传给大脑。耳底膜有识别频率的机制。高频振动刺激膜的开始部分,中频振动刺激膜的中间部分,低频振动刺激膜的远端部分。

人类能听到的声音大约有 40 多万种,由此可见人耳对声音的敏感度很高,但是人耳能听到的声音终归有限,并不能听到所有的声音,人耳所能听到的声音会有频率限制。

人耳能听到的最低频率约为 20 Hz,最高频率约为 20 000 Hz。这是常见的、较公认的理论值。随着人年龄的增加,频率范围会缩小,特别是高频段范围会缩小。一般健康的年轻人所能听到的频率范围为 20～20 000 Hz;28 岁时为 22～17 000 Hz;40 岁时为 25～14 000 Hz;60 岁时为 35～11 000 Hz。

声音频率小于 20 Hz 的声波叫作次声波。次声波不容易衰减,不易被水和空气吸收。而次声波的波长很长,因此能绕开某些大型障碍物发生衍射。某些次声波能绕地球 2～3 周。某些频率的次声波由于和人体器官的振动频率相近甚至相同,容易和人体器官产生共振,对人体有很强的伤害,甚至可致人死亡。

超声波是一种频率高于 20 000 Hz 的声波,它的方向性好,反射能力强,易于获得较集中的声能,在水中传播距离比空气中远,可用于测距、测速、清洗、焊接、碎石、杀菌消毒等。

一般来说,人类可听到的声音在空气中的传播速度是 344 m/s,20 Hz 的波长为 17.2 m,1 kHz 的波长为 34.4 cm,10 kHz 的波长为 3.44 cm。人耳的尺寸约为 7 cm,这是 5 kHz 的波长。这说明人耳的大小会影响声音的收集。人的身体也会与声波交互,这也会影响声音的质量。

3. 声音的定位

一般认为,人脑利用两耳听到的声音的混响时间差和声音的混响强度差来识别声源的位置。

混响时间差是指声源到达两个耳朵的时间之差,根据到达两个耳朵的时间来判断,当左耳先听到声音,就说明声源位于听者的左侧,即偏于一侧的声源的声音先到达较近的耳朵。当人面对声源时,两耳的声强和路径相等。当人向左转后,右耳声音强度比左耳高,且右耳更早听到声音。若两耳路径之差为 20 cm,则时间差为 0.6 ms。

混响强度差是指声源对左右两个耳朵作用的压强之差。在声波的传播过程中,如果声源距离一侧耳朵比另一侧近,则到达这一侧耳朵的声波就比另一侧耳朵的声波大。一般来讲,混响强度差因为时间因素产生的压力差较小,其实,头部阴影效应所产生的压力差影响更显著,使到达较远一侧耳朵的声波就比较近一侧要小。这一现象在人的声源定位机能中起着重要的作用。

4. 头部相关转移函数

人类听觉系统用于确定声源位置和方向信息,不仅与混响时间差和混响强度差有关,更取决于对进入耳朵的声音产生频谱的耳郭。

研究表明,在声波频率较低时,混响压力强度很小,声音定位依赖混响时间差;当声波频率较高时,混响强度差在声音定位中起作用。但进一步的研究表明,该理论不能解释所有类型的声音定位,即使进入双耳的声音中包含时间相位及强度信息,仍会使听者感觉到声音在头内而不是在身外。

1974 年 Shaw 的研究表明大脑就是依靠耳郭加在人耳的压力波上的独特的"耳印"来获取空间信息的。每个耳朵都有一个耳洞,但这并不是简单的洞,声音在外耳上反射进入内耳,因此声音在听者的面部、肩部和外耳上发生反跳,并改变了频谱。每当声音传播到头部、躯体、耳郭三个部位时,就会发生散射现象,而且左右两耳产生的波谱分布不同,当进入的声波与外耳或耳郭产生交互作用时,发生与方向有关的滤波作用对定位有着重要的影响。

声音相对于听者的位置会在两耳上产生两种不同的频谱分布,靠得近的耳朵通常感受到的强度相对高一些。并通过测量外界声音及鼓膜上的声音的频谱差异,获得声音在耳附近发生的频谱波形,随后利用这些数据对声波与人耳的交互方式进行编码,得出相关的一组转移函数,并确定出两耳的信号传播延迟特点,以此对声源进行定位。这种声音在两耳中产生的频段和频率的差异就是第二条定位线索,称为头部相关转移函数(HRTF,Head-Related Transfer Function)。通常在虚拟现实系统中,当无回声的信号由这组转移函数处理后,再通过与声源缠绕在一起的滤波器驱动一组耳机,就可以在传统的耳机上形成有真实感的三维音阶了。

1974 年 Plenge 的研究证实了 Shaw 的研究成果,他认为,通过改变声音进入耳的形式,会产生外部的声音舞台的感觉。耳机(特别是插入式耳塞)忽视或破坏了耳郭的作用,使人感觉声音舞台产生于内部。如果耳机的左右通道人为地进行电子成形后,就可能使人会感觉声音有外部的真实性。为此要求知道声音的形状,也就要求知道 HRTF,并且发现每个人有不同的 HRTF。

理论上,这些转移函数应因人而异,因为每个人的头、耳的大小和形状都各不相同。但这些函数通常是从一群人获得的,因而它只是一组平均特征值。另外,由于头的形状和耳郭本身也会产生一些影响,因此,转移函数是与头相关的。事实上,HRTF 的主要影响因素是耳郭,但除耳郭外还受头部的衍射和反射、肩膀的反射及躯体的反射等多方面因素的影响。

1.4.3 身体感觉

视觉与听觉都是由光波或声波激起的,而身体感觉则是通过收集来自用户身体的信息,使人们知道身体状态及与周边环境的关系,在黑暗中人们用手触摸物体能感觉到它的表面粗糙等属性。

1. 体感

身体感觉与如何感知表面的粗糙程度、振动、相对皮肤的运动、位置、压力、疼痛及温度密切相关。大脑的体感皮层将分布在体表及深层组织内的感受器接收到的信号转化为各种感觉。图 1-4-4(a)所示是 Brodmann 发现的体感在大脑皮层上的映射图,它表明身体各部分是怎样与皮层中的表面部位相连的。从图中可以看出,身体的不同部位与大脑皮层相连的顺序是:趾、脚、腿、臀、躯干、颈、头、肩、臂、肘、小臂、腕、手、手指、眼、鼻、脸、唇、齿、舌、咽喉及腹部。按刺激身体不同部位分以下 4 类感觉。

（1）深度感觉

深度感觉提供关节、骨、腱、肌肉和其他组织的信息,涉及压力、疼痛和振动。它以内部压力、疼痛和颤动方式体验。肌肉收缩、舒张时,这些结构内的感受器被激活,使人们知道躯体及四股的空间状态。肌肉健康状况也很重要,当其状态良好时,在地球引力场中采取一种新的姿势十分迅速;当其出现问题时,保持站立姿势有困难,神经系统的反馈机制因延时而受影响。

（2）内脏感觉

内脏感觉提供胸腹腔中的内脏的状况,当身体出现问题时主要的感觉形式是疼痛。这种感觉一般不是由外部引起的,而是由内脏器官内部病变所引起的。

（3）本体感觉

本体感觉提供身体的位置、平衡和肌肉感觉。也涉及与其他物体的接触,如通过这种感觉可判断人站在地上、躺在床上等。本体感觉接收器能提供接触时的信息。

（4）外感受感觉

外感受感觉是身体表面体验到的接触感觉信息。常见的有触觉与力觉。

图 1-4-4(b)所示为人体皮肤的内部结构。虚拟现实系统的触觉接口直接刺激皮肤,产生接触感。人体具有约 20 种不同的神经末梢,受到刺激就会给大脑发送信息。最普通的感知器是热感知器、冷感知器、疼痛感知器以及压力(或接触)感知器。虚拟现实系统的触觉接口可以提供高频振动,小范围的形状或压力分布,以及热特性,由此来刺激这些感知器。

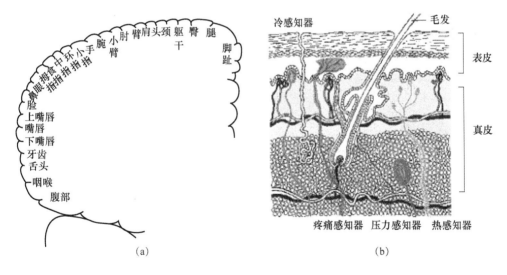

图 1-4-4 大脑皮层体感分布简图与人体皮肤内部结构图

2. 痛感

痛感是身体状态的警告信号,特别是当身体受到某种损害或压迫时,身体便发出这种警告信号,如身体遭到毒害,不管是源自外部有毒物质或体内产生的毒素,均以疼痛信号或某种不适(如恶心),向大脑发出警告。

皮肤表面和其他组织内包含着以游离神经末梢形式存在的感受器。当这些感受器受过热或受化学物如缓激肽的刺激时,人们会感到强烈的疼痛。人们还认为,当血流在肌肉处受阻,疼痛由缓激肽或乳酸引起。

3. 触觉

接触、压力及颤动均由同一类感受器感知。触觉一般由皮肤及邻近组织内的感受器产生;压觉由皮肤及深层组织变形产生;颤动感由感受器受周期性的刺激产生。触觉感受器可以是游离神经末梢、Meissner 小体、Iggo 圆顶形感受器、毛细胞、Ruffini 小体及 Pacimn 小体。同时,痒感也是触觉的一种,这种感受器对很微小的刺激做出反应,如小虫在身上爬动等。

4. 体位感

体位感与监视身体的静态和动态位置有关。关节、肌肉及深层组织内的感受器完成体位的感觉。然而,对关节角度的感觉并不仅仅涉及对关节角度做出反应的感受器,我们根据来自位于皮肤、组织、关节及肌肉内的不同感受器的信号,将这些数据组合在一起来收集关于各个关节的信息,包括它们是静止的还是运动的,是否超出了它们的活动范围等。

从以上对体感的粗略介绍中,可以看出用以监视身体接触及体位的感受是极其多样的。显然,我们在虚拟现实系统中不可能完全模仿出对虚拟物体做出的类似反应。我们日常活动中体验到的触觉信息大多来自与空气及周围环境直接接触的皮肤。戴上手套,就会限制通过手进入的丰富的感觉信息源,因此任何以压力垫与虚拟物体接触的交互手套都只能看作对"接触"含义的粗略解释,不可能达到完全的虚拟。

毫无疑问,虚拟现实系统的触觉接口在目前还面临着巨大技术难题。然而,如果想要重建一个与真实触觉世界对应的虚拟世界,就要在开发合适接口方面进行努力。事实上,我们已经制造出各种将压力信息反馈到用户指尖的手套,可用来补充视觉、听觉感受,增加虚拟现实系统的沉浸性。

1.4.4 健康与安全问题

在设计虚拟现实系统时,要遵循以人为中心的原则,充分考虑人的因素,如头盔显示器应能根据使用者的双目之间的距离进行调节等。

就当前的技术来说,虚拟现实的发展还处于一个初级阶段,很多虚拟现实系统几乎都无法避免眩晕这一问题。在这些系统中,能提供给使用者的感知也就只有视觉和听觉,但是对加速度和重力的感知,却是头戴式虚拟现实设备无法做到的……除了运动中的加速度感知,人的感知系统其实还有很多,如景深等。总的来说,虚拟现实系统会使人产生眩晕,主要有以下原因。

1. 视觉不清晰、景象刷新率低

一般来说,如果想要保证人不感觉晕,要求虚拟现实系统设备输出的画面必须要有足够高的刷新率(120 Hz 及以上)以及足够高的分辨率(4K 及以上),但是就目前技术水平来说达到以上要求还是较为困难的,很多头盔显示器的刷新率仅为 75 Hz,而分辨率也只有 2K,这受制于头盔显示器及主机的处理能力。

要想达到 75 Hz 的刷新率,就意味着要把设备的延迟做到 20 ms 以内。即便如此,20 ms 的延迟差距对长时间佩戴头盔显示器的用户来说,也是会产生严重眩晕的。

除了刷新率,还有分辨率的问题。分辨率低,在近距离观看虚拟现实设备的屏幕的时候,屏幕会有明显的颗粒感。一般来说需要把分辨率提高到 4K,甚至 8K,但这对主机的处理能力有着极为苛刻的要求。

在虚拟世界中,看到了一只猴子。但是猴子身上的毛却显示得极为模糊,猴子的脸上,甚至还有马赛克！当猴子从用户的视野中快速地、拖着残影爬到身旁的一棵树上时，用户抬头看向树上的猴子，过了大概 20 ms，画面才跟着用户的头转了过去⋯⋯

除此之外，图形畸变也是造成使用者眩晕的因素之一。游戏画面和头盔显示器里所呈现的画面不完全一致，头盔显示器展示的画面会有一些畸变。即使 Oculus 等厂家曾在此问题上投入了大量的研发成本并应用反畸变算法优化了虚拟现实设备的成像，再加上眼球追踪技术，图像边缘的畸变问题依然无法完美地解决。

2. 声音不同步

在用户的面前，一颗炸弹爆炸了，爆炸造成碎片朝他迎面飞来，他在四处躲藏的同时，爆炸的声音却从他的身后传了过来，即便有时在产生时间上没有延迟，画面与声音同步，但也可能会发生声源位置与虚拟世界的位置不在同一个地方的情况。

3. 景深不同步

计算机生成三维立体图像的基本原理是在左右眼显示稍有不同的图像，从而生成立体感效应，但这也导致了视轴调焦冲突。通常我们的眼睛会自动调节焦距，聚焦至很远或很近的某物，而在虚拟世界的立体图像中，物体都在一个显示平面上，远近距离并不明显，但眼睛却要频繁调节焦距，导致无法判断哪些是要看的物体、哪些是要聚焦的物体，在用户的面前，有一张桌子，在桌子上，近处放了一个杯子，远处放了一个玩偶。用户看着近处的杯子，按理来说远处的玩偶应该模糊不清，但是现在，远处的玩偶也看得非常清晰⋯⋯虚拟现实眩晕症就不可避免地出现了。

4. 环境等问题

虚拟世界大多都是与外界完全隔离的。用户在一个与外界完全隔离的环境中除了老老实实地坐着之外，不可能跟着虚拟世界中的他一起奔跑。所以，虚拟世界与现实世界不同步的问题也就来了！可以想象，用户在虚拟世界中奔跑，但是在现实世界中，却在沙发上安安稳稳地坐着⋯⋯可以想象用户在虚拟世界中坐过山车，随着过山车晃动，身体的感官也认为在晃动，但在现实世界中，用户却仍然在安稳地坐着⋯⋯只有用户的大脑知道他在晃动，但身体却没有，大脑默默承受了很多负担，最后产生眩晕也就很容易理解了。

除此之外，三维位置跟踪器性能不良是指其定位误差较大。定位出错造成的结果从表面看仅仅表现为被跟踪对象出现在它不该出现的位置上。被跟踪对象在真实世界中的坐标与其在虚拟世界中的坐标不相符，从而使用户在虚拟世界中的体验与其在真实世界中积累多年形成的经验相违背了。跟踪器的定位误差将给用户造成一种类似于运动病的症状，包括眩晕、视觉混乱、身体乏力等。

总的来说，其实就是因为目前的虚拟现实设备所创造出来的虚拟世界还不够真实，还无法真正地欺骗大脑，受到困扰的大脑不堪重负，才会造成眩晕的问题。大多数虚拟现实系统在图像生成、跟踪及计算物理仿真方面还存在延时，因此出现冲突的可能性非常大。如果这是产生症状的原因，更快的处理器将有助于解决这些问题。其他技术如预测算法可能有助于虚拟视觉系统与身体前庭器官的同步。

根据一份研究资料显示，在虚拟现实仿真实验中有 60% 的人有过轻微不适症状，有 0.1% 的人出现强烈反应，甚至出现呕吐的情况。造成出现这种运动病症状的因素是多方面的，如虚拟世界中身体位置的扭曲、运动响应的延迟以及力反馈的不适度等。这种后果是对虚拟现实应用的一个潜在的威胁。

目前，我们对长期使用虚拟现实系统的后果还知之甚少，这是一件可怕的事情。我们知道的是人类的适应力很强,能够忍受极度的恶劣条件。如在照明很差的办公室工作,呼吸污浊的空气,无支撑地坐在计算机前数小时,身体前倾着阅读屏幕上的内容。而且,我们已经习惯并将这些当作日常工作的一部分。

英国国防研究局(DRA)对浸入式显示器产生的负面效应进行了调查,尤其调查了有些用户经历的恶心呕吐状况。在此之前的工作表明,头盔的佩戴者感到紧张是因为他们在观察不同距离的虚拟物体不能利用眼睛调焦。由 DRA 所做的类似的研究表明,如果人的双目距离与头盔的光学中心间的距离不一致,也会引起人的眼睛疲劳。

一些人对不熟悉的运动刺激非常敏感。汽车、船只、火车、飞机、摆动及圆周运动都是造成运动病的常见原因。敏感的人在背朝运动方向坐几分钟就会感到恶心。

经过试验,我们可以证实现在的浸入式系统会引发恶心、呕吐等现象,但其真实原因还未查明。James Reason 为解释运动病而提出了冲突理论,理论指出:当大脑接收到同时来自前庭器官及视觉系统的相互矛盾的信号时,就会刺激引发呕吐。普遍认为该理论也可用来解释模拟器及虚拟现实系统中体验到的症状。

1.5　虚拟现实技术的研究状况

虚拟现实技术的问世,为人机交互等方面开辟了广阔的天地,同时也带来了巨大的社会效益与经济效益。人们从多媒体技术、网络技术的高速发展中得到启示,认识到虚拟现实技术的重要性。随着计算机系统的性能迅速提高,其价格不断降低。同时,与虚拟现实相关的技术日趋成熟,如实时三维图形生成与显示技术、三维声音定位与合成技术、传感器技术、识别定位技术、环境建模技术、CAD 技术等,为虚拟现实的研究提供了基础。现在,虚拟现实技术不论是在商业性,还是在实用性以及技术创新上都有巨大的潜力。

人们意识到虚拟现实技术的巨大应用前景,目前,虚拟现实技术几乎是所有发达国家都在大力研究的前沿技术,它的发展也非常迅速。实际上基于虚拟现实技术的研究主要有虚拟现实技术与虚拟现实应用两大类。在国外虚拟现实技术研究方面做得较好的有美国、德国、英国、日本、韩国等国。我国浙江大学、北京航空航天大学、国防科技大学、中科院等单位在虚拟现实技术方面的研究工作开展得比较早,取得的相关成果也较多。

1.5.1　国外的研究状况

1. 美国

虚拟现实技术起源于美国,美国是虚拟现实技术全球研究最早,研究范围最广的国家,美国虚拟现实技术研究水平基本上就代表国际虚拟现实发展的水平。虚拟现实技术的大多数研究机构都在美国。大多数的虚拟现实硬件设备也产自美国。其研究内容几乎涉及从新概念发展(如虚拟现实的概念模型)、某个单项关键技术(如触觉反馈)到虚拟现实系统的实现及应用等有关虚拟现实技术的各个方面。

美国国家航空航天局(NASA)于 20 世纪 80 年代初就开始研究虚拟现实技术,1981 年开始研究空间信息显示,在 1984 年开始研究虚拟视觉环境显示,并研制出新型的头盔显示器,后来又开发了虚拟界面环境工作站(VIEW)。

美国北卡罗来纳州立大学是进行虚拟现实研究最早的著名大学,其早期的主要研究方向是分子建模、航空驾驶、外科手术、建筑仿真。

美国 SRI 研究中心建立了"视觉感知计划",研究高级的虚拟现实技术。1991 年后,SRI进行了基于虚拟现实技术在军用飞机或车辆驾驶训练方面的研究,试图通过仿真来减少飞行事故。另外,SRI 还利用遥控技术进行外科手术仿真的研究。

麻省理工学院(MIT)在研究人工智能、机器人、计算机图形学和动画方面取得了许多成就。麻省理工学院探索如何使用 VR/MR 技术,成立高级 VR 技术中心,中心的使命是利用VR 技术开拓创新体验。从 VR 到 MR 等都使用计算技术在物理世界中构建富有想象力的体验。研究人员正在努力设计和理解这些系统如何影响现在的沟通、表达、学习、游戏和工作方式。

乔治梅森大学研制出了一套在动态虚拟环境中的流体实时仿真系统;波音公司利用虚拟现实技术在真实的环境上叠加了虚拟环境,让工件的加工过程得到有效简化;施乐公司主要将虚拟现实技术用于未来办公室上,设计了一项基于 VR 的窗口系统。传感器技术和图形图像处理技术是上述虚拟现实项目的主要技术,时间的实时性和空间的动态性是虚拟现实技术的主要焦点。

为纪念第二次世界大战期间珍珠港事件,太平洋战争国家历史公园已与 VR 体验设计工作室 TimeLooper 达成了合作,为珍珠港事件推出 VR 体验。利用 VR 的独特故事叙述能力,允许游客在美国太平洋国家纪念碑中身临其境地体验第二次世界大战,感受当时日本偷袭珍珠港事件的人与物。游客可以立即"踏上"亚利桑那号战列舰的甲板,或者"下潜"到离海平面40 英尺(1 英尺≈0.3 m)的地方,通过虚拟现实技术来感受亚利桑那号战列舰最后的安息地。

2. 欧洲

英国、德国、瑞典、西班牙、荷兰等国都积极进行了虚拟现实技术的开发与应用。

英国在虚拟现实技术的研究与开发的某些方面在欧洲是领先的,如分布式并行处理、辅助设备(触觉反馈设备等)设计、应用研究等。

英国航空公司 Bae 的 Brough 分部正在利用虚拟现实技术设计高级战斗机座舱,Bae 开发的项目 VECTA 是一个高级测试平台,用于研究虚拟现实技术及考察用虚拟现实技术替代传统模拟器方法的潜力。VECTA 的一个子项目 RAVE 是专门为训练飞行员而设计的。

德国的虚拟现实技术研究以 FhG-IGD 图形研究所和德国计算机技术中心(GMD)为代表。它们主要从事虚拟世界的感知、虚拟环境的控制和显示、机器人远程控制、虚拟现实在空间领域的应用、宇航员的训练、分子结构的模拟研究等。

德国的计算机图形研究所(IGD)测试平台,主要用于评估虚拟现实对未来系统和界面的影响,向用户和生产者提供通向先进的可视化、模拟技术和虚拟现实技术的途径。

瑞典的 DIVE 分布式虚拟交互环境是一个基于 Unix 的,在不同节点上多个进程,可以在同一个世界中工作的异质分布式系统。

荷兰国家应用科学研究院(TNO)的物理电子实验室(PEL)有一个仿真训练组,一些仿真问题集中在该训练组进行研究。在 VR 研制中,PEL 使用了英国 Bristal 公司的 Pro Vision 硬件和 DVS 软件系统、Virtual Research 的头盔显示器和 Polhemus 磁性传感器,同时使用头盔显示器与 Bristal 公司的鼠标器来跟踪动作。

3. 亚洲

在亚洲,日本的虚拟现实研究发展十分迅速,同时韩国、新加坡等也积极开展虚拟现实技术方面的研究工作。

日本是虚拟现实技术研究居于世界领先位置的国家之一,它主要致力于对建立大规模虚拟现实知识库的研究。另外也做了许多虚拟现实游戏方面的研究。

很早之前,东京大学的原岛研究室就开展了 3 项研究:人类面部表情特征的提取、三维结构的判定和三维形状的表示、动态图像的提取。东京大学的广濑研究室重点研究虚拟现实的可视化问题。为了克服当前显示和交互作用技术的局限性,研究人员开发一种虚拟全息系统。东京大学的成果包括一个类似 CAVE 的系统、用头盔显示器在建筑群中漫游、人体测量和模型随动、飞行仿真器等。

筑波大学工程机械学院研究了一些力反馈显示方法。研究人员开发了九自由度的触觉输入并开发了虚拟行走原型系统,步行者只要脚上穿上全方向的滑动装置,就能交替迈动左脚和右脚。

日本的 NEC 公司计算机和通信分部中的系统研究实验室开发了一种虚拟现实系统,它能让操作者使用"代用手"去处理三维 CAD 中的物体模型。

富士通实验室研究了虚拟生物与虚拟现实世界的相互作用。工作人员还研究虚拟现实中的手势识别,开发了一套神经网络姿势识别系统,该系统可以识别姿势,也可以识别表示词的信号语言。

2019 年 11 月 12—15 日在悉尼举行的 ACM Symposium on Virtual Reality Software and Technology 大会,促进了虚拟现实技术的进一步发展。

1.5.2　国内的研究状况

随着计算机图形学、计算机系统工程等技术的高速发展,虚拟现实技术在近十年得到了极大重视,引起我国各界人士的兴趣和关注。其中研究与应用 VR、建立虚拟环境、虚拟场景模型、分布式 VR 系统的开发正朝着深度和广度发展。国家已将虚拟现实技术研究列为重点攻关项目,国内许多研究机构和高校也都在进行虚拟现实的研究和应用并取得了不错的成果。

北京航空航天大学虚拟现实技术与系统国家重点实验室于 2007 年 5 月批准建设,实验室总体定位于虚拟现实的应用基础与核心技术研究,坚持以国家中长期科技发展规划纲要和国家"十二五""十三五"科技发展规划有关内容为指导,强调原始创新、重视系统研发,发挥实验室多学科交叉、军民应用背景突出的优势,为虚拟现实技术的发展和应用做出基础性、示范性、引领性贡献。实验室围绕我国经济与社会发展对虚拟现实技术的战略需求,结合国际虚拟现实方法与技术和虚拟现实开发支撑平台与系统进行研究。

这是国内较早开展虚拟现实技术研究与应用的单位之一。该机构经过多年的建设和发展,围绕航空航天、国防军事、医疗手术、装备制造和文化教育等五个领域的重大应用需求,瞄准虚拟现实国际发展前沿,深入进行理论研究、技术突破、系统研制和应用示范;培养和凝聚创新人才,加强实验室科研条件和环境建设;积极开展国内外学术交流和产学研合作,使实验室成为我国虚拟现实领域条件好、水平高、有影响力的国家级科研基地,发挥了技术带动和应用推动的作用。

浙江大学计算机辅助设计与图形学国家重点实验室为国家"七五"计划建设项目,于 1989 年开始建设,1992 年建成并通过国家验收。实验室主要从事计算机辅助设计、计算机图形学的基础理论、算法及相关应用研究。实验室的基本定位是:紧密跟踪国际学术前沿,大力开展原始性创新研究及应用集成开发研究,使实验室成为具有国际影响的计算机辅助设计与图形学的研究基地、高层次人才培养的基地、学术交流的基地和高技术的辐射基地。实验室主要研究方向包括数据并行计算及其基础软件、虚拟现实、图形与视觉计算、计算机辅助设计等。

北京师范大学虚拟现实与可视化技术研究所,成立于 2005 年,主要研究方向为虚拟现实理论和可视化技术。团队科研人员在文化遗产数字化保护、三维医学与模型检索、颅面形态信息学与颅面复原、虚拟现实理论及工程学方法四个方面的应用研究中,取得了一系列与国际、国内研究同步,又有广阔市场前景的科研成果,并致力于将这些成果推广应用,创造了一定的社会效益和经济效益。该研究所于 2007 年 9 月获批准成立教育部虚拟现实应用工程研究中心。文化遗产数字化保护方向研究团队,于 2011 年获批文化遗产数字化保护与虚拟现实北京市重点实验室。

国内在虚拟现实方面有较多研究成果的高校有:国防科技大学、北京理工大学、西安交通大学、哈尔滨工业大学、北京科技大学等,几乎所有的高校都有从事虚拟现实相关研究的实验室。

国内在虚拟现实方面有较多研究成果的公司有:阿里巴巴 VR 实验室、京东 VR/AR 实验室、腾讯优图实验室、魅族未来实验室、小米探索实验室等。

此外,国内许多企业及组织也对虚拟现实展开研究,以青亭网、VR 陀螺等为代表的国内一批技术网站的兴起,为国内众多的虚拟现实爱好者创立了良好的学习氛围,并提供有益的虚拟现实技术引导,他们在积极推动虚拟现实本土化的同时,在建筑漫游仿真、房地产交互展示、教育虚拟平台的应用系统开发方面取得了良好的效果,使虚拟现实在商业应用上走向大众化和民用化。

1.5.3 目前存在的问题

虚拟现实技术是一门年轻的科学技术,虽然这个领域的技术潜力是巨大的,应用前景也是很广阔的,但总体来说它仍然处于初级发展阶段,仍存在着许多尚未解决的理论问题和尚未克服的技术障碍。客观地说,目前虚拟现实技术所取得的成就,绝大部分还仅限于扩展了计算机的接口能力,刚刚开始涉及人的感知系统和肌肉系统与计算机的结合作用问题,还根本未涉及很多深层次的内容。

虚拟现实技术成功的原因之一在于它充分利用了现在已经成熟的科技成果,计算机为其提供了实时的硬件平台,显示设备利用了电视与摄像机的显示技术,同时也依赖着其他相关技术的发展。虚拟现实当前的技术水平离人们心目中追求的目标尚有较大的差距,在沉浸性、交互性等方面,都需进一步改进与完善。

虚拟现实技术在现实中的应用局限性较大,主要表现在以下几个方面。

1. 硬件设备方面

在硬件设备方面主要存在三方面问题。第一是相关设备普遍存在使用不方便,效果不佳等情况,难以达到虚拟现实系统的要求。如计算机的处理速度还不足以满足虚拟世界中巨大数据量处理实时性的需要,对数据存储的能力也不足;基于嗅觉、味觉的设备还没有成熟及商品化。第二是硬件设备品种有待进一步扩展,在改进现有设备的同时,应该加快新的设备的研制工作。同时,针对不同的领域要开发能满足应用要求的特殊硬件设备。第三是虚拟现实系统应用的相关设备价格也比较昂贵,且核心芯片缺失。建设 CAVE 系统的投资达百万元以上;一个头盔显示器一般达数千元等。VR 行业中,最为核心的两块芯片是高分辨率微型显示芯片和低功耗高性能计算芯片。目前在高分辨率微型显示芯片方面,主要以索尼、Kopin 等厂家生产的为主；在低功耗高性能计算芯片方面，高通、英伟达等依然牢牢占据主导地位，国内厂家难以与之抗衡。

2. 软件方面

现在大多数虚拟现实软件普遍存在专业性较强、通用性较差、易用性差的问题。同时，硬件设备的诸多局限性使软件的开发费用也十分巨大，而且软件所能实现的效果受到时间和空间的影响较大。很多算法及相关理论也不成熟，如在新型传感和感知机理，几何与物理建模新方法，基于嗅觉、味觉的相关理论与技术，高性能计算（特别是高速图形图像处理），以及人工智能、心理学、社会学等方面都有许多挑战性的问题有待解决。

目前 VR 内容制作效率不高，原因一是 VR 建模环节的工具和开发平台自动化、智能化程度不高，二是 VR 硬件不兼容，均采用各自的软件开发工具包（SDK，Software Development Kit）。提高 3D 建模（几何、图像、扫描等）的效率和空洞修补的自动化水平等是需要进一步研究的内容，研发标准应用程序接口和通用软件包是提高共享和研发效率的必然途径。底层软件平台缺失，目前在所有的面向公众开放的、用于 VR 开发的主流软件引擎中，国产产品较少。

3. 实现效果方面

虚拟现实的实现效果可信度较差。创建的虚拟环境的可信性是指要求符合人的理解和经验，包括物理真实感、时间真实感、行为真实感等。可信性较差具体表现在以下几个方面：①虚拟世界的表示侧重几何图形表示，缺乏逼真的物理、行为模型；②在虚拟世界的感知方面，有关视觉、听觉方面的研究多，对触觉、嗅觉、味觉的关注较少，真实性与实时性不足；③在与虚拟世界的交互中，自然交互性不够，基于自然的多模态交互效果还远不能令人满意。

4. 应用方面

现阶段虚拟现实技术主要在军事、工业领域应用较多，在建筑领域、教育领域的应用也逐渐增多。未来要努力向民用方向发展，并在不同的行业发挥更大的作用。

1.5.4 今后的研究方向

虚拟现实技术研究内容很广，基于现在的研究成果及国际上近年来关于虚拟现实研究前沿的学术会议和专题讨论，虚拟现实技术在目前及未来几年的主要研究方向有以下几个。

1. 多模态人机交互接口

虚拟现实技术的出现，是人机接口的重大革命，今后将进一步开展独立于应用系统的交互技术和方法的研究，建立软件技术交换机构以支持代码共享、重用和软件投资，并鼓励开发通用型软件维护工具。

2. 感知研究领域

从目前虚拟现实技术在感知方面的研究来说，视觉方面较为成熟，但对其图像质量要进一步加强；听觉方面要加强听觉模型的建立，提高虚拟立体声的效果，并积极开展非听觉研究；在触觉方面，要开发各种用于人类触觉系统的基础研究和虚拟现实触觉设备的计算机控制机械装置。

3. 高效的虚拟现实软件和算法

积极开发满足虚拟现实技术建模要求的新一代工具软件及算法，研究虚拟现实语言模型、复杂场景的快速绘制及分布式虚拟现实技术。

4. 廉价的虚拟现实硬件系统

目前基于虚拟现实技术的硬件系统价格相对比较昂贵，这是虚拟现实应用的一个瓶颈，下一阶段主要研究方向是研究在外部空间的实用跟踪技术、力反馈技术、嗅觉技术并开发出相关的硬件设备,使硬件成本进一步降低。

5. VR 相关标准的制定

目前,各种开发工具引擎、VR 文件格式导致 VR 系统的通用性差,要大力加快虚拟现实核心关键技术的研发以及与其他行业的融合,并加快制定修订相关标准,促进产业健康发展。

1.6　虚拟现实技术的应用

有关统计资料表明,虚拟现实技术目前在军事与航空、娱乐、医学、机器人方面的应用占据主流,其次是在教育及艺术商业方面,另外在可视化计算、制造业等领域的应用也有相当的比重。其中应用增长最快的是制造业。

1.6.1　军事与航空航天

1. 军事上的应用

虚拟现实技术的根源可以追溯到军事领域,军事领域看重仿真和训练的重要性。军事应用是推动虚拟现实技术发展的源动力,直到现在依然是虚拟现实系统的最大应用领域。当前应用趋势是减少经费开支、提高演习效果和改善军用硬件的生命周期等。

《中央军委 2020 年开训动员令》中已经明确指出:"强化新领域新力量融入作战体系训练,强化军地联训,加大训练科技含量",虚拟现实技术在类似导弹这样的高技术复杂武器装备培训中的广泛应用指日可待。采用虚拟现实系统不仅可以提高军队作战能力和指挥效能,而且可以大大减少军费开支,节省了大量人力、物力,同时保障了人员的生命安全。

(1)军事训练方面

现在各个国家都习惯采用举行实战演习的方式来训练军事人员,但是这种实战演习,特别是大规模的军事演习,将耗费大量的资金和军用物资,安全性差,而且很难在实战演习条件下改变状态,来反复进行各种战场态势下的战术和决策研究。近年来,随着虚拟现实技术在军事上的应用,军事演习与训练在概念和方法上有了一个飞跃,如图 1-6-1 所示。

图 1-6-1　军事训练

目前虚拟现实技术在军事训练领域主要用于以下四个方面。

①虚拟战场环境。利用虚拟现实系统生成相应的三维战场环境图形图像数据库,包括作

战背景、战地场景、各种武器装备和作战人员等,并通过网络等手段为使用者创造一种逼真的立体战场世界,以增强其临场感觉,提高训练的效率。

美军认为,"虚拟现实模拟技术是 21 世纪的主要训练方式",并计划投入 5 亿美元资金和相当人力,以获得可实际使用的成果。20 世纪 80 年代初,美国国防高级研究计划局(DARPA)开始研究第一个真正的虚拟战场 SIMNET。北大西洋公约组织同盟国将逐步在 SIMNET 中把各国军事力量集成放进一个虚拟战场,用于联合军力作战。随后,美国军方又投资研制了 CATT 系统,用于多兵种联合训练,通过战场环境的仿真模拟来训练战场指挥官。美军第三代虚拟战斗空间(VBS3)仿真系统(图 1-6-2),不仅能够仿真多种自然环境,还支持武器火力和摧毁环境的效果仿真等,既能实现单兵导航、炮兵抵近射击及步兵小分队战术等多种单兵训练,又能实现地对地、空对地作战支援行动等方面联合作战训练,几乎囊括了现代战争的方方面面。

图 1-6-2　VBS3 仿真系统

我国在虚拟战争环境仿真方面的研究,主要包括自然环境仿真、电磁环境仿真和人员装备仿真三个方面。如侯宇飞等设计开发了三维地形可视化分系统、语音合成识别分系统和三维声效仿真分系统,对虚拟战场环境中的地形和声响进行了仿真,为装甲兵乘员提供了高逼真的作战环境;侯学隆等提出了基于虚拟现实技术和垂直风洞技术的跳伞模拟训练系统设计,对受训者离开飞机到安全着陆全阶段动作进行训练。陈国栋等通过建立扫描、告警、干扰等模型,实现雷达电子战系统的功能和行为建模,构建了逼真的复杂电磁对抗仿真训练环境,解决了计算机生成兵力中的雷达电子战能力问题。

②近战战术训练。近战战术训练系统把在地理上分散的各个单位、战术分队的多个训练模拟器和仿真器连接起来,以当前的武器系统、配置等为基础,把陆军的近战战术训练系统、空军的合成战术训练系统、防空合成战术训练系统、野战炮兵合成战术训练系统、工程兵合成战术训练系统,通过局域网和广域网连接起来。这样的虚拟作战世界,可以使众多军事单位参与到作战模拟之中,而不受地域、空间的限制,具有动态的分布交互作用;可以进行战役理论和作战计划的检验,并预测军事行动和作战计划的效果;可以评估武器系统的总体性能,启发新的作战思想。

③单兵模拟训练。让士兵穿上数据衣服,戴上头盔显示器和数据手套,通过操作传感装置选择不同的战场场景,练习不同的处置方案,体验不同的作战效果,进而像参加实战一样,锻炼和提高技术、战术水平,快速反应能力和心理承受力。美国空军用虚拟现实技术研制的飞行训练模拟器,能进行视觉控制,能处理三维实时交互图形,且有图形以外的声音和触感,不但能以正常方式操纵和控制飞行器,还能处理系统中飞机以外的各种情况,如气球的威胁、导弹的发

射轨迹等。

还有一个基于单兵训练的课题是由荷兰国家应用科学研究院(TNO)物理电子实验室(PEL)开发的"虚拟 Stinger 训练器"。Stinger 是为防御低空飞机设计的紧凑的士兵发射火箭,全世界很多军队都在使用它。荷兰军队使用的标准的 Stinger 训练器包括 20 m 直径的投影拱顶。背景由安装在拱顶上的一台有鱼眼镜头的投影机投影。指挥者能确定攻击场景,并用工作站跟踪训练过程。

④ 诸军兵种联合战略战术演习。建立一个"虚拟战场",使陆、海、空多军种处在一个战场,根据虚拟世界中的各种情况及其变化,实施联合演习。利用虚拟现实技术,根据侦察的资料合成战场全景图,让受训指挥员通过传感装置观察各军种兵力部署和战场情况,以便模拟相互配合,共同作战的场景。

(2) 武器装备研究与新武器展示方面

① 在武器设计研制过程中,采用虚拟现实技术提供先期演示,检验设计方案,把先进设计思想融入武器装备研制的全过程,从而保证总体质量和效能,实现武器装备投资的最佳选择。对于有些无法进行实验或实验成本太高的武器研制工作,也可由虚拟现实系统来完成,所以尽管不进行武器实验,也能不断改进武器性能。美国洛马公司在美空军下一代 ICBM(洲际弹道导弹)研制计划中表示将在人体沉浸式协作实验室(CHIL)中利用虚拟现实技术实现导弹设计制造的虚拟可视化。雷锡恩公司的红石兵工厂作为大型导弹自动化生产工厂,通过洞穴式虚拟现实系统(CAVE)将虚拟现实技术应用于标准-3 导弹和标准-6 导弹等型号的生产。

② 研制者和用户利用虚拟现实技术,可以很方便地介入系统建模和仿真试验的全过程,既能加快武器系统的研制周期,又能合理评估其作战效能及其操作的合理性,使之更接近实战的要求。

③ 采用虚拟现实技术对未来高技术战争的战场环境、武器装备的技术性能和使用效率等方面进行仿真,有利于选择重点发展的武器装备体系,改善其整体质量和作战效果。

④ 很多武器供应商借助网络,采用虚拟现实系统来展示武器的各种性能。

2. 航空航天方面的应用

众所周知,航天飞行是一项耗资巨大、变量参数很多、非常复杂的系统工程,其安全性、可靠性是航天器设计时必须考虑的重要问题。因此,可利用将虚拟现实技术与仿真理论相结合的方法来进行飞行任务或操作的模拟,以代替某些费时、费力、费钱的真实试验或者真实试验无法开展的场合,利用虚拟现实技术的经济、安全及可重复性等特点,获得提高航天员工作效率、航天器系统可靠性等的设计对策。

美国政府把虚拟现实看成保持美国技术优势的战略努力的一部分,并开始了"高性能计算和计算机通信"计划(HPCC)。这个计划资助开发先进的计算机硬件、软件和应用,极大地推动了虚拟现实技术的研究与开发。

在航空航天方面,美国国家航空航天局于 20 世纪 80 年代初就开始研究虚拟现实技术。1984 年,美国艾姆斯研究中心利用流行的液晶显示电视和其他设备开始研究低成本的虚拟现实系统,这对于虚拟现实技术的软硬件研制发展推动很大。20 世纪 90 年代以来,虚拟现实的研究与应用范围不断扩大。例如,美国马歇尔太空飞行中心研制载人航天器的 VR 座舱,指导座舱布局设计并训练航天员熟悉航天器的舱内布局、界面和位置关系,演练飞行程序。目前,美国各大航天中心已广泛地应用虚拟现实技术开展相应领域的研究工作,宇航员利用虚拟现实系统进行了失重心理等各种训练。美国国家航空航天局计划将虚拟现实系统用于国际空间站组装等工作。

（1）美国国家航空航天局的虚拟现实训练

1993年12月，人类在太空成功地更换了哈勃太空望远镜上有缺陷的仪器板。在这之前的工作中，美国约翰逊航天中心启用了一套虚拟现实系统来训练航天员使他们熟悉太空环境，为修复哈勃望远镜做准备。航天员通过操作虚拟设备，大大提高了操作水平，使修复工作取得了圆满成功。

（2）欧洲航天局的虚拟现实训练

欧洲航天局近些年来在探索把虚拟现实技术用于提高宇航员训练、空间机器人遥控和航天器设计水平等方面的可能性，而近期内的计划重点是开发用于宇航员舱外活动训练、月球与火星探测模拟，以及把地球遥感卫星的探测数据转化为三维可视图像的虚拟现实系统。

（3）英国空军的虚拟座舱

1991年巴黎国际航空展览发布了虚拟座舱方向早期的工作成果，演示的是英国空军"虚拟环境布局训练辅助（VECTA）"课题的研究结果。在这个早期研究阶段，系统包括一对SGI 210显示生成器，具有Polhemus跟踪器的低分辨率VPL EyePhone，用于编程和座舱控制I/O接口的Sun380i。但该系统存在着头盔显示器图形分辨率低，缺乏纹理映射等问题。

在神舟七号飞船发射任务的准备和实施过程中，航天发射一体化仿真训练系统起到了重要作用。航天发射一体化仿真训练系统采用半实物仿真技术、虚拟仪器技术、虚拟现实技术，形成一套融虚拟装备、测试发射、测量控制、指挥通信、地勤支持于一体的大型系统，可以实现发射场全系统、全流程、全人员的综合训练，从而有效地提高了参加航天发射人员的技术水平。具体说，在没有火箭、飞船目标的情况下，系统可以把船箭的信息虚拟出来，组织模拟发射场全系统参加的火箭测试发射，从而大大缩短产品研制开发的周期，节省研发成本。

1.6.2 教育与培训

在2020全球智慧教育大会上，北京航空航天大学教授、中国工程院院士赵沁平指出，作为智慧教育重要的支持技术，虚拟现实技术具有沉浸感、交互性、构想性和智能化的特征，其对现有技术的颠覆性将催生新的教育教学方法和模式。教育是虚拟现实技术非常重要的应用领域。虚拟现实技术可以实现任何设想的教育教学环境，使学习者沉浸式体验学习对象和教学过程。

同时，虚拟现实技术和人工智能（AI）技术有着天然的关系，并呈现出"你中有我、我中有你"的融合发展趋势，从而有力地催生类人助教，促进高阶的探究式、自适应学习，拓展智慧教育场景应用，推动智慧教育的不断发展与深化。赵院士认为，VR＋AI有可能成为终极性的教育技术，将对未来教育产生深远的影响。建议要加强VR、AI等应用于教育教学的相关研究，关注人工智能和虚拟现实环境对学生身心的影响和对社会的影响。希望教育、人文社科领域的专家与科技界人士携手合作，研究"人工智能、虚拟现实＋教育"，共同推动智慧教育的发展，培养面向未来的创新型人才。

虚拟现实技术在教育中的应用主要有以下几个方面。

1. 虚拟校园

虚拟校园即从因特网、虚拟现实技术、网上虚拟社区和3S技术（遥感技术、地理信息系统、全球定位系统)的发展角度,对现实大学三维景观和教学环境的虚拟化和数字化。它基于现实大学的一个三维虚拟环境,支持对现实大学的资源管理、环境规划和学校发展。

虚拟校园在现在很多高校都有成功的例子,浙江大学在国家高技术研究发展计划(863)成果上还展示了基于虚拟现实的 VR 校园系统,中国石油大学利用 GIS(地理信息系统)技术实现了校园 VR 漫游。先后有清华大学、上海交通大学、北京大学、中国人民大学、山东大学、西北大学、西南交通大学、中国海洋大学、南昌大学等高校,都采用虚拟现实技术构建过虚拟校园。

大学校园的学习氛围、校园文化对我们具有巨大影响,教师、同学、教室、实验室……校园的一草一木无不潜移默化地影响着我们每一个人,大学校园赋予我们的教益从某种程度来说,远远超出书本所给予我们的。网络的发展,虚拟现实技术的应用,使我们可以仿真校园环境。因此虚拟校园成了虚拟现实技术与网络、教育结合最早的具体应用,图 1-6-3 所示为江西科技师范大学的虚拟校园场景。

图 1-6-3　江西科技师范大学的虚拟校园场景

2. 虚拟演示教学与实验

虚拟现实技术在教学中应用较多,特别是在建筑、机械、物理、生物、化学等理工类学科课程教学中的应用有着质的突破。它不仅适用于课堂教学,使之更加形象生动,也适用于互动性实验。很多大学都有虚拟现实技术研究中心或实验室。如浙江大学 CAD&CG(计算机辅助设计与图形学)国家重点实验室虚拟现实与多媒体研究室(与英国索尔福德大学、葡萄牙里斯本大学合作)在其承担的欧盟科技项目中,开发了基于虚拟人物的电子学习环境(ELVIS),用来辅助 9～12 岁的小学生进行故事创作。西南交通大学致力于工程漫游方面的 VR 应用,开发出了一系列有国际水平的计算机仿真和 VR 应用产品,在此基础上,还开发出 VR 模拟培训系统和交互式仿真系统。中国科技大学运用 VR 技术,开发了几何光学设计实验平台,它运用计算机制作的虚拟智能仪器代替价格昂贵、操作复杂、容易损坏、维修困难的实验仪器,其具有操作简单、效果真实、物理图像清晰、着重突出物理实验设计思想的特点。

2018 年 5 月,由杭州师范大学潘志庚教授作为首席科学家承担的国家重点研发计划项目"多模态自然交互的虚实融合开放式实验教学环境"通过对中学主干课程实验教学中多种交互模型的融合共存、多模态交互意图的精确理解,提供复杂实验教学环境中虚实融合的实时仿真、多通道感知(视觉、听觉、触觉、嗅觉)的同步呈现,研究探究式学习过程建模与行为量化评估等科学问题,以期实现我国优质教学资源远程教育的共建共享,更好地阐释和展现科学原理,并开发新型的教学实验,解决现有中学实验课程中探究性弱、自主性差、精准性低、实验成本高等系列难题。

图 1-6-4 所示为项目讨论会议 PPT 截图。

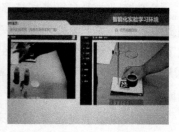

图 1-6-4　"多模态自然交互的虚实融合开放式实验教学环境"项目讨论会议 PPT 截图

实践教育是世界高等教育的难题,同时也是中国高等教育的短板。教育部于 2018 年开始启动国家虚拟仿真实验教学项目,让学生在网上做实验,和虚拟做真实验。首批公布了国家虚拟仿真实验教学项目 105 个,涵盖生物科学、机械、电子信息、交通运输等八大类。如在上海交通大学,学生利用仿真实验对复杂小儿先心病进行模拟仿真练习。通过虚拟现实及 3D 打印技术,即可实时再现先心病解剖结构及手术场景,不仅大大降低了以往收集实验样品的难度,也大大缩短了培训时间。让原来做不到、做不好、做不了、做不上的实验成为可能。虚拟仿真实验教学,解决了世界性的实验教学、实践教学、实训教学的难题,也解决了中国大学生动手能力不足的问题。实施过程中,首批入围高校要确保项目被认定后,1 年内面向高校和社会免费开放并提供教学服务;1~3 年间,免费开放服务要不少于 50％;3 年后,免费开放服务不少于30％。到 2020 年年底,教育部将推出 1 000 个"示范性虚拟仿真实验教学项目"。同时,国家还将依托"虚拟仿真实验教学项目共享平台"对国家虚拟仿真实验教学项目的对外联通和服务进行持续监管。

有关教育专家指出,持续地推进虚拟仿真项目将对中国高等教育质量的提高产生极大的影响,为卓越拔尖人才的培养提供了一个十分有效的手段。向社会广泛推广将会在推进教育公平方面取得很大的进展、对中国乃至世界的实践教育,都会有很大的帮助。

3. 远程教育系统

随着 Internet 技术的发展、网络教育的深入,远程教育有了新的发展,具有真实性、互动性、情景化等特点,突破了物理时空的限制并能有效地利用共享资源,它可以弥补远程教学条件的不足,彻底打破空间、时间的限制,它可以虚拟历史人物、伟人、名人、教师、学生、医生等各种人物形象,创设一个人性化的学习环境,使接受远程教育的学生能够在自然、亲切的气氛中学习。它也可以利用虚拟现实系统来虚拟实验设备,使学生足不出户便可以做各种各样的实验,获得与真实实验一样的体会,从而丰富感性认识,加深对教学内容的理解,同时避免了由真实实验或操作所带来的各种危险。

2020 年新型冠状病毒疫情防控期间,为了保障教师、学生的身体健康,教育部下发延期开学的通知,各地培训机构也暂停线下培训活动。为了确保广大师生停课不停学,很多学校开启远程教学,通过网络进行授课。其实,在远程教学中引入 VR 技术,也是一个不错的选择。

VR 远程教学将传统的单向教育转化为认知交互和沉浸式体验模式,学生被带入微观或宏观的虚拟世界中,身临其境地观察、探究事物,这极大地激发了学生的学习兴趣和好奇心,增强学生学习的主动性。它还可以将复杂和抽象的结构形象地展现出来,帮助学生更好地理解知识。这很好地解决了学生在家上课自制力差的问题。

4. 特殊教育

由于虚拟现实技术是一种基于自然的交互形式,这个特点对一些特殊的教育有其特殊的用途。如利用计算机技术,将正常的语言或词语转变成计算机三维手语,通过虚拟人合成技术和手语合成技术,用三维虚拟人来展示合成的手语,有助于听力障碍人士使用电视、电话、计算机等高科技产品,提高生活质量,改善他们受教育的环境,给他们的学习和生活带来极大方便。冯霞、胡永斌开发的虚拟现实聋童言语训练系统,就是通过设计虚拟教师、虚拟同学等人物,模拟真实学习场景和日常生活情境,使听力障碍儿童获得更多的语言信息和更好的情绪体验,促使他们产生与人交流、沟通的愿望。另外,在虚拟现实技术基础上发展起来的增强现实技术通过将视觉、文本、视频和音频融合在一起,将干预的内容与特定的场景和物体联系起来,可以给学生提供更深刻的有意义的体验,为低阅读能力者提供支持。

虚拟现实技术在特殊人群干预中的应用,也是国外近年来的研究热点之一。由日本京都的先进电子通信研究所(ATR)系统研究实验室的开发者们开发的一套系统能用图像处理来识别手势和面部表情,并把它们作为系统输入。该系统提供了一个更加自然的接口,而不需要操作者带上任何特殊的设备。英国伦敦大学学院、西班牙巴塞罗那大学和英国德比大学的心理学家和计算机科学家们提出了一种利用虚拟现实技术提升自我同情的心理治疗新方法。具体的案例被称为"化身实验",在实验的过程中,被试者会化身为安抚者、被安抚者、第三人,研究结果显示,以从虚拟儿童的角度回溯安抚过程的女性,会变得更加懂得自我同情;同时,她们的自我批评水平也会显著降低。另外,有研究者将虚拟现实技术与神经反馈方法结合对注意缺陷及多动障碍个体进行干预,使被试者的认知能力有所提高,注意力水平得到了改善。Lee等人将虚拟现实作为一种单独的方法应用于注意缺陷与多动障碍的干预中,实验组注意力水平有所提升。

瑞士伯尔尼应用科技大学计算机感知与虚拟实境研究团队(CpvrLab)运用 Oculus Quest VR 头盔内建的手部追踪功能,开发出识别与教授 23 个德国手语交谈字母手势的 Quest App。使用者戴上 Oculus Quest VR 头盔即可使用 Quest App,在 VR 环境中学习 23 个德国手语交谈字母的手势,如图 1-6-5 所示,使用者模仿比画出来的每一个手语手势都会在 VR 环境中以 3D 的方式呈现,并由 App 实时分析与识别,再跟内建的手势模型比对检查是否正确,因此在技术上只要扩充手势模型,就有机会支援任何种类手语手势的识别与比对。

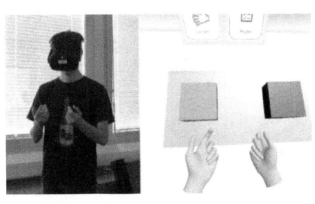

图 1-6-5　手语手势识别

目前尚无 App 能在虚拟实境环境中完整地教导使用者学习手语,但运用 VR 训练手语字母手势的 App 已证实现有技术具有实现目标的潜力,虽然只有基本功能且局限于德国手语交谈应用,但该研究团队已计划尽快将其 App 以开源的方式释出,以利于第三方将不同种类的手语手势新增到手势模型中,或强化手势识别与比对的能力。

虚拟现实技术为对特殊人群的干预提供了新的思路和视野,在现实与虚拟之间搭建了桥梁,为个体开拓了另一个空间,将复杂的空间关系、抽象概念和多维观感可视化、可触摸化。虚拟的环境鼓励人们更加积极地参与活动,通过对现实环境的模拟,可以为特殊儿童创设社会交往的情境和机会,从而促进社交能力的发展。研究表明,虚拟环境可以为自闭症青少年学习和练习社交技能提供支持,并且有很大的应用潜力。利用虚拟现实系统在自闭症个体的认知能力领域开展训练也获得了研究支持。例如 Moore 等人研究了自闭症个体对虚拟环境中虚拟人物表情的理解情况,研究发现,超过 90% 的被试者能准确辨认虚拟人物所呈现的表情。此外,还有研究者使用 VR 游戏对唐氏儿童的平衡能力进行训练,并得到了良好的训练效果。

大量研究表明,虚拟现实技术的急速发展在运动康复和训练领域有很大的应用潜力。很多基于虚拟现实技术的体感交互设备得到了开发,如 Kinect 和 Leap Motion 等都设计了相应的体感游戏软件,这些游戏可以提供大量的、密集的感觉运动刺激,通过和三维的场景互动,以激活镜像神经元系统,诱发大脑的重组。我国的雷显梅等人运用 Kinect 体感游戏对自闭症儿童进行干预,结果表明被试儿童的上下肢运动能力和视觉动作协调能力得到有效提升。

虚拟现实技术多用于康复、干预,没有配套的评估方式,而虚拟现实技术所蕴含的丰富资源和对语言的非依赖性都显示出其在评估和诊断方面具有很大的应用潜力。之后可将虚拟现实技术应用于更多特殊人群的评估和诊断中,同时也有利于虚拟现实与康复和干预的衔接。

5. 技能培训

将虚拟现实技术应用于技能培训可以使培训工作更加安全,并节约了成本。比较典型的应用是训练飞行员的模拟器及用于汽车驾驶的培训系统(图 1-6-6)。交互式飞机模拟驾驶器是一种小型的动感模拟设备,舱体内前面是显示屏幕,配备飞行手柄和战斗手柄,在虚拟的飞机驾驶训练系统中,学员可以反复操作控制设备,学习在各种天气情况下驾驶飞机起飞、降落,通过反复训练,达到熟练掌握驾驶技术的目的。交互式汽车模拟驾驶器采用虚拟现实技术构造一个模拟真车的环境,通过视景仿真、声音仿真、驾驶系统仿真,给驾驶学员以真车般的感觉,让驾驶学员在轻松、安全、舒适的环境中掌握汽车的常识,学会汽车驾驶,又可体验疯狂飞车的乐趣,集科普、学车及娱乐于一体。

图 1-6-6 模拟驾驶系统

在我国神舟五号载人飞船发射项目中,研究人员也采用模拟训练器来辅助发射训练工作,神舟五号模拟训练器系统包括飞船系统、运载系统、监控系统、着陆系统等,对神舟五号载人飞船发射升空、白天和黑夜在空中运行状态以及返回着陆等进行模拟。

1.6.3　建筑设计与城市规划

在城市规划、建筑工程设计领域,虚拟现实技术被作为必需的开发工具。由于城市规划对关联性和前瞻性的要求较高,在城市规划中,虚拟现实系统正发挥着巨大作用。许多城市都有自己的近期、中期和远景规划,在规划中需要考虑各个建筑同周围环境是否和谐相容,新建筑是否同周围的原有建筑协调等问题,以免出现建筑物建成后,才发现它破坏了城市原有风格和合理布局,造成不可挽回局面的情况。图 1-6-7 所示为利用虚拟现实系统模拟环境改变后的影响。

图 1-6-7　利用虚拟现实系统模拟环境改变后的影响

采用虚拟现实系统,可以让建筑设计师看到和"摸"到设计成果,而且方便随时修改,如改变建筑高度,改变建筑外立面的材质、颜色,改变绿化密度;并且可以所见即所得,只要修改系统中的参数即可,而不需要像传统三维动画那样,每做一次修改都需要对场景进行一次渲染。虚拟现实系统支持多方案比较,可将不同的方案、不同的规划设计意图实时地反映出来,用户可以做出很全面的对比。另外虚拟现实系统可以快捷、方便地随着方案的变化而调整,辅助用户做出决定,从而大大加快了方案设计的速度和质量,节省大量的资金,这是传统手段如沙盘、效果图、平面图等所不能达到的。

规划决策者、规划设计者、城市建设管理者以及公众在城市规划中扮演着不同的角色,有效的合作是保证城市规划最终成功的前提。虚拟现实系统打破了专业人士和非专业人士之间的沟通障碍,为他们的合作提供了理想的沟通桥梁。运用虚拟现实技术能够使政府规划部门、项目开发人员、工程人员及公众通过统一的仿真环境进行交流,相关人员能更好地理解设计方的思路和各方的意见,能更快地找到问题,使各部门达成共识并解决一些设计中存在的缺陷,提高方案设计和修正的效率。英国创新机构"创新英国"开设了一间"可视化实验室",利用虚拟现实技术帮助英国政府解决道路规划等问题。通过虚拟现实技术,设计师和工程师们可以"足不出户",就能随时"走上"他们想考察的城市街头,对道路规划及相关服务和产品进行直观体验,这样不仅更加高效,而且能节约不少成本。

虚拟现实系统的沉浸感和互动性不但能够给用户带来强烈、逼真的感官冲击,使其获得身临其境的体验,还可以通过其数据接口与 GIS 信息相结合,即所谓的虚拟现实-GIS,从而在实时的虚拟世界中随时获取项目的数据资料,方便大型复杂工程项目的规划、设计、投标、报批、管理等需要,如图 1-6-8 所示。此外,虚拟现实系统还可以与网络信息相结合,实现三维空间的远程操作。

图 1-6-8　GIS 与虚拟现实技术的互动结合

同时,虚拟现实在重大工程项目论证中应用较多,一些大型的公共建筑工程项目或比较重要的建筑,如车站、机场、电视塔、桥梁、港口、大坝、核电站等,建成后往往会对某一地区的景观、环境等造成较大的影响。这些项目的建设成本高,社会影响大,所以其安全性、经济性和功能合理性是需要考虑的重要因素。目前,对重大建设项目的综合评价是靠高度抽象的模型,建立在想象和先前经验的基础上,其结果经常会出现很大偏差,而这种偏差造成的缺陷几乎是无法弥补的,所以很多项目(如奥运会工程、三峡水库等)在工程前期都必须采用虚拟现实技术进行先期技术成果的演示和论证,从而可以演示出设计与实际结果之间的关系,发现设计中潜在的缺陷和问题,试探解决问题的不同方法,使整个设计更加完善。

对于公众关心的大型规划项目,在项目方案设计过程中,虚拟现实系统是一个极好的展示工具。在方案设计前期,通过虚拟现实系统将方案导出制作成多媒体演示作品,让公众参与讨论;当项目方案确定以后,还可以通过输出多媒体宣传材料,进一步提高项目的宣传展示效果。

建筑设计是虚拟现实技术在德国应用最早的行业。从 1991 年开始,德国多家研究所和公司就探索将计算机辅助设计升级到具有交互效果的"虚拟设计"。例如,在全世界建筑设计软件领域居领先地位的慕尼黑内梅切克公司,研制出了由个人计算机、投影设备、立体眼镜和传感器组成的"虚拟设计"系统。它不仅可以让建筑师看到甚至"摸"到自己的设计成果,还能简化设计流程,缩短设计时间,而且方便随时修改。汉诺威世界博览会德国馆的建筑,就是用虚拟现实技术设计的。目前,德国科研机构和企业正力图进一步降低这类系统的成本,以适应中小建筑企业的需求。

浙江大学 CAD&CG 国家重点实验室开发了一套桌面型虚拟建筑世界实时漫游系统,该系统采用了层面叠加的绘制技术和预消隐技术，实现了立体视觉，同时还提供了方便的交互工具，使整个系统的实时性和画面的真实感都达到了较高的水平。

1.6.4　娱乐、文化体育艺术

娱乐上的应用是虚拟现实技术应用最广阔的领域，从早期的立体电影到现代高级的沉浸式游戏，都有虚拟现实技术的参与。丰富的感知能力与 3D 显示使虚拟现实成为理想的视频游戏工具。由于在娱乐方面对虚拟现实的真实感要求不是太高，所以近几年来虚拟现实在该方面的发展较为迅猛。

作为传输显示信息的媒体，虚拟现实在未来艺术领域方面所具有的潜在应用能力也不可低估。虚拟现实所具有的临场参与感与交互能力可以将静态的艺术（如油画、雕刻等）转化为动态的，可以使观赏者更好地欣赏作者的思想艺术。另外，虚拟现实技术提高了艺术表现能力，如一个虚拟的音乐家可以演奏各种各样的乐器，即使听众远在外地，也可以在居室中去虚拟的音乐厅欣赏音乐会，等等。

1. 娱乐

世界第一个较大虚拟现实娱乐系统是 1990 年 8 月在芝加哥开放的"BattleTech Center"。它的主题是未来战争（3025 年），由称为"BattleTech"的人控制的强大的机器人作战。

浙江大学 CAD&CG 国家重点实验室开发了虚拟乒乓球、虚拟网络马拉松和轻松保龄球艺健身器等项目，并与国家体育总局合作进行体育训练仿真，开发了"大型团体操演练仿真系统""帆板帆船仿真系统"等项目，如图 1-6-9 所示。

图 1-6-9　轻松保龄球艺健身器和大型团体操演练仿真系统

宁波新文三维股份有限公司开发了室内高尔夫运动模拟器、虚拟比赛（模拟排球或足球比赛）系统、虚拟人脸变形系统、虚拟照相系统、虚拟主持人等项目。

随着一种由虚拟现实技术与社交媒体相结合打造的下一代在线社交娱乐平台的诞生，并即将进入中国和其他亚太地区市场，在不久的将来，人们足不出户就可以"遍步天下"，在缤纷绚烂的数字空间中参加国际性音乐会、音乐节等文娱活动，与各国友人一道，尽享沉浸式娱乐体验。

全球知名的虚拟现实社交平台"Sensorium Galaxy"由两个新兴科创公司 Sensorium 与 Redpill VR 共同开发，在数字空间里，为音乐会、音乐节和其他娱乐活动提供定制化场地，并将活动内容连贯流畅地同步传播给世界各地的用户，使人们不论在哪个角落都可以拥有置身其中一般的现场体验,还能与其他参与者即时互动。"Sensorium Galaxy"的技术原型在美国洛杉矶举行的年度 3E 电子娱乐展一经亮相,便引起国际业界和广大游戏迷的高度关注和浓厚兴趣,评价其诞生"标志着社交网络重大发展",从此用户不再被局限于一维平台,而是可以在三维的虚拟环境中与人结交互动,还认为它的出现标志着虚拟现实体验的根本性变化。

2. 艺术

艺术是虚拟现实起重要作用的另一个领域。虚拟现实是传达作者信息的新的表达媒介。此外,虚拟现实的沉浸感和交互性可以把静态艺术(绘画、雕刻等)转换成观看者可以探索的动态艺术。

(1)虚拟博物馆与虚拟旅游

人们在自己家中就可通过网络进入电子博物馆。参观者可以浏览故宫,欣赏不列颠博物馆、卢浮宫或大都会艺术博物馆,不必去北京、伦敦、巴黎或纽约。现在很多博物馆建立了自己的网站,允许人们通过网络进行虚拟浏览。不用花那么多时间和金钱,坐在家中就可以游遍名胜古迹,这是不少人的梦想。现在,虚拟现实让这个梦想变成了现实,利用虚拟现实技术可以在网络上营造出一个逼真的场景,可以让使用者在虚拟世界里边走边看,实现虚拟旅游。

2017 年 4 月,"走进圆明园的未来"科技体验展推出零距离高互动性 VR 虚拟现实体验,让体验者可以亲手打造海宴堂十二兽首,将三百年来中国第一座喷泉"海宴堂"及"十二兽首"的历史遗迹,通过体验者的双手亲自重建。栩栩如生的喷泉即刻启动、再现眼前,让观众亲身体验乾隆皇帝设计园林的巧思与美学。重庆红岩革命历史博物馆选取重庆大轰炸影片中能代表民国时期重庆生活的场景,通过扫描识别源,调取每个场景所代表的重庆生活场景,让游客目睹民国时期重庆的生活风貌。系统中所漫游的场景主体是民国时期能够体现重庆生活面貌的街道、建筑、码头等,长度约 500 m,体验者佩戴 VR 眼镜即可置身民国时期的重庆街道,在街道中穿行,与街边商贩攀谈。

底特律美术馆利用了 GuidiGO 增强现实技术应用程序,参观者只需要从服务台领取一部联想 Phab2 Pro,也就是一部支持 Tango 技术的智能手机,就可以进入增强现实的世界中并使用它探寻展品所潜藏的更多信息。参观者只需要对准木乃伊"扫描"一下就可以看到其内部的骨架;也可以用手机对准米色石灰石雕塑,屏幕上即刻浮现按钮,轻轻一按,便轻而易举地"恢复"石灰岩浮雕本来的颜色,原始鲜艳的色彩浮现在参观者眼前。丹麦西南日德兰博物馆于2016 年推出了一款 App,利用了 Beacon、AR 以及 3D 视觉技术让游客体验及了解文艺复兴时期贸易及商人生活。通过 Beacon 确定游客的所在点,当游客到达特别的地点时手机就会触发处于周遭的 Beacon,屏幕上会立即呈现出与周边相关的历史信息。博物馆员通过管理系统能对 App 自行进行系统维护,让文本、图像、影片、AR 场景与互动性的 3D 视觉元素间能进行切换。在新加坡国家博物馆中,参观者可以利用手机在一个平坦的地面上看见此博物馆建筑变迁的经过以及它的发展历程。当参观者拿着手机走进虚拟模型时,还可以看到建筑的细节,给人们带来清晰直观的互动体验。

(2)虚拟音乐

东京早稻田大学已经研究了"Musical Virtual Space(音乐虚拟空间)"系统。这个系统包含一个 DataGlove 手套、带有 MIDI 转换器的麦克风、计算机、视频显示、MIDI 合成器和喇叭。作曲家用麦克风设置旋律音调,用 DataGlove 选择和演奏虚拟乐器。手套数据传送给计算机。如果作曲家的手在水平方向运动,则计算机理解为他希望演奏钢琴。虚拟钢琴被选定后,它的键盘就显示在用户前面的大屏幕上。然后钢琴键实时响应 DataGlove 手指的弯曲。各种乐器都可以用这种方式转换,作曲家可以用这种方式创造一个合唱队或整个管弦乐队。

Soundstage 是基于 VR 技术的一款虚拟音乐制作工作室平台,具有虚拟乐器演奏、录音以及混音制作等功能,它可以模仿音乐人所需的专业音乐工作室。在这里用户可以随手取用 MIDI 键盘、RolandTr-808 和一系列合成器等音乐器材。该平台于 2016 年 7 月开始通过 Steam Early Access 发售,HTC Vive 和 Steam VR(目前市面上很常见的两款 VR 产品)用户均可下载使用。图 1-6-10 所示为 Soundstage 用户在选取不同音色的声音样本。

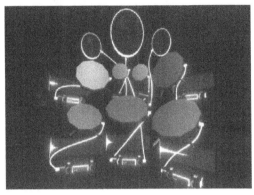

图 1-6-10　Soundstage 用户在选取不同音色的声音样本

Electronauts 是一款基于 VR 的虚拟音乐创作工具,可以用来作曲和混音,是 Survios 公司和获得过格莱美奖的制作人组合 Stargate 合作研发的。这款工具的画面风格十分精美,无论是为用户设计的人物造型还是虚拟世界中的设备,都充分体现了科幻感。在 Electronauts 中可以实现"演出模式"(用户可以在"DJ 台"前操作控制器,进行乐器的演奏,也可以用手柄控制器击打虚拟鼓面形成互动),还可以实现播放音乐以及编辑乐曲的功能。图 1-6-11 和图 1-6-12 所示为 Electronauts 所呈现的效果。

图 1-6-11　Electronauts 双人效果　　　　图 1-6-12　Electronauts 在 6 个音轨中选择

(3)虚拟演播室

虚拟演播室是一种典型的增强型虚拟现实技术的应用,它的实质是将计算机制作的虚拟三维场景与电视摄像机现场拍摄的人物活动图像进行数字化的实地合成,使人物与虚拟背景能够同时变化,从而实现两者天衣无缝的融合,以获得完美的合成画面,如图 1-6-13 所示。由于背景是计算机生成的,可以迅速变化,这使得丰富多彩的演播室场景设计可用非常经济的手段实现,提高了节目制作的效率和演播室的利用率;同时使演员摆脱了物理上的空间、时间及道具的限制,置身于完全虚拟的环境中自由表演。节目的导演可在广泛的想象空间中进行自由创作,使电视节目制作进入一个全新的境界。

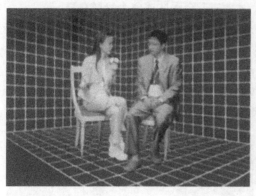 

图 1-6-13　虚拟演播室

第一套虚拟演播室是 1991 年由日本放送协会研制成功的"Nano space"系统。1993 年英国广播公司利用虚拟演播室系统"Virtual Scenario"制作电视新闻背景，以三维模型形式报道选举。1997 年美国 Evans&Sutherland 公司推出首套基于 Windows NT 和实时图形工作站的虚拟演播室系统"Mindset"；1999 年美国 Play 公司推出性价比高的，带虚拟场景的数字编辑系统"Trinity"。

目前市场上已有许多虚拟演播室产品。按照摄像机跟踪方式的不同，可以分为两类：机械传感方式和图形识别方式。按照模型可以分为两类：二维虚拟场景和三维虚拟场景。全球已经有很多套虚拟演播室系统。采用虚拟演播室，可以节省制作成本，保持前景和背景的正确的透视关系，且可依据想象力自由创作。1997 年，原中国中央电视台购买了第一台 MindSet 虚拟演播室系统，使中国成为亚洲第 4 个使用虚拟演播室系统的国家（地区）。

央视在制作《军情时间到》时首次使用了虚拟演播室技术，将辽宁舰、歼-15、武直-10 以及无人机超级战舰统统搬进演播室，不受空间、时间、距离的限制，依托根据真实装备制作的仿真 3D 模型，详细介绍各种装备的武器系统和设计细节。

（4）虚拟演员

虚拟演员又被称为虚拟角色，广义上它可包含两层含义，其一是用计算处理手法使已故的影星"起死回生"，重返舞台；其二是完全由计算机塑造出来的电影明星，如《玩具总动员》中的太空牛仔和蚁哥 Z-4195，它们的档案、肤色、气质、着装、谈吐完全都是由幕后制作者控制的。

虚拟演员的概念由 SimGraphics 公司开发并推向市场，虚拟演员是 VACS（动画产生系统）的一部分。VACS 集成了专门设计的硬件和软件，以便开发和实时显示虚拟角色。VACS硬件由"操作者站"和几个"观众交互站"两部分组成。"操作者站"为一个人类演员，他的面部表情由称为"Facial Waldo"的传感器面罩读取。传感器面罩读取的数据控制了虚拟演员的面部的表情。其他输入来自由人员控制的数字脚踏板、滑标和 3D 鼠标，用于虚拟演员在空间的定位和对其身体运动的控制。数字获取系统收集各种输入，送到工作站中，用来生成虚拟演员。"观众交互站"有显示 Vactor 的墙或投影屏幕，喇叭发出演员的语音，麦克风可以获取观众的响应。

（5）虚拟世界遗产

文化遗产的数字化是虚拟现实技术的一个应用方向，对文化遗产的保护与复原有重大的意义。虚拟世界遗产利用虚拟现实技术来介绍、保护、保存、还原世界自然和文化遗产。上海世博会展馆中的电子动态版的《清明上河图》便是虚拟现实技术融入"文遗"保护的代表。该技术在保留原作的色调、画风及所有特征的基础上,运用在折幕上投影的方法重现北宋开封府的繁荣景象。观众似乎穿越了时光隧道回到九百多年前的北宋,夜景下月亮的倒影、女子在酒家内的舞蹈、河上漂浮的莲花灯以及各式各样的灯笼等,加之画幕下一条光影做成的河,似乎图中的人和物就在河的那边,历史触手可及。

运用虚拟现实技术手段可以将文物大量地制作成各种类型的影像,如三维立体的、动画的、平面连续的……,来展示文物生动的原貌。虚拟现实技术提供了脱离文物原件而表现其本来的重量、触觉等非视觉感受的技术手段,能根据考古研究数据和文献记载,模拟地展示尚未挖掘或已经湮灭了的遗址、遗存。网络技术能将这些文物资源统一整合起来,全面地向社会传播,而丝毫不会影响文物本身的安全。

人们可以利用细致拟真的虚拟现实技术来预先展现文物修复后的影像,从而检验修复技术、手段的可行性,并进一步将虚拟现实技术和视图计算技术相结合,考察修复过程中的各项环节和修复后的耐久性;利用虚拟现实技术大量而完好地从多角度展示文物,从而使文物实体保存在更加严密的环境中,有利于文物寿命的延长。

目前在此方面所做的工作包括美国斯坦福大学、华盛顿大学和 Cyberware 公司合作完成的“数字化米开朗琪罗计划”,该计划使用三维扫描仪记录了十座米开朗琪罗塑造的大型塑像;北京大学与故宫文化遗产数字化应用研究所合作对故宫进行的数字化;浙江大学与敦煌研究院合作进行的敦煌数字化;中德合作创建的敦煌信息网站。图 1-6-14 所示为 2020 年 4 月 15日,华为公司携手敦煌研究院采用华为 P40 系列手机,借助华为 AR 地图,让用户如同参观真实洞窟一般,看到精美的敦煌洞窟高精度壁画图像和三维模型,美妙绝伦,让历史神韵永存。

图 1-6-14　漫游敦煌洞窟

（6）电影拍摄

电影拍摄中利用计算机技术已有数十年的历史,美国好莱坞电影公司主要利用计算机技术构造布景,利用增强型虚拟现实的手法设计出人工不可能做到的布景,如雪崩、泥石流等。这不仅能节省大量的人力、物力,降低电影的拍摄成本,而且还可以给观众营造一种新奇、古怪和难以想象的环境,获得极大的票房收入。例如美国的《星球大战》《外星人》《侏罗纪公园》等科幻片以及完全用三维计算机动画制作的影片《玩具总动员》,都取得了极大的成功。轰动全球的大片《泰坦尼克号》应用了大量的三维动画制作技术,用计算机真实地模拟了泰坦尼克号航行、沉船的全过程。

在电影电视拍摄过程中,经常采用运动捕捉技术,其原理就是把真实人的动作完全附加到一个三维模型或者角色动画上。表演者(如专业武打替身演员)穿着特制的表演服,关节部位绑上闪光小球,当表演者做各种动作的时候,一套特定的设备通过数十个数字摄像头,捕捉这些发光小球的动作,计算它们运动的规律,然后将这些运动来附加给真正的角色演员,实现这些高难度运动的拍摄。例如在肩膀、肘弯和手腕三点各绑上一个小球,就能反映出手臂的运动轨迹。

《阿丽塔:战斗天使》是一部根据日本漫画家木城雪户的小说《铳梦》改编的科幻动作影片,该影片运用了动作捕捉技术,拍摄现场使用了大量的摄像机来摄取演员身上的记号点,系统将这些记号转成 3D 立体架构,并传输成动画模型,让动画模型可以与表演角色运动匹配。

虚拟现实电影是电影百年历史上的一次重大变革。虚拟现实电影的出现彻底改变了观众的观影体验,观众不再只能从矩形画面中看到部分场景,他们的视角不再受限制,可以自由选择,因此虚拟现实电影具有极强的代入感。虚拟现实电影的制作主要运用了以下几种技术:动态面部捕捉技术、动作捕捉技术、虚拟摄像机和 3D 虚拟影像撷取摄影技术。图 1-6-15 所示为采用面部捕捉系统来捕捉面部表情。

图 1-6-15　面部表情捕捉

1.6.5　商业领域

在商业方面,近年来,虚拟现实技术常被用于产品的展示与推销。采用虚拟现实技术可以全方位地对商品进行展览,展示商品的多种功能,另外还能模拟商品工作时的情景,包括声音、图像等效果,比单纯使用文字或图片宣传更加有吸引力。并且这种展示可用于 Internet 之中,实现网络上的三维互动,为电子商务服务,同时顾客在选购商品时可根据自己的意愿自由组合,并实时看到它的效果。

房地产及装饰装修业是虚拟现实技术应用的一个热点领域,在国内已有多家房地产公司采用虚拟现实技术进行小区、样板房、装饰展示等,并取得了较好的效果。浙江大学 CAD&CG 国家重点实验室开发了布艺展示专家系统,用户可对场景中的面料进行置换等,如图 1-6-16 所示。

2016 年 11 月 1 日零点,淘宝 VR 购物产品 Buy+正式上线,如图 1-6-17 所示。互联网电商由单一模式进入沉浸式虚拟购物时代。VR 购物是阿里发布的全新购物方式,将 VR 技术和网购结合起来的 Buy+是其主要产品。Buy+利用三维动作捕捉技术(TMC)捕捉消费者的动作并触发虚拟环境的反馈,最终实现虚拟现实中的互动。简单来说,用户可以直接与虚拟世界中的人和物进行交互,甚至可将现实生活中的场景虚拟化,成为一个可以互动的商品。

继淘宝 Buy＋后,阿里又上线支付宝 VR Pay,实现在支付宝中完成 3D 场景下的支付。用户在接入 VR Pay 的商家店铺内下单后,VR 界面内会跳出一个 3D 形态的支付宝收银台,用户根据所佩戴的 VR 硬件设备的操作特点,通过凝视、点头、手势等控制方法登录支付宝账户,并输入密码完成交易。

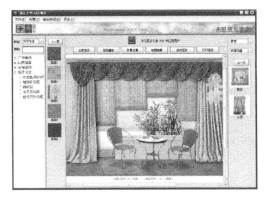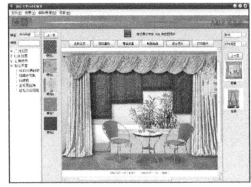

图 1-6-16 布艺展示专家系统

图 1-6-17 VR 购物

1.6.6 工业领域

随着虚拟现实技术的发展,其应用已大幅进入民用市场。如在工业设计中,虚拟样机就是利用虚拟现实技术和科学计算可视化技术,根据产品的计算机辅助设计(CAD)模型和数据以及计算机辅助工程(CAE)仿真和分析的结果,所生成的一种具有沉浸感和真实感,并可进行直观交互的产品样机。

虚拟制造技术于 20 世纪 80 年代被提出来,在 20 世纪 90 年代随着计算机技术的发展,得到人们的极大重视而获得迅速发展。虚拟制造采用计算机仿真和虚拟现实技术在分布技术环境中开展群组协同工作,支持企业实现产品的异地设计、制造和装配,是 CAD/CAM 等技术的高级阶段,如图 1-6-18 所示。利用虚拟现实技术、仿真技术等在计算机上建立起的虚拟制造环境是一种接近人们自然活动的"自然"环境,人们的视觉、触觉和听觉都与实际环境接近。人们在这样的环境中进行产品的开发,可以充分发挥技术人员的想象力和创造力,相互协作发挥集体智慧,大大提高了产品开发的质量和缩短了产品开发的周期。在工业领域,虚拟现实技术目前主要应用在以下几个方面。

图 1-6-18　虚拟制造

1．产品的外形设计

汽车工业是工业领域较早采用虚拟现实技术的。一般情况下，开发或设计一辆新式汽车，从初始设想到汽车出厂大约需要两年或更多的时间，当图纸设计好后，以往会用泡沫塑料或黏土制作外形模型，然后通过多次的评测和修改，以及许多后续的工序去研究基本外形，检验空气动力学性能，调整乘客的人机工程学特性等。而采用虚拟现实技术可随时对汽车外形进行修改、评测，大大地缩短了制造周期，因为采用虚拟现实技术进行设计与制造汽车不需要建造实体模型，可以简化工序，并根据 CAD 和 CAM 程序所收集的有关汽车设计的数据库进行仿真。在其他产品（如飞机、建筑、家用电器、物品包装设计等）外形设计中，虚拟现实技术均表现出极大的优势。

2．产品的布局设计

在复杂产品的布局设计中，通过虚拟现实技术可以直观地进行设计，甚至可以走入产品中去，这样可避免出现很多不合理问题。例如，工厂和车间设计中的机器布置、管道铺设、物流系统等，都需要该技术的支持。在复杂的管道系统、液压集流块设计中，设计者可以"进入"其中进行管道布置，检查可能的干涉等错误。在汽车、飞机的内部设计中，"直观"是最有效的工具，虚拟现实技术可发挥不可替代的积极作用。

3．机械产品的运动仿真

在产品设计阶段必须解决运动构件在运动过程中的运动协调关系、运动范围设计、可能的运动干涉检查等问题。

4．虚拟装配

机械产品中有成千上万的零件要装配在一起，其配合设计、可装配性常常会出现偏差，往往要到产品最后装配时才能发现，造成零件的报废和工期的延误，企业因不能及时交货而造成了巨大的经济损失和信誉损失。采用虚拟现实技术可以在设计阶段就进行验证，保证设计的正确性。

在汽车工业中，技术人员可以在虚拟现实技术仿真过程中尝试装配汽车零部件，因而在花费时间和金钱去制造实际的零部件之前，就可以将各个零部件虚拟地装配在一起。

5．产品加工过程仿真

产品加工是个复杂的过程。产品设计的合理性、可加工性、加工方法和加工设备的选用、加工过程中可能出现的加工缺陷等，有时在设计时是不容易被发现和确定的，必须经过仿真和分析。通过仿真,可以预先发现问题,尽快采取措施,保证工期和产品质量。

6. 虚拟样机

在产品的设计、重新制造等一系列的反复试制过程中,许多不合理设计和错误设计只能等到制造、装配过程中,甚至到样机试验时才能发现。产品的质量和工作性能也只能当产品生产出来后,通过试运转才能判定。这时,多数问题是无法更改的,修改设计就意味着部分或全部的产品报废或重新试制。因此常常要进行多次试制才能达到要求,试制周期长,费用高。而采用虚拟制造技术,可以在设计阶段就对设计的方案、结构等进行仿真,解决大多数问题,提高一次试制成功率。用虚拟样机技术取代传统的硬件样机,可以大大节约新产品开发的周期和费用,很容易地发现许多以前难以发现的设计问题。

虚拟现实技术还允许公司的主管人员、技术人员等对汽车的外形等做出评价,研究各个零部件如何装配在一起以及审核最终产品,完成这些工作都无须建造各零部件或整车的模型。

德国汽车业应用虚拟现实技术最快也最广泛。目前,德国所有的汽车制造企业都建成了自己的虚拟现实开发中心,建立了面向汽车虚拟设计、虚拟装配、维护和维修的虚拟现实系统。奔驰、宝马、大众等大公司的报告显示,应用虚拟现实技术、以"数字汽车"模型来代替木制或铁皮制的汽车模型,可将新车型开发时间从一年以上缩短到 2 个月左右,开发成本最多可降低到原来的十分之一。

美国伊利诺伊州立大学的研究人员提出采用支持远程协作的分布式虚拟现实系统进行车辆设计,不同国家、不同地区的工程师们可以通过计算机网络实时协作进行设计。在设计车辆的过程中,各种部件都可以共享一个虚拟世界,并且通过视频传递和相应的定位方向可以查看对方任何一个位置的图像。在系统中采用虚拟快速成型技术减少了设计图像和新产品进入市场的时间,这样,产品在生产之前就可以估算和测试,大大提高了产品质量。

日本东京大学的高级科学研究中心将其研究重点放在远程控制方面,该研究中心开发的系统可以使用户控制远程摄像系统和一个模拟人手的随动机械人手臂。

1.6.7　医学领域

在医学领域,虚拟现实技术和现代医学的融合使虚拟现实技术开始对生物医学领域产生重大的影响。目前生物医学领域正处于应用虚拟现实的初级阶段,其应用范围包括从建立合成药物的分子结构模型到各种医学模拟,以及进行解剖和外科手术教育等。在此领域,虚拟现实应用大致上分为两类。一类是虚拟人体,也就是数字化人体,这样的人体模型会帮助医生更加了解人体的构造和功能。另一类是虚拟手术系统,可用于指导手术的进行。

早在 1985 年,美国国立医学图书馆就开始人体解剖图像数字化研究,并利用虚拟人体开展虚拟解剖学、虚拟放射学及虚拟内窥镜学等计算机辅助教学。2016 年,广州市正骨医院建立了全国首个"虚拟现实医院"。虚拟人体系统在医学方面的应用具有十分重要的现实意义,主要可用于教学与科研,在基于虚拟现实技术的解剖室环境中,学生和教师可以直接与三维模型交互。教师借助跟踪球、HMD、数据手套等虚拟的探索工具,可以达到常规方法(用真实标本)不可能达到的效果,学生可以很容易地了解人体内部各器官结构,这比采用教科书的方式要有效得多。此系统还可以进行虚拟模型的链接和拆分、透明度或大小的变化、产生任意的横切面视图、测量大小和距离(用虚拟尺)、结构的标记和标识、绘制线条和对象(用空间绘图工具)等操作。在其他医学教学中利用可视人体数据集的全部或部分数据,经过 3D 可视化,为学生展现人体器官和组织。不仅如此,教师还可以进行功能性的演示,例如心脏的电生理学的多媒体教学,它基于可视人体数据集的解剖模型,通过电激励传播仿真的方法,计算出不同的时间和空间物理场的分布,并采用动画的形式进行可视化,用户可以与模型交互,观看不同的变换效果。

另外,在远程医疗中,虚拟现实技术也很有潜力,甚至可以对危急病人实施远程手术。医生对病人模型进行手术,他的动作通过卫星传送到远处的手术机器人。手术的实际图像通过机器人上的摄像机传回至医生的头盔显示器,并将其和虚拟病人模型进行叠加,即采用增强现实式虚拟现实系统,可为医生提供有用的信息。

综上所述,虚拟现实技术的特点使其与医学领域高度契合,虚拟现实技术有望成为最有前景的三维可视化解决方案,在临床治疗、医学教学、手术导航以及新型药物的研制等方面都能发挥重要作用。虚拟现实技术应用于医学领域的典型例子有以下几个。

英国 Ultrahaptics 公司研制的用于护士专业训练的触摸式三维虚拟系统。在这个帮助护士练习静脉注射的虚拟手中,传感器能"感觉"到与皮肤的接触,同时发送来自肌肉和关节的信息。有"感觉"的虚拟手能帮助护士或实习生掌握静脉注射技巧,与原先使用的塑料假手不同,虚拟手可以提供各种不同的参数,例如存在"游动"的静脉、静脉破裂,等等。同时,虚拟手还能模仿老人、小孩以及带有不同伤口的手,其中包括肌肉组织破裂和骨折。这样,在护士和实习生允许给真人静脉注射之前,她们可以先"试扎"虚拟患者。

美国有少数医院正在采用虚拟现实技术疗法,治疗烧伤病人以及患有各种恐惧症(如恐高症等)的病人。研究人员表示,这种技术在治疗外伤导致的精神压抑、成瘾行为等疾病方面具有广阔的前景,此外它还能在一些会引起病人痛苦的治疗手段中起到分散病人注意力的作用,如牙科治疗、理疗、化疗等。研究人员表示,随着技术的不断进步(如头戴式高清晰度显示器的出现),虚拟现实技术将在更多的主流疗法中得到应用。

国外某虚拟现实公司为每名患者量身定制一个 360°的虚拟现实世界,在虚拟现实技术的帮助下,患者可以和医生一起"走进"他的身体里,进而制定更精准的治疗方案。通过虚拟现实技术将患者身体的病灶重现,医生和病人共同商定治疗方案,并通过反复模拟操作最终实现手术风险的显著降低。

美国食品药物监督管理局已批准首个用于 AR 头戴式显示器的医疗视觉辅助系统,该系统通过 2D、3D 和 4D 图像技术,让医生在手术开始前获得可能在术中遇到问题的视觉指南。该系统可以呈现患者 2D 和 3D 图像,并将其准确地叠加在患者身上,如图 1-6-19 所示。

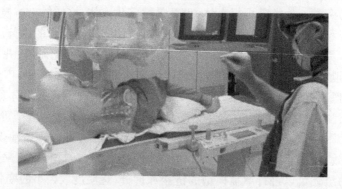

图 1-6-19　医疗视觉辅助系统

在医药行业,德国制药企业已着手将虚拟现实技术应用于新药的设计。不仅如此,医院和医学院校也开始用数字模型训练外科医生。其做法是通过将 X 光扫描、超声波探测、核磁共振等手段获得的人体信息综合起来,建立起反应非常接近真实人体和器官的仿真模型。医生动手术前先在数字模型上试验,这样可以优化手术方案,提高技术水平。目前,德国医学界已成功开发出供手术练习用的"虚拟膝关节",并计划进一步开发其他虚拟器官。

美国洛马林达大学医学中心是一所从事高难度医学研究的单位。该单位的 David Warner 博士和他的研究小组将计算机图形及虚拟现实的设备用于探讨与神经疾病相关的问题上。他们以数据手套为工具,将手的运动实时地在计算机上用图形表示出来;他们还成功地将虚拟现实技术应用于受虐待儿童的心理康复治疗之中,并首创了虚拟现实儿科治疗法。

美国在关于"数字虚拟化人体"研究项目上也是先行者,早在 20 世纪 80 年代中后期即投入巨资开始"虚拟美国人"计划的研究,并于 1994 年和 1996 年相继推出一男一女两个虚拟人。

总的来说,虚拟现实技术是一个充满活力、具有巨大应用前景的高新技术,但目前还存在许多有待解决与突破的问题。为了提高系统的交互性、逼真性和沉浸感,我们在新型传感和感知机理,几何与物理建模新方法,高性能计算,特别是高速图形图像处理,以及人工智能、心理学、社会学等方面都有许多具有挑战性的问题有待解决。但是我们坚信人类在这一高新技术领域将会大有作为。

习　题

1. 什么是虚拟现实技术? 它有几个重要的特性?
2. 什么是虚拟现实系统,它由哪些部分组成,各有何作用?
3. 虚拟现实系统有哪几种类型? 各有什么特点及应用?
4. 虚拟现实技术的实现对信息技术的发展会产生什么影响?
5. 为什么说虚拟现实技术是一门多学科交叉的学科?
6. 虚拟现实技术在聋哑人生活上发挥何种具体的作用?
7. 举例说明虚拟现实技术在军事领域的具体应用。
8. 举例说明虚拟现实技术在教育领域的具体应用。
9. 虚拟现实技术与传统三维动画有何异同?
10. 在电影电视领域,虚拟现实技术带来什么变化?
11. 在 Internet 中查找有关世界 VR 大会的情况。
12. 在 Internet 中查找有关 SIGGRAPH 会议的情况。
13. 在一些大学网站上查看 3 个有关虚拟校园的样例,并试着进行比较。
14. 在 Internet 中查找 5 个有关虚拟现实技术应用的网站,并简述网站的大致内容。
15. 通过 Internet 了解虚拟现实技术在建筑领域中的应用。

第2章 虚拟现实系统的硬件设备

学习目标

1. 掌握虚拟现实系统的硬件组成
2. 了解虚拟现实系统的感知设备
3. 了解虚拟现实系统的跟踪定位设备
4. 了解虚拟现实系统的交互设备
5. 了解虚拟现实系统的生成设备

虚拟现实系统和其他类型的计算机应用系统一样,由硬件和软件两大部分组成。在虚拟现实系统中,首先要建立一个虚拟世界,这就必须要有以计算机为中心的一系列设备;同时,为了实现用户与虚拟世界的自然交互,即用户要看到立体的图像,听到三维的虚拟声音,也要对人的运动位置与轨迹进行跟踪,依靠传统的键盘与鼠标是无法达到的,必须应用一些特殊设备才能得以实现,所以说要建立一个虚拟现实系统,硬件是基础。

虚拟现实系统中的硬件设备主要由 4 个典型部分组成:感知设备、基于自然的交互设备、位置跟踪设备、生成设备。

感知设备是将虚拟世界输出的各种信号转变为人能接收的信号的设备,通常包括视觉感知、听觉感知、触觉感知、味觉感知、嗅觉感知等设备。

在虚拟世界中,无论是人与人的交互还是人与虚拟世界中的物体交互,若想达到与真实世界相同的感觉,就必须采用自然的方式,这就需要一些基于自然的交互设备,通常包括数据手套、力反馈设备等。

位置跟踪设备是检测相关设备或人在三维空间的位置,对其在空间中的位置进行跟踪与定位的装置,一般与其他虚拟现实设备结合使用。

生成设备负责生成虚拟世界的建模、实时绘制、立体显示等,通常是一台或多台运行速度快且带有图形加速器的计算机。

2.1 感知设备

在虚拟现实系统中,人置身于虚拟世界中,要使人体有沉浸的感觉,必须让虚拟世界提供人在现实世界中的多种感受,如视觉、听觉、触觉(力觉)嗅觉、味觉、痛感等。然而基于目前的技术水平,成熟或相对成熟的感知信息产生和检测技术,仅涉及视觉、听觉和触觉(力觉)3 种。

感知设备的作用在于在虚拟世界中,将各种感知信号转变为人所能接受的多通道刺激信号。目前主要开发出基于视觉、听觉和触觉(力觉)感知的设备,基于味觉、嗅觉等的感知设备有待开发研究。

(1)视觉感知设备

视觉感知设备是基于眼睛的视觉体验的硬件设备,主要向用户提供立体宽视野的场景显示,并且这种场景的变化会实时改变。此类设备主要有头盔显示器、洞穴式立体显示装置、响应工作台显示装置、墙式立体显示装置等。此类设备相对来说比较成熟。

(2)听觉感知设备

听觉感知设备是一种基于人耳感知声音的硬件设备,主要功能是提供虚拟世界中的三维真实感声音的输入及播放。一般由耳机和专用声卡组成。通常用专用声卡将单通道或普通立体声源信号处理成具有双耳效应的三维虚拟立体声音。

(3)触觉(力觉)感知设备

触觉(力觉)感知设备是一种基于人的手、肢体和眼睛进行交互和反馈的硬件设备。从本质上来说,触觉和力觉实际是两种不同的感知。力觉感知设备主要是要求能反馈力的大小和方向,而触觉感知所包含的内容要更丰富一些,例如手与物体相接触,应包含一般的接触感,进一步应包含感知物体的质感(布料、海绵、橡胶、木材、金属、石头等)、纹理感(平滑、粗糙程度等)以及温度感等。在实际虚拟现实系统中,目前能实现的仅仅是模拟一般的接触感。在相关设备中,基于力觉感知的力反馈装置相对成熟一些。

(4)味觉感知设备

味觉感知设备是一种基于人的舌头进行味觉体验的特殊设备。味觉是指食物在人的口腔内对味觉器官化学感受系统的刺激并产生的一种感觉。最基本的味觉有甜、酸、苦、咸、鲜 5 种,我们平常尝到的各种味道,都是这 5 种味觉混合的结果。"虚拟食物"即使不能放进嘴里,但能通过电子技术来模仿食物的味道和口感。这个技术为 VR/AR 体验增添了新的感官输入设备,可以进一步提高 VR/AR 虚拟世界体验的沉浸感。

(5)嗅觉感知设备

嗅觉感知设备是一种由鼻子感受气味获得知觉的特殊设备。它由两个感觉系统参与,即嗅神经系统和鼻三叉神经系统。目前的大多数嗅觉感知设备会提前设计好各种气味,制作成胶囊或者试剂,然后根据不同的应用场景进行控量释放,让使用者闻到该气味。目前此类设备处于稳步发展阶段,可以模拟的气味种类也越来越多,结合 VR/AR 设备,可以使嗅觉感知体验更上一个层次。

2.1.1　视觉感知设备

人从外界获得的信息,有 80% 以上来自视觉,人类要感知世界,视觉感知是最主要的。在虚拟现实系统中,视觉感知设备是最为常见的,也是这几类感知设备中发展最为成熟的。最常见的虚拟现实视觉感知设备有桌面立体显示系统、头盔显示器、洞穴式立体显示装置等。下面介绍几种典型的应用产品。

1. 桌面立体显示系统

立体显示器是一种建立在人眼立体视觉机制上的新一代自由立体显示设备。它能够利用多通道自动立体显示技术，不需要借助任何助视设备（如 3D 眼镜、头盔等），即可获得具有完整深度信息的图像。

最简单的立体显示系统由立体显示器和立体眼镜组成，其原理是立体显示器以一定频率交替生成左、右眼视图，用户通过佩戴立体眼镜，使左、右眼只能看到屏幕对应的左眼和右眼视图，最终在人眼视觉系统中形成立体图像。为了使图像稳定，要求显示器的刷新频率达到 120 Hz，即左、右眼视图刷新率最低保持在 60 Hz。

桌面立体显示系统的眼镜又分为有源眼镜和无源眼镜两类。有源立体眼镜又称为主动立体眼镜，无源立体眼镜又称为被动立体眼镜。

有源立体眼镜包括有线与无线两种。有线有源立体眼镜通过一根电缆线与主机相连接，而无线有源立体眼镜的镜框上装有电池及由液晶调制器控制的镜片。有源立体眼镜对应的立体显示器有红外线发射器，它根据显示器显示左、右眼视图的频率发射红外线控制信号。有源立体眼镜的液晶调制器接收到红外线控制信号后，调节左、右镜片上液晶的通断状态，即控制左、右镜片的透明或不透明状态。当显示器显示左眼视图时，发射红外线控制信号至有源立体眼镜，使有源立体眼镜的右眼镜片处于不透明状态，左眼镜片处于透明状态。如此轮流切换镜片的通断，使左、右眼分别只能看到显示器上显示的左、右视图。有源系统的图像质量好，但有源立体眼镜价格较贵，且红外线控制信号易被阻挡而使观察者工作的范围有限，有线有源立体眼镜还要受联机电缆的长度的限制，因此有源系统只适用于小区域、少量观众的场合。

此类桌面立体显示系统价格便宜，使用方便，适用于教育、医学或科学研究、商业活动、航训模拟等领域。下面介绍两种常见的立体显示系统。

（1）ZSpace 立体显示系统

由美国 ZSpace 公司研发的 ZSpace S 系列的桌面立体显示系统（图 2-1-1）是一款融合了 AR 和 VR 的一体式桌面显示系统，它由定制化的一体 PC、立体眼镜以及触摸笔组成。该设备在显示屏中内置了跟踪传感器，传感器不仅可以跟踪 ZSpace 触摸笔和眼镜，也可以进行深度感知，对使用者做出相应的反馈，比如当使用者倾斜头部环顾对象时，ZSpace 会动态更新以修正显示视角，高清显示正确的视图。同时该设备也支持非跟踪眼镜，触摸笔上的按钮也可以根据不同的应用程序执行不同的操作。得益于 ZSpace 的桌面系统，它也支持键盘、鼠标等其他设备。

除了桌面端的 ZSpace S 系列，ZSpace 公司还研发了针对移动便携使用的 ZSpace 笔记本式计算机，图 2-1-2 所示为用户使用 ZSpace 笔记本式计算机进行昆虫探索。ZSpace 笔记本式计算机提供了一对极化跟踪眼镜，将低功耗、高性能 AMD 嵌入式加速处理单元（APU A9-9420）与 AMD 嵌入式 Radeon 图形液晶显示器 LiquidVR 技术相结合。其硬件配置有 256 GB SSD，8 GB DDR4 RAM，13.5 英寸（1 英寸＝2.54 cm）1 920×1 080 高清屏幕以及多种内置应用程序。它提供了令人惊叹的交互式体验，利用视觉、听觉、触觉等多种感官特性创造出自然直观的体验。

图 2-1-1　ZSpace 桌面立体显示系统

图 2-1-2　使用 ZSpace 笔记本式计算机进行昆虫探索

（2）未来立体 GC3000

未来立体 GC3000（图 2-1-3）是由深圳未来立体教育科技有限公司研发的一款桌面立体显示系统，主要用于教学方面。该设备由 3D 触控显示系统、红外光学追踪系统、可拔插计算机系统（OPS）和增强现实（AR）互动系统组成。3D 触控显示系统配置有偏光式 3D 立体显示器和电容式触摸屏，支持左右或上下格式的 3D 内容、一键式 2D/3D 切换、二路外部信号源输入、3D 视频播放等功能，可以实时将虚拟现实及增强现实交互场景投射至大屏幕。光学追踪系统配置有光学追踪摄像头、光学追踪眼镜、光学追踪操控笔和光学追踪服务软件。光学追踪眼镜采用无源偏振式 3D 眼镜技术，光学追踪定位点会与主机上的追踪器相配合，当移动头部环顾对象时，视角会根据头部位置实时更新输出正确的视图。光学追踪操控笔采用符合人体工学的握笔式设计，通过功能按钮实现对象选择、菜单调用等操作，内置微型振动器，可以对用户进行震动反馈，6 个自由度的感知，可以实现丰富的自然交互。该设备最具特色的一个功能是增强现实系统，该系统由 AR 摄像头和对应的软件组成，能将虚拟事物和真实环境叠加后展现出来，达到虚拟世界和真实世界合二为一的效果。

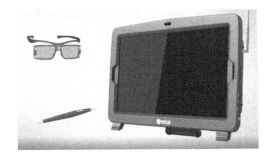

图 2-1-3　未来立体 GC3000

作为 VR 体验的一种，桌面立体显示系统是一种低成本、非沉浸式的立体显示装置，可以实现一个人进行主要操作，其他人同时立体式观看的目的，但是不能多用户协同工作。

2. 头盔显示器

头盔显示器（HMD）是虚拟现实系统中最普遍采用的一种立体显示设备，也是目前 3D 显示技术中起源最早、发展最为完善的技术之一，也是现在应用最为广泛的 VR 显示技术，其沉浸性强，交互方式多样化，符合人眼视觉习惯，实现成本低。

头盔显示器通常配有位置跟踪设备，用于实时检测头部的位置与朝向，并反馈给计算机。

计算机根据这些反馈数据生成反映当前位置与朝向的场景三维图像,并实时显示在头盔显示器的屏幕上。它通常采用机械的方法固定在用户的头部,头与头盔之间相对固定,当人的头进行运动时,头盔显示器自然与随着头部的运动而运动,同时,头盔显示器将人与外部世界的视觉、听觉封闭,引导用户产生全身心处于虚拟环境中的感觉。目前主流的头盔定位追踪技术主要有两种,分别是外向内追踪技术(Outside-in Tracking)和内向外追踪技术(Inside-out Tracking)。

头盔显示器是最早的虚拟现实显示器,其显示原理是左、右眼屏幕分别显示左、右眼的图像,人眼获取这种带有差异的信息后在脑海中产生立体感。它是将小型二维显示器所产生的影像借由光学系统放大。具体而言,小型显示器所发射的光线经过凸状透镜使影像因折射产生类似远方的效果,利用此效果将近处物体放大至远处观赏而达到所谓的全像视觉(Hologram)。

由于头盔显示器的显示屏距离人的双眼很近,因此需要有专用的光学系统使人眼能聚集在如此近的距离而不易疲劳。同时,这种专用镜头又能放大图像,向双眼提供尽可能宽的视野,这种专用的光学系统称为 LEEP 系统,如图 2-1-4 所示。它是以第一家研制这一系统的公司命名的,LEEP 系统实质是一个具有极宽视野的光学系统,其广角镜头能适应用户瞳孔间距的需要,使双眼分别获得的图像能自然地会聚在一起,否则就要安装机械装置来调节光学系统左、右两个光轴的间距,这样做既麻烦,又增加了成本与重量。LEEP 光学系统的光轴间距应比常人瞳孔距略小一些,以实现双眼图像的会聚效应。由塑料制成的 Fresnel 镜片起到使双眼图像进一步相互靠近并会聚它们的作用。

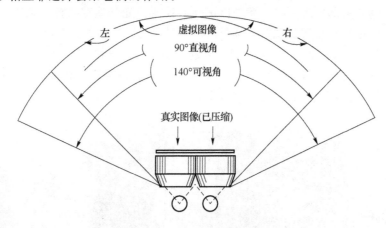

图 2-1-4　LEEP 光学系统

现阶段的头盔显示器主要有以下几种类型。

(1) 手机 VR 盒子

手机 VR 盒子又称 VR 眼镜,是最简单、成本最低的体验设备。

在 2014 年 5 月的 Google I/O 大会上,谷歌公司推出了一个新设备:Google Cardboard,通俗来说它就是一台简易的虚拟现实眼镜。Cardboard 是一个廉价的虚拟现实装置,能让用户通过手机感受到虚拟现实的魅力。Cardboard 是谷歌法国巴黎部门的两位工程师大卫·科兹(David Coz)和达米安·亨利(Damien Henry)的创意。他们利用谷歌"20％时间"规定,花了 6 个月的时间,打造出来这个实验项目,意在将智能手机变成一个虚拟现实的体验设备。图 2-1-5 中这个看起来是由非常简单的再生纸板做成的盒子就是谷歌推出的廉价 3D 眼镜。

Cardboard 纸盒(图 2-1-6)内包括纸板、双凸透镜、磁石、魔力贴、橡皮筋以及 NFC 贴等部件。按照纸盒上的说明,用户在几分钟内就可组装出一个看起来非常简陋的玩具眼镜。凸透镜的前部留了一个放手机的空间,而半圆形的凹槽正好可以把脸和鼻子埋进去。Cardboard 是一款入门级 VR 产品,它工作时还需要一部手机以及 Cardboard 的配套应用。它需要与智能手机搭配使用,目前支持市面上绝大部分屏幕尺寸在 6 英寸以下的手机。

图 2-1-5　谷歌 Cardboard

图 2-1-6　Cardboard 简易的 VR 头盔

这款纸板虚拟现实设备的安装十分简单,显示效果还是不错的。此外谷歌还发布了工具套装 VR Toolkit,帮助开发者将自己的服务和应用与 Cardboard 相结合。谷歌表示,他们想让每个人都能以简单、有趣、廉价的方式体验虚拟现实技术。

Cardboard 可以将手机里的内容进行分屏显示,两只眼睛看到的内容有视差,从而产生立体效果。通过使用手机摄像头和内置的螺旋仪,用户在移动头部时能让眼前显示的内容也会产生相应变化。应用程序可以让用户在虚拟现实的情景下观看 YouTube、谷歌街景或谷歌地球。

近年来,在 Cardboard 基础上很多公司新生产了一些 VR 盒子。为了提高耐用性、舒适性,同时达到低成本(价格几十到几百元)玩 VR 的目的,市场上出现了很多塑料成型的 VR 盒子,品牌有几十种,如暴风魔镜、小米 VR 眼镜、乐视 VR 盒子(图 2-1-7)、shinecon 千幻 VR 眼镜、NOLO N1 手机眼镜盒子、爱奇艺小阅悦 S、大朋看看青春版、心动密语 VR 智能眼镜、小宅 Z5、乐迷 VR、极幕 VR 眼镜、三星 Gear VR、Leoisilence VR 眼镜等。

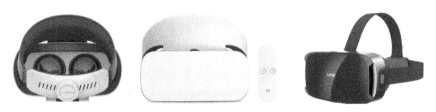

图 2-1-7　暴风魔镜 4、小米 VR 眼镜、乐视 VR 盒子

近年来,VR 盒子增加了一些功能,如有的设备增加了触控操作面板或手柄,镜片改进了雾化的干扰,眼镜内部空间增大,甚至用户可以带着普通眼镜看 VR。有的甚至不再依赖手机加速计,而是内置有传感器,它每秒能取样一千次,极大地降低了头部的延迟,并根据头部的移动轨迹快速精准地变换虚拟环境,让用户体验变得更加稳定。

但 VR 眼镜看视频时画面的大小是根据手机尺寸而决定的,另外反馈出来的视觉效果上下有黑色边框,手机分辨率和刷新率不足,颗粒感和眩晕严重,让体验大打折扣,故此类设备属于 VR 体验的入门级产品。

(2) 一体式头盔显示器

VR 一体机是具备独立处理器的虚拟现实头戴式显示设备,具备独立运算、输入和输出的功能。它的功能不如外接式 VR 头盔显示器强大,但是没有连线束缚,自由度更高。

近年来,中国 VR 一体机市场竞争可以说是相当激烈。前有 Oculus 联手小米在华推出小米 VR 一体机,后有老牌厂商 Pico 发布千元机 Pico G2。常见的 VR 一体机有 Vive Focus、Oculus Quest、小米 VR 一体机、Pico G2、华为 VR Glass、创维 S8000 VR 一体机、爱奇艺 VR 奇遇 2 代 4KVR 一体机等。

① Vive Focus 一体机

Vive Focus 是 HTC Vive 全新推出的革命性 VR 一体机,如图 2-1-8 所示。它搭载高通骁龙 835 处理器、超高清 AMOLED 屏幕,采用 Inside-out 追踪技术,支持六自由度空间定位,实现 World-Scale 大空间定位,有极好的 VR 体验。

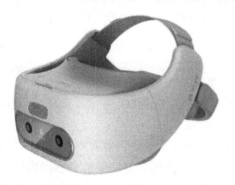

Vive Focus 体积小巧,仅有一个头戴式设备和一个操控手柄(手柄中配置了触控板、应用程序按钮、主屏幕按钮、扳机和音量键,承担了鼠标、手柄的双重作用)。头戴式设备内部包含九轴传感器、距离传感器和 World-Scale 六自由度追踪。在头戴式设备左右两侧内置了一对扬声器,并且分别在头戴式设备前方,控制器上配备了独立的音量按键,方便随时进行音量增减。

Vive Focus 的效果是手机+盒子的"粗暴"组合所不能比拟的。为了确保在 VR 体验过程

图 2-1-8　Vive Focus 一体机

中屏幕不会有严重的颗粒感,Vive Focus 的 AMOLED 屏幕分辨率达到了 2 880×1 600,屏幕刷新率也达到了 75 Hz,以此降低在头部旋转时画面出现的延迟感。

2019 年 3 月,在 HTC Vive 生态大会上,HTC Vive 面向国内市场正式推出了旗下最新款的 VR 一体机设备 Vive Focus Plus。它是全球首款配备双手柄的全六自由度多模式 VR 一体机,这意味着该设备可以识别前、后、左、右、上、下 6 个方向,不再需要定位器等外部设备的辅助。

Vive Focus Plus 还可以与包括 PC、游戏机、智能手机在内的 7 种外部设备通过一台名为 Vive Steam Link 的转接器进行连接,因此,用户可以使用的 VR 应用较之前的数百款有大幅扩充。与此同时,Vive Focus Plus 还配备了全新菲涅耳透镜,极大地减少了纱窗效应,从而可以呈现更加逼真的视觉效果。

② 华为 VR Glass 一体机

华为 VR Glass 一体机是华为公司研发的一体式 VR 眼镜,如图 2-1-9 所示,该眼镜使用了超短焦光学模组,实现了仅约 26.6 mm 厚度的机身,含线控重量约 166 g,属于 VR 眼镜中较轻的设备。在眼镜配置上,华为 VR Glass 有两块独立的 2.1 英寸 Fast LCD 显示屏,0°～700°单眼近视调节,配有 3K 高清分辨率,最高达 90°视场角,可以大大减少延迟感和颗粒感,改善画面拖影。在眼镜两侧,设计了半开放式双扬声器,使用双 Smart PA 智能功放芯片控

制,极大地增强了沉浸感。

③ Oculus Quest

Oculus Quest(图 2-1-10)是 Facebook 旗下 Oculus 研发的一款次世代 VR 头戴式一体机,于 2019 年春季开始销售。Oculus Quest 继承了 Oculus 经典的纯色设计,简约的黑色覆盖整个机身。在 Quest 上的四个大"眼睛",正是 Quest 最大的亮点,其六手六定位的 Inside-out 追踪系统通过 4 个广角镜头来获取空间信息,达到对手柄和空间的捕捉。

图 2-1-9　华为 VR Glass 一体机　　　　图 2-1-10　Oculus Quest 头戴式一体机

Quest 屏幕采用单眼分辨率达 1 600×1 440 的 OLED 屏和菲涅尔透镜,视场角约为 100°。相对 HTC Vive 和 Oculus Rift 的 1 200×1 080 分辨率在观感上有着明显的提升,但仍然有一定的纱窗效应,当然,这一纱窗感远低于市面的多数一体机。

在穿戴方式上,Quest 并没有采用 Oculus Go 的布质松紧带的方式,而是采用 Rift 的软性橡胶头箍设计,这或许与 HMD 的重量有关(Oculus Go:468 g,Quest:571 g),为了穿戴更舒适,头箍后侧采用类三角的固定设计。

（3）外接式头盔显示器

外接式头盔显示器是一种较为沉浸的 VR 视觉体验设备,它通常采用有线的形式与计算机相连接,依靠高性能计算机的运算能力,达到高度沉浸的效果。

HMD 通常由图像信息显示源、光学成像系统、瞄准镜、头部位置检测装置、定位传感系统、电路控制与连接系统、头盔与配重装置等部分组成。

① 图像信息显示源

图像信息显示源指图像信息显示器件,通常采用小型高分辨率 CRT 或 LCD 等平板显示 FPD 器件。近年来,高分辨率视频平板显示器件有了长足的进步,对减轻头盔的重量和功耗、降低工作电压等起到了促进作用。目前主流的微显示技术有 DLP、LCoS、OLED。

② 光学成像系统

在军用 HMD 中,光学成像系统直接影响着图像显示的质量。军用 HMD 的光学成像系统可根据需要,设计成全投入式或半投入式。采用全投入式,观测者看到的是经过放大、像差校正及中继等光学成像系统的虚像;而采用半投入式,观测者看到的是经过校正放大的虚像投射在半反射半透射光学透镜上的图像。这样,显示图像便叠加在透镜的外界环境图像上,观测者可同时获得显示信息及外部环境信息。

③ 定位传感系统

头部定位提供头部位置及指向 6 个自由度的信息,其定位传感系统包括头部定位与眼球定位两部分。对定位传感系统的要求是灵敏度高和时延短。灵敏度低,易受外界环境的影响;时延长,会使信息不准确和引起观测者头昏、恶心。

④ 电路控制与连接系统

电路控制系统通常与 HMD 分开放置，以减轻头盔重量。尤其是军用飞机座舱 HMD，设计连接系统时，需考虑在紧急状况下，可使头盔与机载控制系统迅速脱离，以确保驾驶员的安全。

⑤ 头盔与配重装置

头盔是 HMD 的固定部件，安装着光学组件及图像源。可将头盔作为通信、显示、夜视、助听、观瞄及全球定位系统（GPS）等装备的载体。由于显示器装在头盔的前部，使头盔的重心发生变化，所以人易产生疲劳，故需在头盔的后部加装配重装置，以保持其重心不变。

头盔显示器通常由两个 LCD 分别向两个眼睛提供图像，这两个图像由计算机分别驱动，两个图像存在着微小的差别，类似于"双眼视差"。通过大脑将两个图像融合以获得深度感知，得到一个立体的图像。头盔显示器可以将参与者与外界完全隔离或部分隔离，因而已成为沉浸式虚拟现实系统与增强式虚拟现实系统不可缺少的视觉输出设备。

虽然现在的市面上有很多 HMD 产品，其外形、大小、结构、显示方式、性能、用途等有较大的差异，但其原理基本相同。在 HMD 上同时还必须有头部位置跟踪设备，它固定在头盔上，能检测头部的运动，并将这个位置传送到计算机中，虚拟现实系统中的计算机能根据头部的运动进行实时显示以改变其视野中的三维场景。目前，大多数 HMD 都采用基于超声波或电磁传感技术的跟踪设备。

目前，Oculus Rift、HTC Vive 和 Sony Morpheus 形成外接式头盔显示器的三足鼎立，代表了 VR 界的主流产品。

① Oculus Rift

2019 年 3 月，在游戏开发者大会（GDC）2019 展会上，美国 Oculus 公司（2014 年 7 月被 Facebook 收购）推出了新一代的 Rift VR 头盔——Oculus Rift S（图 2-1-11），与上一代 Oculus Rift 相比，Oculus Rift S 仍有着不少的提升。Oculus 表示它并非全新的头盔显示器，而是一款重制版本。Rift S 专注于易用性，并旨在提高 VR 的亲民度和可玩性，这是 VR 入门者的一个较好选择。

首先是屏幕，Oculus Rift S 直接将上一代 Rift 两块共计 2 160×1 200 分辨率的 OLED 面板升级为单独一块 2 560×1 440 分辨率的 LCD 面板，总像素量提升了大约 42%，但屏幕刷新率从 90 Hz 降低至 80 Hz。

图 2-1-11　Oculus Rift S

在 VR 体验时，用户不需要使用太多的真实空间，在 4 m² 左右的空间内即可进行游戏。

但是由于用户身体无法真正地活动,而在虚拟空间中却会运动,这种身体感觉的不一致会导致用户眩晕,尤其是坐在普通椅子上玩过山车的时候。当然解决方案也是存在的,除了Oculus CV1 在未来发布时可能会附带的神秘的防眩晕功能外,在现有条件下的解决方案就是避免让用户以第一人称视角在游戏场景中运动,所以第一人称射击类游戏(FPS)就不适合此设备了。

此外,采用第三人称视角可减少朦胧感。虽然沉浸感比第一人称类游戏略少,但是用户却多出许多俯瞰世界的乐趣,因此把即时战略游戏(RTS)进行 VR 化也是蛮适合的。

此外 Oculus 也发布了 Oculus touch 设备,它是一种体感手柄,除了支持肢体动作感应外,还支持手指姿态识别。

② HTC Vive 头盔显示器

HTC Vive(图 2-1-12)属于计算机的外部设备,其性能更加突出,带来的沉浸感也更强。此外,HTC Vive 配备的传感器也更多,它可以在房间里追踪用户的动作,提升游戏体验,这也是 HTC Vive 的重要卖点之一。

图 2-1-12 HTC Vive 眼镜

用户需要一个真实的房间,一定的空间,Vive 头盔可以识别自己在整个房间中的位置,因为用户可以在真实房间中行走。而且这种行走动作、位移等可以和虚拟空间中的位移进行对应。

虽然 HTC Vive 看似只是扩大了活动范围的 Oculus Rift,但是 HTC Vive 还带有墙壁检测功能。也就是说,用户在游戏时虽然只能看到虚拟空间,但如果在现实中距离墙壁过近,在虚拟空间中也是会得到提醒的。比如用户会看到和现实中墙壁位置一致的发光的线框,进而避免在游戏时撞到墙壁。

此外 HTC Vive 附带了无线的体感手柄,用来捕捉用户的手部的空间位置,手柄上有允许用户操作的按钮。

同时,在 HTC Vive 眼镜强大的定位追踪技术下,晕动症会得以减少。因为具备了体感操作功能,所以 VR 程序可以直接获取用户手部的空间位置,并且对应到虚拟空间中,进行各项操作。但是,由于现实空间和虚拟空间 1:1 的对应关系,用户在虚拟空间中的活动范围也受到了限制。例如,如果用户在现实环境中有 20 m² 的活动空间,那么他在虚拟空间可活动的范围也只有 20 m²,因此 VR 游戏的内容和玩法也受到了限制。

(4) AR 头盔显示器

增强现实系统(AR)采用的是特殊的头盔显示器,它是透视式头盔显示器。在透视式的头盔显示中,每个眼睛的前方有一个与视线成45°的半透明镜子,这个镜子一方面反射在头部侧方的 LCD 显示器上的虚拟图形,另一方面透射在头部前方的真实场景。于是,用户在看到计算机生成的虚拟图形的同时,也看到了真实场景。有些增强现实的显示会使用半透明显示表面,合成图像覆盖在由环境中物体得到的图像上。另一些增强现实的显示则把合成图像与由视频设备得到的图像相组合。

增强现实眼镜或头盔通过透明玻璃在用户的直接视野中覆盖虚拟对象。与虚拟现实中用户的视线被遮挡不同,增强现实系统中的用户可以同时观察真实世界和虚拟世界。通常由个人计算机或智能手机为这些设备提供内容。消费类应用包括向用户显示他们看到的真实对象的相关信息,例如在购买沙发之前可在采用增强现实技术的眼镜中看到真实客厅中放置一个沙发的情景。企业和商业应用包括将关键信息覆盖到多个行业的现场维护人员。在医学领域,医生可以在治疗现场获得关键的病人护理信息。

现阶段常见的产品有美国谷歌公司的 Google Glass3 和深圳增强现实技术有限公司的 Oglass 产品等,如图 2-1-13 所示。

(a) Google Glass3　　　　　　　　(b) Oglass

图 2-1-13　Google Glass 和 Oglass

Google Project Glass(图 2-1-14)是由谷歌公司于 2012 年 4 月发布的一款"拓展现实"眼镜,它具有和智能手机一样的功能,可以声控拍照、视频通话和辨明方向,以及上网冲浪、处理文字信息和电子邮件等。Google Project Glass 主要结构包括在眼镜前方悬置的一个摄像头和一个位于镜框右侧的宽条状的计算机处理器装置,配备的摄像头像素为 500 万,可拍摄720P 的视频。镜片上配备了一个头戴式微型显示屏,它可以将数据投射到用户右眼上方的小屏幕上。显示效果如同 2.4 m 外的 25 英寸高清屏幕。

它还配备一条可横置于鼻梁上方的平行鼻托和鼻垫感应器,鼻托可调整,以适应不同脸型。在鼻托里植入了电容以辨识眼镜是否被佩戴。电池可以支持一天的正常使用,充电可以通过 Micro USB 接口或者专门设计的充电器。

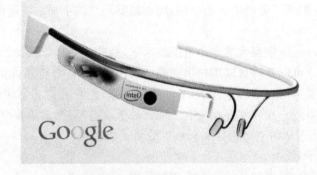

图 2-1-14　Google Project Glass

Google Project Glass 的重量只有几十克,内存为 682 MB,使用的操作系统是 Android 系统,使用的 CPU 为德州仪器生产的 OMAP 4430 处理器。音响系统采用骨传导传感器。网络连接支持蓝牙和 Wifi-802.11b/g。总存储容量为 16 GB,与 Google Cloud 同步。配套的 MyGlass App 适用于 Android 4.0.3 或更高的系统版本;MyGlass App 在使用时需要打开手机的 GPS 和短信发送功能。

（5）MR 头盔显示器

Microsoft HoloLens MR 头盔显示器由 Microsoft 公司于 2015 年 1 月发布,该公司于 2019 年在世界移动通信大会上又正式发布了 HoloLens 2(图 2-1-15)混合现实设备,搭载高通骁龙 850 处理器。其包含全新的全息处理单元(HPU)和人工智能协处理器,定价为 3 500 美元。第 2 代混合现实设备在几乎所有重要方面都更胜一筹。它佩戴更舒适,视野更大,能更好地检测到房间里的真实物体。其新配置包括 Azure Kinect 传感器、ARM 处理器、眼球追踪传感器和一个完全不同的显示系统。HoloLens 2 有两个扬声器,遮阳板能够向上翻转,可以比以前更准确地看到用户的手在做什么。其还配置了可用于视频会议的 800 万像素前置摄像头,整个设备可以进行 6 个角度的全方位跟踪,使用 USB Type-C 接口充电。相比第 1 代产品,HoloLens 2 有两倍以上的视野,相当于从 720P 显示器扩大到 2K 显示器。

图 2-1-15　微软 HoloLens 及 HoloLens 2

很多 AR 眼镜已经宣称自己是混合现实设备,但它们能做的只是在使用者眼前展示一个漂在空中的小屏幕,把显示设备内置到了眼镜里,与现实世界并没有关联。真正的混合现实,应该让用户在真实世界看到无缝叠加的虚拟影像,甚至让用户可能无法分辨哪些是物理存在,哪些是设备叠加显示上去的。HoloLens 已经开始做到这一点了,虽然还不完美。

相比被动地等待用户操作的键盘、鼠标或触摸屏,HoloLens 使用各种传感器主动地收集环境和操作信息,实现输入。

要在我们看到的真实世界上叠加显示内容,肯定需要设备能够感知、测量和理解环境。HoloLens 通过 3D 摄像头、深度传感器、陀螺仪以及麦克风等传感器的组合,完成对环境和使用者行为的捕捉,这样的能力是以前的计算设备从未具备的。

有了视觉能力,HoloLens 识别操作者的手势和姿态也就顺理成章了。同时第 2 代 HoloLens 加入了眼球跟踪功能,可以精确地感知使用者在注视什么位置,实现更自然便捷的互动。不需要特殊设备,人的眼神和手就成了最方便并且符合直觉的输入设备。

HoloLens 的输出方式依然是声音和影像。和显示器不同的是,影像直接投射到使用者眼中,并没有一个屏幕挂在眼镜片上。HoloLens 使用了激光扫描成像结合波导显示设备,把影像光线直接投射到使用者眼中。

通过使用移动级别的 ARM 处理器和定制的全息图像芯片,HoloLens 可以不需要网络和连线,仅仅依靠自己的计算能力完成空间定位、实时 3D 图像渲染、手势和语音识别功能。相比需要背包或者电缆的 VR 设备,HoloLens 更加轻便简洁;相比其他独立的 AR 设备,HoloLens 的定位、互动和运算能力又更强。环顾市场,似乎还没有能够量产化的混合现实设备与 HoloLens 竞争。

3. 墙式立体显示装置

前面介绍的几个设备都只能供单个用户或几个用户使用,使更多的用户共享立体图像效果的一个较好的解决方法就是采用大屏幕投影显示设备。屏幕投影立体显示装置中可采用单投影显示器或双投影显示器,立体显示的形成也有主动式与被动式,投影方式也有正投与背投之分。在实际应用中,通常有以下 3 种方式较为常见。

第 1 种显示方式是单投影机主动式立体显示系统,如图 2-1-16 所示。它一般采用快速荧光粉阴极射线管(CRT)投影器,分别对应左眼和右眼的两路视频信号,轮流交替在屏幕上显示。它们的频率为标准刷新率(通常为 60 帧/秒)的 2 倍。观看者必须佩戴具有液晶光阀的立体眼镜才能看到立体图像,否则看到的图像就是模糊重影的效果。立体眼镜的液晶光阀的开关由同步信号来控制,同步信号可以通过红外信号传送,与显示的图像同步。于是,当显示左眼的图像时,立体眼镜的左眼光阀打开,立体眼镜的右眼光阀关闭。此外,立体眼镜也可以在无线或有线状态下工作。

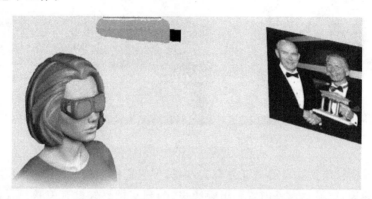

图 2-1-16　单投影机主动式立体显示系统

第 2 种显示方式是单投影机被动式立体显示系统。投影机轮流在屏幕上显示,分别对应左眼和右眼的两路视频信号。它们的频率为标准刷新率的 2 倍。偏振屏幕分别对两眼的图像施加不同的偏振(这个偏振是由屏幕产生的)。观看者佩戴具有不同偏振的眼镜。

第 3 种显示方式是双投影机被动式立体显示系统。在这个系统中,两台投影机可采用 CRT 投影显示器,也可采用液晶投影显示器(LCD),分别在屏幕上显示对应左眼和右眼的两路视频信号。它们的频率为标准刷新率。两台投影机镜头前,分别安装不同的偏振片,施加不同的偏振(有的投影机内部可以施加不同的偏振),如图 2-1-17 所示。目前这类系统应用较多,主要是其价格相对便宜,成本较低。

一个大屏幕投影仪一般最大投影面积为 200 英寸左右,但工作在最大投影面积时亮度会有所下降,影响立体效果。对于需要更大显示面积的场合可以将多台投影仪组合起来,构成显示面积更大的墙式立体显示装置,此类大屏幕显示系统又可称为墙式全景立体显示装置。大屏幕显示系统由几个(组)投影仪拼合而成就称为几通道,以三通道投影较为常见。

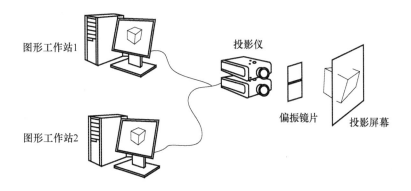

图 2-1-17　双投影机被动式立体显示系统

同时采用多个投影屏幕产生大的视角(通常水平视场角为 150°,垂直视场角为 40°)、较高的亮度(2 000 流明以上,有的甚至可达 20 000 流明)和分辨率(1 280×1 024),可供几十人沉浸其中,用户头戴特殊的眼镜(液晶立体眼镜)即可感受到弥漫在周围的虚拟立体场景,仿佛置身于真实的客观世界中,具有较强的沉浸感。但多通道投影显示也是技术难度大、组成复杂的显示方式之一。

墙式全景立体显示装置分为平面式和曲面式两种,其显示屏的面积等于几个投影系统显示屏面积的总和。将几个显示屏组合在一起必须解决以下关键技术:非线性几何校正、边缘融合、热点补偿、伽马校正、色平衡。

图 2-1-18 所示为曲面墙式投影。在多个显示屏拼接时会在拼接处有 1 个像素宽的空缺或有 1 个像素宽的重叠,人眼就能感到一条黑色或发亮的狭缝。通常的做法是在拼接处保留一段重叠区。现在很多投影器可以使重叠区达到亮度的软融合,更容易实现无缝拼接,或接近于无缝拼接,有的系统中采用专用的硬件来进行处理,如采用边缘融合机。

多通道环幕(立体)投影系统(图 2-1-19)是指采用多台投影机组合而成的多通道大屏幕显示系统,它比普通的标准投影系统具备更大的显示尺寸、更宽的视野、更多的显示内容、更高的显示分辨率,以及更具冲击力和沉浸感的视觉效果。它利用多台投影机组成一个弧形阵列,利用投影处理技术,将计算机图像信息投射在高精尺度的弧形环幕上,利用一台计算机即可实现对整个投影系统的操作控制。

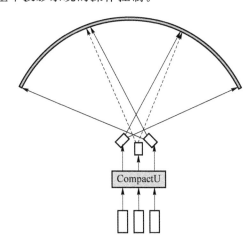

图 2-1-18　曲面墙式投影

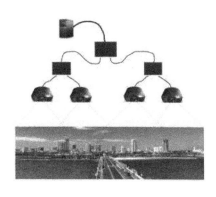

图 2-1-19　多通道环幕(立体)投影系统

国内普遍采用的是基于 CompactU 数字几何变形边缘融合处理器等 3D 立体处理器的解决方案，CompactU 是具有数字非线性几何校正、数字多边缘融合、数字热点补偿、数字色平衡、数字伽马校正等功能的计算机，它能够很容易地安装在图像生成设备与投影器之间。多个投影器通过 CompactU，可以很容易地得到一个无缝、连续亮度、色度均匀的图像组。通过友好人机界面的控制软件，可对投影效果进行调整和校准，支持各种图形工作站及投影器。在这种实现方式中，采用专门的一台计算机实现非线性几何校正、多边缘融合等功能，既不增加图形计算机的负担，又不受投影器的限制，具有较大的灵活性。

4. 洞穴式立体显示装置 CAVE

CAVE(Computer Automatic Virtual Environment)系统是一套基于高端计算机的多面式的房间式立体投影系统解决方案。主要包括专业虚拟现实工作站、多通道立体投影系统、虚拟现实多通道立体投影软件系统、房间式立体成像系统四部分。CAVE 把高分辨率的立体投影技术和三维计算机图形技术、音响技术、传感器技术等综合在一起，产生一个供多人使用的完全沉浸的虚拟环境。这种小房子的形状通常是一个立方体，像洞穴一样，因而称为洞穴式立体显示装置。CAVE 环境中通常可容纳 4~5 人，常见的有 4 面、5 面、6 面 CAVE，其中 5 面 CAVE 的立体显示装置的显示屏幕由立方体的 5 个面组成，立方体的另一个面用于人员的出入通道和通气口；而 4 面的 CAVE 是由 4 个投影面组成，由左、中、右三面及地板构成，4 面 CAVE 的结构如图 2-1-20 所示。

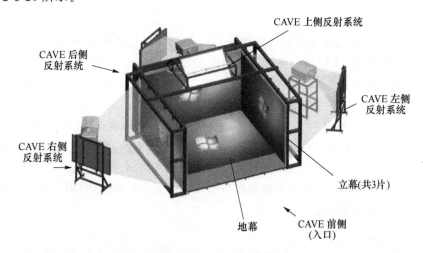

图 2-1-20　4 面 CAVE 的结构示意图

第一个 CAVE 环境是 1991 年由伊利诺伊大学开发的，其相关论文在图形学会议 SIGGRAPH 1992 上发表。由多台计算机产生的图像被镜面反射到投影屏幕，视点在环境中的移动，受一个主要用户的控制。该用户身上有位置跟踪设备(如磁跟踪器)，测量其注视的地方。该用户还用操纵杆控制视点的移动。为了观看立体显示，所有用户都要佩戴立体眼镜。其缺点在于除了主要用户外，其他人容易出现仿真眩晕的情况。

C2 是由爱荷华州立大学制造的一个 CAVE 系统，通过与爱荷华工程部的合作，他们试图改进 CAVE 的不足。他们主要将移动地板投影由用户后方改为用户前方。这就把用户在地板上的阴影移到用户后方，不至影响显示。在墙角处，用架子把两边的墙面夹在一起，防止阴影投在屏幕上。

CABIN (Computer Aided Booth for Image Navigation)是东京大学制造的五面显示系

统。它有强化玻璃的地板,还有三面墙和天花板的显示,得到工业界的支持。

　　NAVE(Non-expensive Automatic Virtual Environment)是由佐治亚理工学院虚拟环境小组制造的,适于用在大学的实验室。它用视觉和其他物理感觉增强全局的沉浸感。两个人坐在一个椅子上,采用力反馈手柄控制运动。声音系统很好,还可以通过地板发出震动,同时用旋转和闪烁的光线加强气氛。

　　C6 是由爱荷华州立大学制造的,是三维全沉浸的合成环境。它的房间中一共四面墙,地面和天花板都是投影屏幕,显示背投立体图像。其中一面墙可动,允许用户从此处进出房间。

　　商用的 CAVE 系统已逐步成熟,图 2-1-21 所示的 CAVE 系统由 SunstepVision 公司开发设计,它采用模块化结构设计,可实现自由组合变换,用户可以根据需要自由定制不同类型的系统组态。

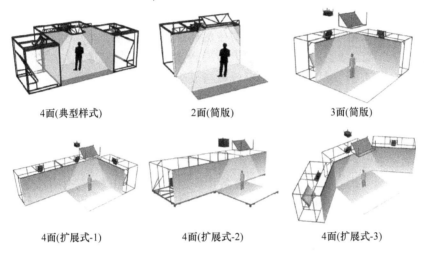

图 2-1-21　自由组合拓展的 CAVE 系统

　　通常在 CAVE 系统中还配有三维立体声系统,使用户能达到身临其境的感觉。用户戴着有线或无线式立体眼镜,可以感觉处在一个虚拟世界之中,非常类似于立体的环幕电影,只不过这并非电影。整个系统可以实时地与用户发生交互并做出响应。因为系统不仅能产生立体的全景图像,而且有头部跟踪功能。它能使系统准确地测定头部位置,并知道用户现在正在朝哪个方向观看。系统可以追随用户的视线实时描绘出虚拟的场景,这样,用户就不必像在普通的计算机上的 3D 图形应用软件中(如三维游戏)那样,去按键盘来转换视角了。用户可以非常自然地运动,假如用户想看下面,那就朝下看好了;假如想看看周围的情景,那就直接环顾左右。这种通过转动头部来转换视角的能力,使 CAVE 的虚拟现实程度比那些仅仅拥有立体图像的系统更加优越。另外,CAVE 系统可使多人参与到高分辨率三维立体视听的高级虚拟仿真环境中,允许多个用户沉浸于虚拟世界之中,因此是一个较为理想的虚拟现实系统。

　　CAVE 系统可用于各种模拟与仿真、游戏等,但主要应用在科研方面的视觉化方向。CAVE 为科学家带来了一项伟大而革新的思考方式,扩展了人类的思维。它可以向从事计算的科学家和工程师提供高质量的立体显示装置,色彩丰富、无闪烁、大屏幕的立体显示装置使科学家和工程师身处所建成的虚拟环境之中,并允许多人进行交互式工作。现在的虚拟现实技术及 CAVE 显示装置为科学计算可视化提供了高性能的模拟手段,进一步吸引科研人员采用虚拟现实技术来进行科学研究。举个典型的例子,一个科学家利用超级计算机生成了海量的数据,如果他想解释这些数据的意义,最好的方法就是在 CAVE 系统通过可视化的方式看到这些数据,并通过图形的方式去交互地浏览这些数据。

CAVE 的其他应用是建立虚拟原型以及辅助建筑设计。假如要设计一辆汽车,可以在CAVE 上建造一个虚拟模型并随意观看。可以围绕着它,从各个角度审视它,甚至可以走进汽车的内部,坐到驾驶员的位置上去观察。建筑设计与此类似,假如你是个建筑设计师,与其建造一个小比例的建筑模型,不如利用 CAVE 在虚拟建筑内走一走,使你真切地感受到建筑物的内部结构,并与之发生互动,分析设计的合理性。

然而 CAVE 价格昂贵,需要较大的空间与更多的硬件,目前也没有产品化与标准化,对使用的计算机系统图形处理能力也有极高的要求,这些因素限制了它的普及。

2.1.2 听觉感知设备

听觉信息是人类仅次于视觉信息的第二传感通道,它是多通道感知虚拟环境中的一个重要组成部分。它一方面接受用户与虚拟环境的语音输入,另一方面也生成虚拟世界中的立体三维声音。声音处理可以使用内部与外部的声音发生设备,其系统主要由立体声音发生器与播放设备组成。一般采用声卡为实时多声源环境提供三维虚拟声音信号的传送,这些信号在经过预处理后,用户通过普通耳机就可以确定声音的空间位置。

虚拟环境的听觉显示系统应该能给两耳提供一对声波,同时还应具有以下特点:

① 高度的逼真性;

② 能以预定的方式改变波形,作为听者各种属性和输出的函数(包括头部位置变化);

③ 能够消除所有不是虚拟现实系统产生的声源(如真实环境背景声音),当然在增强现实系统中,允许有现实世界的声音,因为它的意图是组合合成声音与真实声音。

为了满足这些要求,听觉显示系统应该包括发声设备。现在虚拟现实系统中的发声设备主要是耳机与喇叭。为了仿真不同类型的声源,要求能合成各类特定声源的声音信号。

一般来说,用耳机最容易达到虚拟现实的要求。当使用喇叭时,其位置远离头部,每个耳朵听到每个喇叭的声音,但控制起来就比较困难。虽然商业化的高逼真电影往往声称喇叭有很好的形成声像能力,但用户限制在房中单一收听位置,只得到固定方位声像(不补偿头部转动),而且房间的声学特性不容易处理。此外,由于耳朵完全打开,不可能排除环境中附加的声音。

虽然与耳机有关的接触感可能限制听觉临场感的效果,但是由于用户有时需要在虚拟和真实环境之间来回转换,所以与耳机接触是为了更方便。当然,有时可以利用喇叭能产生很大的低频爆破声的特点,采用喇叭振动身体部分。

1. 耳机

图 2-1-22　护耳式耳机

不同的耳机有不同的电声特性、尺寸重量以及安装在耳上的方式。一类耳机是护耳式耳机(图 2-1-22),它相对体积较大、重量较大,并用护耳垫罩在耳朵上;另一类耳机是插入式耳机(或称耳塞),声音通过它送到耳中某一点。插入式耳机体积很小,并封闭在可压缩的插塞中(或适于用户的耳模)。耳机的发声部分也可以远离耳朵,其输出的声音经过塑料管连接(一般 2 mm 内径),它的终端在类似的插塞中。

耳机有较高的声音带宽(60 Hz～15 kHz),有适当的线性和输出级别(高达约 110 dB 声压级别)。

除了在娱乐上的应用外,虚拟现实领域涉及听觉显示的多数研究开发均由耳机提供声音。但采用耳机也有一些缺点,如它要求把设备安在用户头上,增加了用户负担;另外耳机提供的发声功率很小,只刺激听者耳膜。即使耳机能产生足够的能量震聋用户,但通过耳机的刺激不足以给用户提供声音能量,影响耳朵以外的身体部位。虽然对虚拟现实领域的多数应用,听觉系统对正常听觉通道的刺激(外耳、耳膜、中耳、耳蜗等)是精确的,但是如果希望为用户在环境中提供真实的高能声音事件的仿真(如爆破或高速飞机低空飞过),那么对用户其他身体部位的声音仿真也是重要的(如震动用户肚子)。

2. 喇叭

喇叭也叫音箱设备,它与耳机相比具有声音大、可使多人感受等特点;同时像耳机一样,在动态范围、频率响应和失真等特征上适用于所有虚拟现实应用。它们的价格也是合适的(虽然比耳机贵),特别是要求在很大的音量上产生很高强度的声音时(如在大剧场中播放强声音乐),图 2-1-23 所示为索尼 9200WL 序列 9.1 声道环绕立体音箱设备。

在虚拟现实系统中,喇叭系统的主要问题是要达到要求的声音空间定位(包括声源的感知定位和声音的空间感知特性)。喇叭系统空间定位中的主要问题是难以控制两个耳膜收到的信号以及两个信号之差。在调节给定系统,对给定的听者头部位置提供适当的感知时,如果用户头部离开这个点,这种感知就会很快衰减。至今还没有喇叭系统包含头部跟踪信息,并能够用这些信息随着用户头部位置变化适当调节喇叭的输入。

图 2-1-23　索尼 9200WL 系列 9.1 声道
环绕立体音箱设备

这个问题在用耳机时便不存在。在耳机中,给定的耳膜收到的信号仅取决于该耳的耳机发出的信号。与耳机情况不同,在使用喇叭时,给定耳膜收到的信号受房间中所有喇叭发出的信号的影响,也取决于声音在房间中由喇叭到耳膜传送中经受的变换。

在虚拟现实领域中,使用非耳机显示的一个最有名的系统是由伊利诺伊大学开发的CAVE系统。在这个 CAVE 系统中,4 个同样的喇叭安装在天花板的四角上,而且其声音幅度变化(衰减)可以模仿多个方向和距离远近的效果。

2.1.3　触觉感知设备

在虚拟世界中,人不可避免地会与虚拟世界中的物体进行接触,去感知世界,并进行各种交互。在加拿大作家玛格丽特·阿特伍德的著作《盲人杀手》中有这样一段描述:"触觉,先于视觉也先于语言,既是第一语言也是最后的语言,并总是诉说真相。"触觉使我们可以感受世界,而视觉帮助我们了解其全貌。

在虚拟现实系统中,接触可以按照提供给用户的信息分成两类,触觉反馈和力反馈。人们一方面利用触觉和力觉信息去感知虚拟世界中物体的位置和方位,另一方面利用触觉和力觉操纵和移动物体来完成某种任务。在虚拟环境中缺乏触觉识别就失去了给用户的主要信息源。触觉与力觉系统允许用户接触、感觉、操作、创造以及改变虚拟环境中的三维虚拟物体。

人类的接触功能在与虚拟环境交互中起了重要的作用。触觉不仅可以感觉和操作,而且是人类许多活动的必要组成部分。因此,没有触觉反馈和力反馈,人们就不可能与环境进行复杂和精确的交互。

在触觉和力觉这两种感觉中,触觉的内容相对丰富,触觉反馈给用户提供的信息包括物体表面几何形状、表面纹理、滑动等。力反馈给用户提供的信息包括总的接触力、表面柔顺、物体重量等。但目前的技术水平只能做到触觉反馈装置能提供最基本的"触到了"的感觉,无法提供材质、纹理、温度等感觉。

在虚拟现实系统中,对触觉反馈和力反馈有下列要求。

① 实时性要求。触觉反馈和力反馈需要实时计算接触力、表面形状、平滑性和滑动等,这样才会给人以真实感。

② 较好的安全性。由于虚拟的反馈力量是在用户的手或其他部位上加真实的力,因此要求有足够的力度让用户感觉到,但这种力不应该大到伤害用户。同时,一旦计算机出现故障,也不会出现伤害用户的情况。

③ 具有轻便和舒适的特点。在这类设备中,如果执行机械太大且太重,那么用户很容易疲劳,所以设备应该有便于安装与携带的优点。

1. 触觉反馈装置

触觉反馈在物体辨识与操作中起重要作用。同时它也能检测物体的接触,所以在任何力反馈系统中都是需要的。人体具有二十种不同类型的神经末梢,给大脑发送信息。多数感知器是热、冷、疼、压、接触等感知器。触觉反馈装置就应该给这些感知器提供高频振动、形状或压力分布、温度分布等信息。

就目前技术来说,触觉反馈装置主要局限于手指触觉反馈装置。按触觉反馈的原理,手指触觉反馈装置可分为5类:基于视觉、电刺激式、神经肌肉刺激式、充气压力式和振动触感式。

基于视觉的触觉反馈就是指用眼睛来判别两个物体之间是否接触,这是目前虚拟现实系统中普遍采用的办法。通过碰撞检测计算,在虚拟世界中显示两个物体相互接触的情景。

电刺激式触觉反馈即通过向皮肤反馈宽度和频率可变的电脉冲来刺激皮肤,达到触觉反馈的目的。神经肌肉刺激式触觉反馈通过生成相应刺激信号,去直接刺激用户相应感觉器官的外壁。这两种装置都有一定的危险性。较安全的触觉反馈是充气压力式和振动触感式。

在充气压力式触觉反馈装置中,手套中配置一些微小的气泡,这些气泡可以按需要采用压缩泵来充气和排气。充气时微型压缩泵迅速加压使气泡膨胀而压迫刺激皮肤达到触觉反馈的目的。图 2-1-24 所示是一种充气式触觉反馈装置(Teletact 手套)。Teletact 手套由两层组成,两层手套中间排列着 29 个小气泡和 1 个大气泡。这个大气泡安置在手掌部位,使手掌部位也能产生接触感。每一个气泡都各有一个进气和出气管道,所有气泡的进/出气管道汇总在一起,与控制器中的微型压缩泵相连接。在手的敏感部位如食指指尖部位配置 4 个气泡,中指指尖配置 3 个气泡,大拇指指尖配置 2 个气泡。在这 3 个灵敏手指部位配置多个气泡的目的是仿真手指在虚拟物体表面上滑动的触感,只要逐个驱动指尖上的气泡就会给人一种接触感。

2. 力反馈装置

力反馈即运用先进的技术手段将虚拟物体的空间运动转变成周边物理设备的机械运动,使用户能够体验到真实的力度感和方向感,从而提供一个崭新的人机交互界面。力反馈技术最早被应用于尖端医学和军事领域,在实际应用中常见的有以下几种设备。

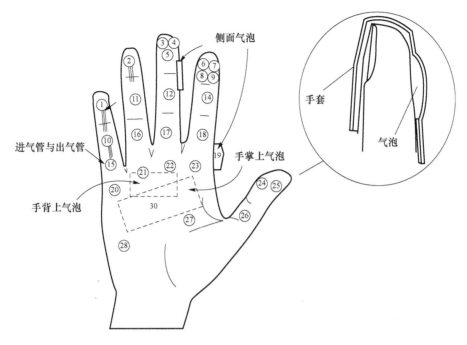

图 2-1-24　充气式触觉反馈装置

（1）力反馈鼠标

力反馈鼠标 FEEL it Mouse 是给用户提供力反馈信息的鼠标设备。用户像使用普通鼠标一样移动光标。它和普通鼠标的不同点是，当仿真碰撞时，它会给人手施加反馈力。例如，当用户移动光标进入一个图形障碍物时，这个鼠标就会对人手产生反作用力，阻止这种虚拟的穿透。因为鼠标阻止光标穿透，所以用户就感到这个障碍物像一个真的硬物体，产生与硬物体接触的幻觉。如果采用更先进的算法，FEEL it Mouse 不仅能仿真硬的表面，而且能仿真弹簧、液体、纹理和振动。力觉的产生通过电子机械机构施加力在鼠标的手柄上。图 2-1-25 所示为力反馈鼠标。

图 2-1-25　力反馈鼠标

力反馈鼠标是最简单的力反馈设备。但是它只有两个自由度，功能有限。这限制了它的应用。具有更强功能的力反馈设备是力反馈手柄和力反馈手臂。

（2）力反馈手柄

麻省理工学院早期对力反馈手柄进行了研究，制造了三自由度的设备。手柄本身的重量（电执行机构及机械结构）由桌子支持，因此可用有高带宽的大型执行机构。而高反馈带宽允许仿真物体惯性及接触表面组织。目前市面上的专业级别和普通级别的力反馈手柄在体型和功能上，与早期设备相比进步了不少。

① 六自由度力反馈手柄

六自由度力反馈手柄依靠独特的 Delta 并联机构和串联转动机构复合设计，使其成为具有高度灵活性的精密力反馈设备,可实现高精度的平动转动联合控制。并联平动机构使其具有较高的刚度和强劲的输出力,串联转动机构提供了更大转动空间,自动校准能力为其高定位精度提供了保障。机械结构采用高强度航空铝合金,经过数控加工成型,关键运动部件均采用国际领先品牌。手柄支持多种操作系统开发平台,开放的软件平台提供良好的二次开发环境,提供 RS232、RS422、USB 等多种控制接口。

六自由度平动力反馈手柄(图 2-1-26 所示为专业级别的力反馈手柄)提供精准的力反馈和位置指令输出,应用领域包括医疗手术机器人、遥操作系统、力反馈操控装置、虚拟仿真、技术研究等。

②普通的力反馈手柄

图 2-1-27 所示为微软的 Xbox Elite 2 代无线控制器,该设备配有震动扳机键和振动马达,可在不同的应用情境下对使用者进行力反馈。同时该设备支持编程操作,可在应用中对马达力度进行调整。

图 2-1-26　专业级别的力反馈手柄　　　　图 2-1-27　微软 Xbox Elite 2 代无线控制器

（3）力反馈手臂

为了对物体重量、惯性和与刚性墙的接触进行仿真,用户需要在手腕上感受到相应的力反馈。早期对力反馈的研究使用原来为遥控机器人控制设计的大型操纵手臂。这些具有嵌入式位置传感器和电反馈驱动器的机械结构通过主计算机来控制回路闭合,计算机会显示被仿真世界的模型,并计算虚拟交互力,然后驱动反馈驱动器给用户手腕施加真实力。

日本研究者已研制出专为虚拟现实仿真设计的操纵手臂。手臂有 4 个自由度,设计紧凑,使用直接驱动的电驱动器。有 6 个自由度的腕力传感器安在手柄上。传感器测量施加于操作者的反馈力和力矩。图形显示提供虚拟物体和由操纵手臂控制的虚拟手臂。并行处理系统用于实时控制。1 个 CPU 用于图形显示,3 个 CPU 做仿真和操纵手臂控制。操纵手臂的行为数据由 T800 处理器计算,它会根据关节的码盘来对数据采样。计算的反馈力送到 D/A 变换器,然后送到直接驱动马达控制器。这些分别负责每个关节马达的低层控制回路。控制采样时间约 1 ms,而图形刷新率为每秒 16 个画面。

手臂有重力和惯性补偿,于是在与虚拟环境无交互时在手臂上也感受不到力的存在。

图 2-1-28 所示是美国 Sensable 公司的 3D System Touch 力反馈手臂,该设备将力反馈性能提升到一个新的水平,可提供更准确的定位输入和高保真力反馈输出。对于 3D 建模和设计、手术培训、虚拟装配等要求准确度较高的多种操作,该设备是一个易于使用、经济实惠的

选择。

3D System Touch 力反馈设备使用户通过手施加的力反馈感受到 3D 屏幕上的对象,提供更具流畅性和较低摩擦力的扩展真实触感。其耐用性、经济性和准确性使其成为商业、医疗和研究应用的理想选择,尤其可应用于对紧凑性和便携性有较高要求的领域。

专业的原始设备制造商选择了 Touch 集成到他们的产品中,因为其在一些交互式虚拟环境中无可替代,如手术模拟器和机器组件的可视化。

力反馈操纵手臂的缺点是复杂且价格高;不够轻便,而且在特殊的用户姿态下难以操作。它可方便地安装在桌上,能提供 6 个自由度的触摸与力反馈。同时可作为一种位置输入工具,可产生如直接作用力、脉冲、颤动等多种力量感知。

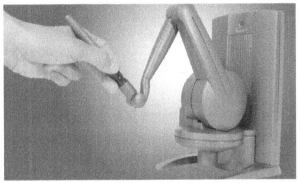

图 2-1-28　3D System Touch 力反馈手臂

Sensable 公司生产的 Geomagic Touch 也是业界最广泛配置的专业力反馈装置,用于 3D 建模等,使用户能够自由地进行 3D 黏土造型,加强科学或医学仿真。图 2-1-29 所示为使用 Geomagic Touch 进行牙齿操作。

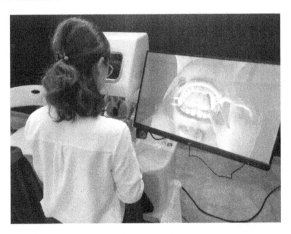

图 2-1-29　使用 Geomagic Touch 进行牙齿操作

（4）LRP 手操纵器

巴黎机器人实验室（LRP）研制出具有更多自由度的轻便操纵器,被称为“LRP 手操纵器”,如图 2-1-30 所示,它提供力反馈给手的 14 个部位。

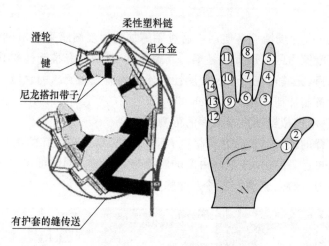

图 2-1-30　LRP 手操纵器

对多数抓取动作,由于 LRP 手操纵器有灵巧的机械链接设计,反馈力通常会加在手指的局部。执行机构则远离手,以减轻操纵器重量。而控制则是通过微型电缆(0.45 mm 直径)的运动,同时电缆的运动幅度由安在每个马达轴的电位计测量,分辨率为 1°,这个数据会用于估计手的姿势。通过转动手背上的电缆,手掌区就成自由状态,这就允许戴反馈操纵器时抓取真实物体,增加了其功能。但是电缆和滑轮的一个问题是摩擦和间隙,处理不好会使控制很困难。在设计时,如果将过载限制为 100 N 的微型力传感器安装在手掌的背面,检测电缆的拉紧程度,可以使反馈力的控制更精确。

2.1.4　味觉感知设备

1. 热电模拟"酸甜苦辣"

人在进食时,舌头味蕾会产生相应的生物电,并传到大脑,让人们食而知其味。早在 2013 年,新加坡国立大学 Mixed Reality 实验室的研究人员公开了一款合成味觉的交互设备原型,它通过电流和温度来模拟人类几种原始味觉。

这款设备包含两个重要部件:可以产生不同频率的低压电极(直接夹着用户舌头),Peltier 温度控制器,如图 2-1-31 所示。

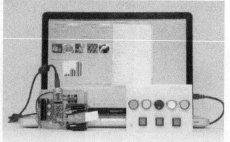

图 2-1-31　味觉模拟

从实际测试来看,酸味和咸味是最容易被伪造的,而甜味和苦味虽然也能被伪造,但是效果没那么明显。

对于不同的人类原始味觉,它们需要什么样的"参数"来"欺骗"大脑呢? 一般来说,酸味:

60～180 μA 的电流、舌头温度从 20 ℃上升到 30 ℃；咸味：20～50 μA 的低频率电流；苦味：60～140 μA 的反向电流；甜味：反向电流、舌头温度先升到 35 ℃，再缓慢降低至 20 ℃。

现在这套设备显然还处在雏形阶段，甚至还没能顾得上外观设计，但味觉合成器能派上用场的地方还是不少的，比如说当病人要服用非常难吃的药物时，可以通过特制的勺子来进行味觉欺骗。

新加坡国立大学的研究人员 Nimesha Ranasinghe 已经成功打造了一款能够模拟不同味道的"数字棒棒糖"，以及一款嵌入电极、能增强真实食物味道（酸、咸、苦）的勺子。相比之下，试验中对甜味的模拟远远弱于其他味道，但将甜味数字化的实用价值很大，例如能够帮助人们减少糖分的摄入。

于是 Ranasinghe 和他的同事开始摸索热量模拟。在东京 2016 年 ACM 用户界面软件与技术（UIST）研讨会上，他们展示了用温度变化来模拟舌头感觉到的甜味。用户将舌尖触碰一个快冷快热的方形热电元件上，该元件能够控制影响味觉的热敏神经元。

最开始实验时，这个装置对一半的参与者有效。有些人还表明在 35 ℃时尝到了辣味，在 18 ℃时还有薄荷味。Ranasinghe 将这个系统嵌入玻璃杯中，能让低糖饮料尝起来更甜。

2. 电刺激模拟咀嚼运动

电子模拟只是控制了味道，但食物不仅只有味道——口感也非常重要。来自东京大学的一个团队，展示了一款能够电子模拟不同食物咀嚼口感的装置，如图 2-1-32 所示。Arinobu Niijima 和 Takefumi Ogawa 的电子食物口感系统同样使用了电极，但不是通过舌头，而是将其置于用户的咬肌之上（咬肌就是用来咀嚼食物的肌肉），当用户咬东西的时候感受到硬度或者咀嚼性。"嘴巴里没有吃的，但是通过电流刺激肌肉的震动反馈能让用户觉得真的是在嚼东西。"Niijima 说。

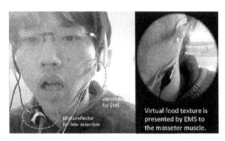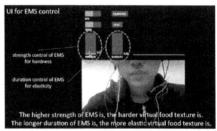

图 2-1-32　电刺激模拟咀嚼运动

为了赋予"食物"更真实的口感，他们使用更高的频率刺激肌肉，用更长的电脉冲模拟弹性的口感。Niijima 认为他们的系统是模拟橡皮糖口感最成功的。

味觉实现之后，这项技术还能用来改变真实食物的口感。在 UIST 研讨会上，Ranasinghe 在吃饼干的时候戴上这个装置，感觉饼干的口感发生了变化——硬度与咀嚼性变得更像橡皮糖。

这两个项目仍处于实验阶段，最终目标是帮助有特殊饮食要求或者有健康问题的人，"有很多人无法开怀地吃东西，如那些下颌无力、过敏与节食的人。"Niijima 说，"我们能满足他们的胃口，使他们享受更好的生活。"

Niijima 称团队将继续在其他颌部肌肉上进行研究，结合电刺激与其他感官输入设备（如咀嚼的声音）将创造更完善的味觉体验。

2.1.5　嗅觉感知设备

除了视觉、听觉、触觉、味觉上的体验,为了加强身临其境的沉浸效果,全球各大 VR 公司在嗅觉、体感等领域也有了许多技术上的突破。

世界上最大的游戏公司之一 Ubisoft 为了给新游戏《南方公园:完整破碎》造势,专门研发出一款 Nosulus Rift(屁味面罩)。在游戏里,主角的技能是放屁攻击和跳跃飞行,为了增强游戏的沉浸感和趣味性,于是就有了这样一款奇葩的虚拟现实设备。

Nosulus Rift 可以通过蓝牙与 PC、PS4、Xbox One 连接使用,当角色使用"放屁"技能时,Nosulus Rift 会亮起绿灯并释放出气味,据体验过的用户反馈,用起来就像真的有人正对着他的脸放了一个屁!这款产品虽然略显恶趣味,但是在嗅觉 VR 上却也算是一种启发。为了让 VR 的沉浸感更为全面,嗅觉沉浸也是不可缺少的一步。

图 2-1-33 所示为嗅觉 VR 体验装置,让人不仅能看到、听到,而且还能闻到。

图 2-1-33　嗅觉 VR 体验装置

2018 年 12 月 28 日,虚拟现实创业公司 Feelreal 宣布推出一款新的 VR 配件,承诺通过嗅觉等为游戏和电影带来"真实感"。Feelreal 是世界上第一款多感官 VR 面具,它对用户面部的全覆盖确保能够为用户提供气味、冷热风、水雾、震动和冲击等多重感受,以使用户获得最具沉浸感的娱乐体验。Feelreal 可以连接多种 VR 设备。Feelreal 能够让用户体验超过 255种独特的香气,并将它们结合起来,创造出这个世界各地的香味景观,甚至是超越人们想象的任何地方。同时,人们的嗅觉与味觉是紧密结合的,在虚拟体验中,Feelreal 能够让人们近乎感受到在品尝食物。用户沉浸在气味以及味觉的世界中,以全新的方式让感官与自己的想象力相结合。图 2-1-34 所示为 Feelreal 多感官 VR 面具。

图 2-1-34　Feelreal 多感官 VR 面具

2.2　基于自然的交互设备

虚拟现实系统的首要目标是建立一个虚拟的世界,处于虚拟世界中的人与系统之间是相互作用、相互影响的,特别要指出的是在虚拟现实系统中要求人与虚拟世界之间必须是基于自然的人机全方位交互。当人完全沉浸于计算机生成的虚拟世界之中时,计算机键盘、鼠标等交互设备就变得无法适应要求了,而必须采用其他手段及设备来与虚拟世界进行交互,即人对虚拟世界采用自然的方式输入,虚拟世界要根据其输入进行实时场景输出。

虚拟现实系统的输入设备主要分为两大类:一类是基于自然的交互设备,用于对虚拟世界信息的输入;另一类是三维定位跟踪设备,主要用于对输入设备在三维空间中的位置进行判定,并输入虚拟现实系统中。

虚拟世界与人进行自然交互的实现形式有很多,包括基于语音的、基于手的等多种形式,如数据手套、数据衣、三维控制器、三维扫描仪等。手是人们与外界进行物理接触及意识表达的最主要媒介,在人机交互设备中也是如此,基于手的自然交互形式最为常见,相应的数字化设备也有很多,在这类产品中最为常见的就是数据手套。

2.2.1　三维控制器

1. 三维鼠标

普通鼠标只能感受在平面的运动,而三维鼠标(3D mouse)则可以让用户感受到在三维空间中的运动,如图 2-2-1 所示。三维鼠标可以完成在虚拟空间中六个自由度的操作,包括三个平移参数与三个旋转参数,其工作原理是在鼠标内部装有超声波或电磁发射器,利用配套的接收设备可检测到鼠标在空间中的位置与方向,与其他三维控制器相比三维鼠标的成本低,常应用于建筑设计等领域。

2. 力矩球(space ball)

力矩球通常被安装在固定平台上,如图 2-2-2 所示。它的中心是固定的,并装有六个发光二极管,这个球有一个活动的外层,也装有六个相应的光接收器。用户可以通过手的扭转、挤压、来回摇摆等动作,来实现相应的操作。它采用发光二极管和光接收器,通过安装在球中心的几个张力器来测量手施加的力,并将数据转化为三个平移运动和三个旋转运动的值送入计算机中。当使用者用手对球的外层施加力时,根据弹簧形变的法则,六个光传感器测出三个力和三个力矩的信息,并将信息传送给计算机,即可计算出虚拟空间中某物体的位置和方向等。

图 2-2-1　三维鼠标

图 2-2-2　力矩球

力矩球的优点是简单、耐用,可以操纵物体。但其在选取物体时不够直观,在使用前一般需要进行培训与学习。

2.2.2 数据手套

数据手套(Data Glove)是美国 VPL 公司在 1987 年推出的一种传感手套的专有名称。现在数据手套已成为一种被广泛使用的传感设备,它戴在用户手上,作为一只虚拟的手用于与虚拟现实系统进行交互。数据手套的出现,为虚拟现实系统提供了一种全新的交互手段,目前的产品已经能够检测手指的弯曲,并利用磁定位传感器来精确地定位出手在三维空间中的位置。这种结合手指弯曲度测试和空间定位测试的数据手套被称为"真实手套",可以为用户提供一种非常真实自然的三维交互手段。

按功能需要数据手套一般可以分为虚拟现实数据手套、力反馈数据手套。

虚拟现实数据手套:虚拟现实数据手套是一种多模式的虚拟现实硬件,通过软件偏程,可进行虚拟场景中物体的抓取、移动、旋转等动作,也可以利用它的多模式性,将其作为一种控制场景漫游的工具。

力反馈数据手套:借助数据手套的触觉反馈功能,用户能够用双手亲自"触碰"虚拟世界,并在与计算机制作的三维物体进行互动的过程中真实感受到物体的震动。触觉反馈能够营造出更为逼真的使用环境,让用户真实感触到物体的移动和反应。此外,系统也可用于数据可视化领域,能够探测出与地面密度、水含量、磁场强度、危害相似度,或光照强度相对应的振动强度。

虚拟现实数据手套产品有 5DT Data Glove Ultra 系列、Manus VR、Control VR、PowerClaw、CaptoGlove、Glovenone。

力反馈数据手套产品有 Shadow Hand、CyberGlove。

现在已经有多种数据手套产品,它们之间的区别主要在于所采用传感器的不同。下面对几种典型的数据手套进行简单介绍。

1. 5DT Data Glove Ultra 系列数据手套

图 2-2-3 所示为 5DT 公司的 Glove 16 型 14 传感器数据手套,它可以记录手指的弯曲(每根手指 2 个传感器),能够很好地区分每根手指的外围轮廓。该数据手套可以采用无线连接,无线手套系统通过无线电模块与计算机通信,无线电模块与计算机的 RS-232 接口相连。这种数据手套有左手和右手型号可供选择。手套由可伸缩的合成弹力纤维制造,可以适合不同大小的手掌,同时它还可以提供一个 USB 的转换接口。

新版的 5DT 数据手套系列产品应用了彻底改良的传感器技术。新的传感器使手套更加舒适,并能够在一个更大尺寸的范围内提供更加稳定的数据传输。其数据干扰被大大降低。5DT Data Glove Ultra 系列有包含 5 个传感器和 14 个传感器两款,每款均有左手和右手两个不同版本,用户可自由选择。具备基于高带宽的最新的蓝牙技术功能,无线连接范围高达 20 m。一块电池能提供 8 小时的无线通信。在需要的时候电池能在数秒内被更换。

该数据手套兼容 Windows、Linux、UNIX 操作系统。由于其支持开放式通信协议,所以能在没有软件开发工具包的情况下进行通信。新版的 5DT 数据手套支持当前主流的三维建模软件和动画软件。

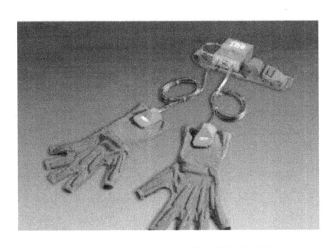

图 2-2-3　Glove 16 型 14 传感器数据手套

2. Vertex 公司的赛伯数据手套

1992 年年底,VPL 公司倒闭,Vertex 公司的赛伯手套(Cyber Glove)(图 2-2-4)渐渐取代了 DataGlove,在虚拟现实系统中得到广泛应用。赛伯手套是为把美国手语翻译成英语所设计的。在手套尼龙合成材料上每个关节弯曲处织有多个由两片很薄的应变电阻片组成的传感器,在手掌区不覆盖这种材料,以便透气,并可方便其他操作。这样一来,手套的使用十分方便且穿戴也十分轻便。它在工作时检测成对的应变片电阻的变化,由一对应变片的阻值变化间接测出每个关节的弯曲角度。当手指弯曲时成对的应变片中的一片受到挤压,另一片受到拉伸,使两个电阻片的电阻值一个变大、一个变小,在手套上每个传感器对应连接一个电桥电路,这些差分电压由模拟多路扫描器(MUX)进行多路传输,再放大并由 A/D 转换器数字化,数字化后的电压被主计算机采样,再经过校准程序得到关节弯曲角度,从而检测到各手指的状态。

赛伯手套中一般的传感器电阻薄片是矩形的(主要安装在弯曲处两边,测量弯曲角度),也有 U 形的〔主要用于测量外展-内收角(即五指张开与并拢)〕,有 16～24 个传感器对弯曲处测量(每根手指有 3 个),有一个传感器对外展-内收角进行测量,此外还要考虑拇指与小指的转动,手腕的偏转与俯仰等。

在数据手套使用时,连续使用是十分重要的,多种数据手套都存在着易于外滑,需要经常校正的问题,这是比较麻烦的事,而赛伯手套的输出仅依赖于手指关节的角度,而与关节的突出无关。传感器的输出与关节的位置无关,因此每次戴手套时,校正的数据不变。

3. Gloveone 数据手套

Gloveone 数据手套(图 2-2-5)具有独特的触觉反馈功能,并且可以兼容多款虚拟现实头盔。它通过振动模拟真实的触摸体验,可以模拟出物品的形状、重量和冲击时产生的力量。比如用它模拟弹钢琴,可以感受到钢琴的触感;用它抓起一个物品,可以感受到物品的重量。它能具备这些功能,得益于手套中的 10 个驱动马达,每一个马达都能通过振动制造触感。并且,它还具有类似 Leap Motion、英特尔 RealSense 和微软 Kinect 的体感模式,可以带来精准的位置测定。因为内置了一个控温装置,所以还可以模拟虚拟的温度反应,比如当用户在虚拟世界中将手靠近火源时,手套也会发热,使人真实地感受到火焰散发出的热量,十分有趣。

目前,Gloveone 仅兼容 Windows ,并且向开发者公布了 API 和 SDK,相信在不久的将来,它还能支持更多的平台。

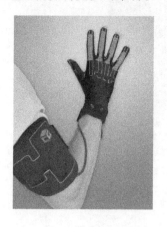

图 2-2-4　赛伯数据手套

图 2-2-5　Gloveone 数据手套

4. Mattel 公司的 Power Glove

Mattel 公司为家庭视频游戏设计了一个 Power Glove 数据手套,与 5DT Ultra 数据手套和赛伯数据手套等数据手套相比,Power Glove 是很便宜的产品。它的价格只有其他数据手套的几十分之一。它于 1989 年大量销售,用于任天堂(Nintendo)的基于手套的电子游戏。

为了达到低成本,这个手套在设计时使用了很多廉价的技术。如图 2-2-6 所示,手腕位置传感器是超声波传感器,超声源放在计算机显示器上,而超声麦克风放在手腕上。弯曲传感器采用了导电墨水传感器,传感器包括在支持基层上的两层导电墨水。墨水在黏合剂中有碳粒子。当支持基层弯曲时,在弯曲外侧的墨水就延伸,造成导电碳粒子之间距离增加(即 $L_2 > L_1$),导致传感器的电阻值增加($R_2 > R_1$)。反之,当墨水受压缩时,碳粒子之间距离减小,传感器的电阻值也减小,这些电阻值的数据变化经过简单的校准就转换成手指关节角度数据。尽管它精度低,传感能力有限,但其低廉的价格还是吸引了一些实验者。

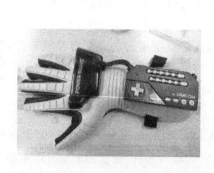

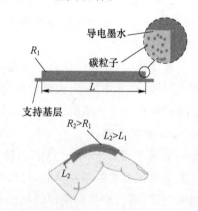

图 2-2-6　Power Glove 数据手套及其原理

有关数据手套的技术相对较为成熟,国内外的数据手套产品种类也较多。数据手套是虚拟现实系统最常见的交互式工具,它体积小、重量轻、操作简单,所以应用十分普遍。

2.2.3　体感交互设备

体感交互(Tangible Interaction)是一种新式的、富于行为能力的交互方式,它正在转变人们对传统产品设计的认识。体感交互是一种直接利用躯体动作、声音、眼球转动等方式与周边的装置或环境进行互动的交互方式。Leap Motion、Kinect、PS Move、Wii Remote 等都是常见的体感交互设备。

相对于传统的界面交互,体感交互强调利用肢体动作、手势、语音等现实生活中已有的知识和技能进行人与产品的交互,通过看得见、摸得着的实体交互设计帮助用户与产品、服务以及系统进行交流。

1. Leap Motion

Leap Motion 是一款基于手指交互的设备。2013 年,美国体感控制器制造公司 Leap 发布了能够控制 PC 和 Mac 的 Leap Motion,其中文名为"厉动",采用计算机视觉原理的识别技术。其体积小,外观非常像 MP3 播放器(图 2-2-7),通过数据线连接计算机,在安装驱动之后,便可以摆脱鼠标和键盘的束缚,实现 3D 空间内的精确体感操作,它能够以超过每秒 200 帧的速度追踪手部移动,并准确地追踪十根手指,精度高达 1/100 mm,其精度要比其他体感设备高出 200 倍。可以通过 Leap Motion 进行网页浏览等操作,还能够构建 3D 图形、弹奏乐器。

图 2-2-7　Leap Motion

定位与输入是 VR 技术的关键,Leap Motion 的 150°超宽幅的空间视场控制范围以及 0.01 mm 的精度,秒杀其他同类产品。用户用指尖即可畅享全新的超控游戏体验,Leap Motion 可以保证屏幕上的动作与指尖移动完全同步。它拥有海量的免费游戏与更加刺激的付费游戏,以及其他应用。它的强大功能可以完美开发用户的探索精神与创造能力,使用户在虚拟世界中轻松完成现实世界中难以完成的任务。

目前已经有包括迪士尼、Google、Autodesk 在内的公司宣称旗下一些软件、游戏开始支持 Leap Motion,这使得 Leap Motion 将会在更多领域有施展空间。而且 Leap Motion 为 VR 设备提供了非常不错的控制解决方案,其手势操作更符合 VR 场景。

2. Kinect

Kinect 是一款基于全身肢体的交互设备(图 2-2-8),它是美国微软公司在 2009 年 6 月的电子娱乐展览会上公布的 Xbox 360 体感周边外设。Kinect 彻底颠覆了游戏的单一操作模式,使人机互动的理念更加彻底地展现出来。Kinect 集成的传感器可以追逐到用户身体的 3D 动作,对用户进行面部"辨识",甚至还能听懂用户的语音命令。Kinect 能用上用户身体的所有部分,包括头、手、脚、躯干。微软的目标是:"全身游戏"。

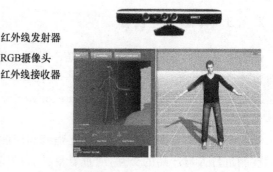

红外线发射器
RGB摄像头
红外线接收器
麦克风阵列

图 2-2-8　Kinect 设备

Kinect V1(第 1 代)是微软在 2010 年 6 月 14 日对 Xbox 360 体感周边外设正式发布的名字。伴随 Kinect 名称的正式发布,Kinect 还推出了多款配套游戏,包括 Lucasarts 出品的《星球大战》、MTV 推出的跳舞游戏、宠物游戏、运动游戏(Kinect Sports)、冒险游戏(Kinect Adventure)、赛车游戏(Joyride)等。

2014 年 10 月发布的 Kinect V2(第 2 代)是一种 3D 体感摄影机,同时它导入了即时动态捕捉、影像辨识、麦克风输入、语音辨识、社群互动等功能。

Kinect 有多个重要传感器,这些传感器包括 RGB 摄像头、深度传感器、多点阵列麦克风以及一个可处理专用软件的处理器。

Kinect 的摄像头是一个 RGB 摄像头,这意味着它可以为 Xbox 360 提供红、绿、蓝 3 个通道的颜色。它的作用在于面部识别和动作追踪。捕捉人肢体的动作,然后微设计程序教它如何去识别、记忆、分析处理这些动作。Kinect 摄像头可以捕捉到用户的手势动作,再把这些手势语言转换成游戏控制。

深度传感器由红外线投影机加单色 CMOS 传感器组成。它能够发射红外线,从而对整个房间进行立体定位。摄像头则可以借助红外线来识别人体的运动。除此之外,配合一些高端软件,它便可以对人体的 48 个部位进行实时追踪。该设备最多可以同时对两个用户进行实时追踪。

多点阵列麦克风的主要功能是聊天,并可以帮助过滤环境噪声。这个功能可以让对方听到更清晰的声音。

Kinect 项目的重中之重就是所有的硬件都是由微软专门设计的软件进行控制的。

Kinect 采用了三种主要技术,一是以 Prime Sense 公司的 Light Coding 技术作为原理,给不可见光打码,然后检测打码后的光束,判断物体的方位。二是飞行时间测距法(TOF)原理(精度、灵敏度和分辨率都更高),根据光反射回来的时间判断物体的方位,当然检测光的飞行速度是几乎不能实现的,所以发射一道强弱随时间变化的正弦光束,然后计算其来回的相位差值。三是使用之前阶段输出的结果,根据追踪到的 20 个关节点来生成一幅骨架系统。Kinect 通过评估输出的每一个可能的像素来确定关节点。通过这种方式 Kinect 能够基于充分的信息最准确地评估人体实际所处的位置。

此外,Kinect 还拥有一个机械转动的底座,可以让摄像头本体能够看到更广的范围,并且可以随着用户的位置灵活变动。

2.2.4　语音交互

语音交互是基于语音输入的新一代交互模式,通过说话就可以得到反馈结果。生活中最常见的就是手机或计算机内置的各种"语音助手",例如魅族的小溪、苹果的 Siri、小米的小爱、华为的小艺、百度的小度,等等。

2016 年 Facebook 创始人扎克伯格在 VR 计划会上也讲到,"VR 将成为下一个计算平台,将带领人们完全颠覆现有的网络社交模式。"VR 社交概念被炒得火热,VR 社交中面临的最大问题就是语音交互。

2017 年,Oculus 为三星 Gear VR 虚拟现实头盔增加了两项分别名为"Parties"和"Rooms"的功能,旨在使用户在使用 VR 设备时进行更多的互动交流。

语音交互的实现原理如图 2-2-9 所示。Talk:用户发出声音——人说话产生的"自然语言"。ASR(Automatic Speech Recognition):自动语音识别——机器听取用户发出的声音,将其转化为"文字"供机器读取,实现"声音"到"文字"转换的技术。NLU(Natural Language Understanding):自然语言理解——此时机器尝试理解文字。DST(Dialogue State Tracker):对话状态追踪与 DM(Dialogue Manager):对话管理——这两个可以放在一起进行讨论。机器主要进行的判断就是这个对话进行到哪一步了,该用户说话还是机器说话了。如果对话完整,机器就可以执行相应的命令,如果对话不完整,就需再问,以将内容补充完整。Action:命令执行。一定程度上也可以理解为 Action 是独立于"语音交互"过程外的,只有在一次交互的信息是完整的时候,它才会执行命令。NLG(Natural Language Generation):自然语言生成——系统经过语义的理解＋对话状态控制,对用户发出的自然语言已经进行了解析,知道自己该做出怎样的回应了,此时就会生成相对应的自然语言。TTS(Text To Speech):从文本到语音——把"文字"转换成"声音",算是 ASR 技术的逆过程。

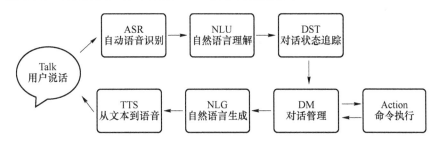

图 2-2-9　语音交互的实现原理

2.2.5　触觉交互

1. 虚拟现实套装 Teslasuit

Teslasuit 可以说是世界上首款虚拟现实全身触控体验套件(图 2-2-10),其工作原理是肌肉电刺激(EMS)技术,即利用我们身体的"母语"。它是一套全身式的 VR 套装,由英国开发团队 Tesla Studios 开发。穿上这套装备,用户可以切身感觉到虚拟现实环境的变化,比如可感受到微风的吹拂,甚至在射击游戏中还能有中弹的感觉。

Teslasuit 主要由特殊的智能织物(智能衣)、腰带 T-Belt、手套 T-Glove 和其他绑在手臂和脚上的智能感应环组成。这种特殊的智能织物上面有非常多的小节点,直接通过脉冲电流让皮肤产生相应的感觉,它同时还装有温度传感器。

图 2-2-10　Teslasuit 全身触控体验套件

腰带 T-Belt 是核心部件,它能够实时分析肌肉,测量体温,发送信息,还包含一个动作捕捉系统,能纠正姿势,传送其他的数据。它搭载一颗四核 1 GHz 处理器,1 GB 内存和一个 10 000 mAh 电池,可以无线连接到市面上绝大多数虚拟现实设备,如 Oculus,HTC Vive&Valve,微软 HoloLens 等。并且,通过 WiFi 和蓝牙,它也能和游戏机(PSP 和 Xbox)、个人计算机、平板计算机,以及智能手机建立连接。它是整套设备的主控单元。

手套 T-Glove 能提供触觉反馈以及动作感应,戴上手套后用户可以在虚拟世界中触摸、抓住或放开物体并且可以把感知传送到大脑。T-Glove 还有助于用户之间的触觉互动。

该体感服的特点是内置触觉反馈、动作捕捉、恒温控制、生物识别反馈等,采用电刺激的方式加强用户的多种体验。整套体感服包括外套和裤子,拥有多种尺码可选。套装共有 68 个触觉点,11 个动作感知传感器,内置计算单元,可兼容 Windows、Linux、macOS 和 Android 系统,兼容 Unreal、Unity 3D 和 MotionBuilder 开发平台。图 2-2-11 所示为 Teslasuit 各部分细节。

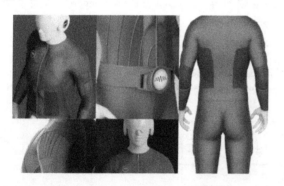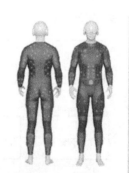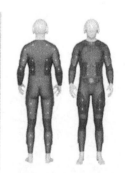

图 2-2-11　Teslasuit 细节

2.3　三维定位跟踪设备

三维定位跟踪设备是虚拟现实系统中关键传感设备之一,它的任务是检测位置与方位,并将其数据报告给虚拟现实系统。需要指出的是,这种三维定位跟踪设备对被检测的物体必须是无干扰的,也就是说,不论这种传感器基于何种原理和应用何种技术,它都不应影响被测物体的运动,即它应该是"非接触式传感跟踪器"。在虚拟现实系统中最常见的应用是通过三维定位跟踪设备跟踪用户的头部位置与方位来确定用户的视点位置与视线方向,而视点位置与视线方向是确定虚拟世界场景显示的关键。

虚拟现实系统中常需要检测头部与手的位置。要检测头与手在三维空间中的位置和方向,一般要跟踪 6 个不同的运动方向,即沿 X、Y、Z 坐标轴方向的平动和沿 X、Y、Z 坐标轴方向的转动。由于这几个运动都是相互正交的,因此共有 6 个独立变量,即对应描述三维对象的宽度、高度、深度、俯仰(pitch)角、转动(yaw)角和偏转(roll)角,称为六自由度,用于表征物体在三维空间中的位置与方向,如图 2-3-1 所示。

在虚拟现实系统中,显示设备或交互设备都必须配备定位跟踪设备,如头盔显示器、数据手套都要有定位跟踪装置,没有空间定位跟踪装置的虚拟现实硬件设备,无论从功能上还是在使用上都是有严重缺陷的,甚至是无法使用的。同时,不良的定位跟踪装置会造成被跟踪对象出现在不该出现的位置上,被跟踪对象在真实世界中的坐标与其在虚拟世界中的坐标不同,从而使用户在虚拟世界的体验与其在现实世界中积累多年的经验相违背,同时使用户在虚拟环境中产生一种类似"运动病"的症状,包括产生头晕、视觉混乱、身体乏力的感觉。

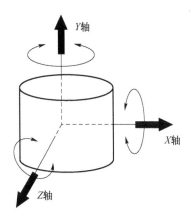

图 2-3-1　六自由度示意图

虚拟现实系统实质是一个人机交互系统,要求用户在虚拟世界中的体验符合其在自然界中的固有经验,所以组成虚拟现实系统的各个分支技术的性能应该与人类感觉系统的要求相匹配,因此对于定位跟踪设备通常有下列要求:

① 数据采样率高且传输数据速度快,既要满足精确率的需要,同时又不能出现明显滞后;

② 抗干扰性要强,也就是受环境影响要小;

③ 对被检测的物体必须是无干扰的,不能因为增加了跟踪设备影响用户的运动等;

④ 真实世界和虚拟世界之间相一致的整合能力;

⑤ 多个用户及多个跟踪设备可以在工作区域内自由移动,相互不会产生影响。

跟踪技术,也称追踪技术,在虚拟现实设备中,目前主流的两大追踪技术为外向内追踪技术(Outside-in Tracking)和内向外追踪技术(Inside-out Tracking)。外向内追踪技术包括电磁追踪、超声波追踪、惯性追踪和光学追踪等技术,内向外追踪技术主要使用的是光学追踪技术,利用内置的深度摄像机以及各种计算机图像算法实现计算现实世界的位置。下面将介绍几种主要的跟踪技术。

2.3.1　电磁跟踪系统

电磁跟踪系统是一种最常用的跟踪器,其应用领域较广且相对较为成熟。电磁跟踪系统的原理就是利用磁场的强度来进行位置和方向跟踪。它一般由 3 个部分构成:一个计算控制部件、几个发射器及与之配套的接收器。由发射器发射电磁场,接收器接收到这个电磁场后,转换成电信号,并将此信号送到控制部件,控制部件经过计算后,得出跟踪目标的数据。多个信号综合后可得到被跟踪物体的 6 个自由度数据。

要测量一个 X 轴方向的距离,电流通过主动线圈发出 X 轴方向的电磁波,在被动线圈中相应线圈会产生感应电流,这个电流的大小与主动线圈和被动线圈的距离成正比,由此得到主动线圈和被动线圈在 X 轴方向的距离。当然在被动线圈中的感应电流,还取决于主动线圈和被动线圈的交角。当主动线圈和被动线圈的方向不同时，被动线圈中的感应电流会发生变化。

根据所发射磁场的不同，电磁跟踪系统可分为交流电发射器型与直流电发射器型，其中交流电发射器型使用较多。

（1）交流电发射器型电磁跟踪设备

在这种跟踪设备中，交流电发射器由3个互相垂直的线圈组成，当交流电在3个线圈中通过时，就产生互相垂直的3个磁场分量，在空间传播。接收器也由3个互相垂直的线圈组成，当有磁场在线圈中变化时，就在线圈上产生一个感应电流，接收器感应电流强度和其距发射器的距离有关。通过电磁学计算，就可以从这9个感应电流（3个感应线圈分别对3个发射线圈磁场感应产生的9个电流）计算出发射器和接收器之间的角度和距离。交流电发射器的主要缺点是易受金属物体的干扰。交变磁场会在金属物体表面产生涡流，使磁场发生扭曲，导致测量数据的错误。虽然这个问题可通过硬件或软件进行校正来解决，但因此会影响系统的响应性能。

（2）直流电发射器型电磁跟踪设备

在这种跟踪设备中，直流电发射器也是由3个互相垂直的线圈组成的。不同的是它发射的是一串脉冲磁场，即磁场瞬时从零跳变到某一强度，再跳变回零，如此循环形成一个开关式的磁场向外发射。感应线圈接收这个磁场，再经过一定的处理后，就可像交流电发射器系统一样得出被跟踪物体的位置和方向。直流电发射器能避免金属物体的干扰，因为金属物体在磁场从无到有，或从有到无的跳变瞬间才产生感应涡流，而一旦磁场静止了，金属物体就没有了涡流，也就不会对跟踪系统产生干扰。

电磁跟踪系统突出的优点是体积小，不影响用户自由运动，电磁传感器没有遮挡问题（接收器与发射器之间允许有其他物体），价格低，精度适中，采样率高（可达每秒120次），工作范围大（可达60 m²），可以用多个电磁跟踪器跟踪整个身体的运动，并且增加跟踪运动的范围。但它也存在着一些问题：电磁传感器易受干扰，鲁棒性不好，可能因磁场变形引起误差（电子设备和铁磁材料会使磁场变形以及凡是8~1 000 Hz的电磁噪声都会对它形成干扰。直流电磁场可以用补偿法，交流电磁场不可以用补偿法），测量距离加大时误差增加，时间延迟较大，有小的抖动。

大多数对手的跟踪都采用电磁跟踪系统，主要是因为手可以伸缩、摇晃，甚至被隐藏，而不会影响电磁跟踪系统的使用。而其他跟踪技术难以适应。另外电磁跟踪系统体积较小，不会妨碍手的各种运动。但由于它存在时间延迟较大的问题，因此限制了它在真实交互中的应用。

目前，销售电磁传感器的两个主要公司是Polhemus和Ascension。

Polhemus建立于1970年，该公司占有运动测量设备市场的70%份额。其主要产品为FASTtrak，精度为0.03英寸和0.15°，测量范围可达15英尺，采样率达120 Hz（修改率随传感器数目的增加而下降），等待时间为20~30 ms。采用交流磁场，有标准串行型接口连接计算机。图2-3-2所示为FASTtrak电磁跟踪器。

图2-3-2　FASTtrak电磁跟踪器

Ascension 建立于 1986 年，其产品范围广，包括高端的研究设备以及低端的娱乐设备。高级的产品为 Flock of Birds。它采用直流磁场，可以补偿磁场失真，精度为 0.1 英寸和 0.5°，测量范围可达 3～8 英尺，采样率达 144 Hz，等待时间为 30 ms。低端产品为 Ascension SpacePad，采样率达 120 Hz，常用于游戏领域。

2.3.2　声学跟踪系统

声学跟踪技术是所有跟踪技术中成本最低的。超声传感器包括 3 个超声发射器的阵列（安装在房间的天花板上），3 个超声接收器（安装在被测物体上）用于启动发射的同步信号以及计算机。

图 2-3-3 所示为用于在房间中测量头部位置的声学跟踪器。轻便的超声接收器安装在头盔上，超声发射器安装在天花板上。

从声学跟踪系统理论上讲，可听见的声波也是可以使用的。采用较短的波长可以分辨较小的距离，但从 50～60 kHz 开始空气衰减随频率的增加迅速加大。一般多数系统用 40 kHz 脉冲，波长约 7 mm。但一些金属物体（如人身上的饰物等）在这个频带会使系统受到干扰。此外，在高超声频率，难以找到全向发射器，而且相关的声学设备昂贵，并要求工作在高电压状态。由于声学跟踪系统使用的是超声波（20 kHz 以上），人耳是听不到的，所以声学跟踪系统有时也被称作超声跟踪系统。

在实际的虚拟现实应用系统中，我们主要采用飞行时间法（Time of Flight）或相位相干法（Phase Coherence）这两种声音测量原理来实现物体的跟踪。

① 在飞行时间法中，各个发射器轮流发出高频声波，测量到达各个接收点的飞行时间，由此利用声音的速度得到发射点与接收点两两之间的 9 个距离参数，再由三角运算得到被测物体的位置。为了测量物体位置的 6 个自由度，至少需要 3 个接收器和 3 个发射器。为了精确测量，要求发射器与接收

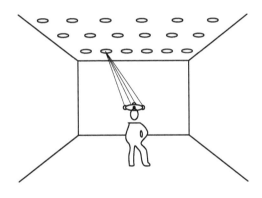

图 2-3-3　声学跟踪器安装示意图

器采用合理的布局，一般把发射器安装在天花板的 4 个角上；并且要求发射器与接收器同步，为此必须采用红外同步信号。飞行时间法测量超声传输的时间，由此确定距离。飞行时间系统易受次声波脉冲的干扰，在一个小的工作空间里，飞行时间系统有较好的正确率和响应时间，但当工作空间增大时，飞行时间系统的数据率就开始下降。因此飞行时间系统只能在小范围内工作。

② 在相位相干法中，各个发射器发出高频声波，测量到达各个接收点的相位差，由此得到点与点的距离，再由三角运算得到被测物体的位置。由于发射的声波是正弦波，发射器与接收器的声波之间存在相位差，这个相位差也与距离有关。相位相干法测量超声传输的相位差，由此确定距离。相位相干法是增量测量法，它测量这一时刻的距离与上一时刻的距离之差（增量），因此相位相干法存在误差积累问题。

声学跟踪器的优点是不受电磁干扰，不受临近物体的影响，轻便的接收器易于安装在头盔上。但它也有一定的缺点，即工作范围有限，信号传输不能受遮挡，受温度、气压、湿度的影响

（改变声速，造成误差），受环境反射声波的影响。飞行时间法有低的采样率和低的分辨率，相位相干法每步的测量误差会随时间积累。

对于适当精度和速度的点跟踪，超声传感器比电磁传感器更便宜，跟踪范围更大，没有磁干扰问题。但必须保持无障碍的视线，而且等待时间与最大的被测距离成正比。

超声传感器和电磁传感器都是常用的位置传感器。它们构造较简单，经济，不怕铁磁材料引起误差，精度适中，可以满足一般要求，常用于手部与头部跟踪。图 2-3-4 所示为超声头部跟踪装置。

瑞士 Logitech 公司成立于 1981 年，是世界最大的鼠标生产商。它同时也提供两种超声跟踪产品，图 2-3-5 所示为一种超声 3D 鼠标跟踪器，它提供 6 个自由度的跟踪。在 CAD/CAM 软件系统中可以用于用户的操作，也可以用于计算机动画、建模、机器人控制和虚拟现实领域。另一个产品是超声头部跟踪器，它也提供 6 个自由度的跟踪。

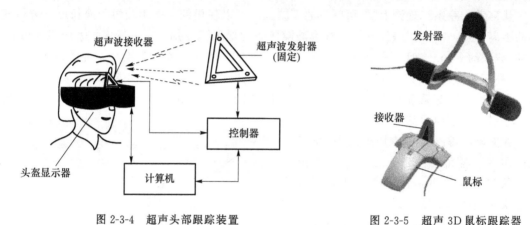

图 2-3-4　超声头部跟踪装置　　　　　图 2-3-5　超声 3D 鼠标跟踪器

2.3.3　光学跟踪系统

光学跟踪技术也是一种较常见的跟踪技术。它通常利用摄像机等设备获取图像，通过立体视觉计算，由传递时间测量（如激光雷达），或由光的干涉测量，并通过观测多个参照点来确定目标位置。光学跟踪系统的感光设备多种多样，从普通摄像机到光敏二极管都有。可采用的光源有很多，可以使用被动环境光（如立体视觉），也可以使用结构光（如激光扫描），或使用脉冲光（如激光雷达）。为了防止可见光对用户的观察视线造成影响，目前多采用红外线、激光等作为光源。基于光学的跟踪系统主要分为标志系统、模式识别和激光测距系统 3 种。

1. 标志系统

也有人称标志系统为信号灯系统或固定传感器系统。它是当前使用最多的光学跟踪技术。它有自外而内结构和自内而外结构两种，如图 2-3-6 所示。在自外而内结构的标志系统中，一个或几个发射器（发光二极管、特殊的反射镜等）装在被跟踪的运动物体上，一些固定的传感器从外面观测发射器的运动，从而得出被跟踪物体的运动情况。自内而外系统则正好相反，装在运动物体上的传感器从里面向外观测那些固定的发射器，从而得出自身的运动情况，就好像人类从观察周围固定景物的变化得出自己身体位置变化一样。自内而外系统比自外而内系统更容易支持多用户作业，因为它不必去分辨两个活动物体的图像。但自内而外系统在跟踪比较复杂的运动，尤其是像手势那样的复杂运动时就很困难，所以数据手套上的跟踪系统一般还是采用自外而内结构。

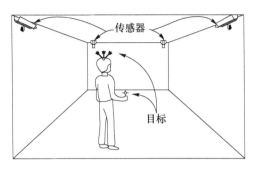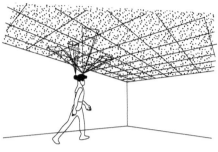

图 2-3-6　自外而内结构与自内而外结构光学跟踪示意图

2. 模式识别

模式识别指跟踪器通过比较已知的样本模式和由传感器得到的模式来得出物体的位置，是标志系统的一个改进。把几个发光二极管（LED）那样的发光器件按某一阵列（即样本模式）排列，并将其固定在被跟踪对象身上。然后由摄像机跟踪拍摄运动的 LED 阵列，记录整个 LED 阵列模式的变化。这实际上是将人的运动抽象为固定模式的 LED 点阵的运动，从而避免从图像中直接识别被跟踪物体所带来的复杂性。

但当目标之间的距离较近时，很难精确测出位置和方向，并且会受到摄像机分辨率的限制和视线障碍的影响，这类系统仅适用于相对小的有效测量空间。光学跟踪系统通常在台式计算机上或墙上安放摄像机，在固定位置观察目标。为了得到立体视觉和弥补摄像机分辨率不足的问题，通常会使用多于一个的摄像机和多于一种摄像面积（如窄角和广角）的镜头，这个系统可直接确定位置和方向，而且在摄像机的分辨率足够时还可增加摄像机的数量，覆盖任意区域。

另外一种基于模式识别原理的跟踪器是图像提取跟踪系统。它应用剪影分析技术，其实质是一种在三维上直接识别物体并定位的技术，使用摄像机等一些专用的设备实时对拍摄到的图像进行识别，分析出所要跟踪的物体。这种跟踪设备容易使用但较难开发，它由一组（两台或多台）计算机拍摄人及人的动作，然后通过图像处理技术来分析确定人的位置及动作，这种方法最大的特点是对用户没有约束，它不会像电磁跟踪设备那样受附近的磁场或金属物质的影响，因而在使用上非常方便。

图像提取跟踪系统对被跟踪的物体距离、环境的背景等要求较高，通常远距离的物体或灯光亮暗都会影响其识别系统的精度。另外，较少量的摄像机可能使被跟踪环境中物体出现在拍摄视野之外，而较多的摄像机又会增加采样识别算法复杂度与系统冗余度，目前应用并不广泛。

3. 激光测距系统

激光测距系统（图 2-3-7）是通过将激光发射到被测物体，然后接收从物体上反射回来的光来测量位置的。激光通过一个衍射光栅发射到被跟踪物体上，然后接收经物体表面反射的二维衍射图的信号。这种经反射的衍射图带有一定畸变，而这一畸变是与距离有

图 2-3-7　激光测距系统

关的,所以可用作测量距离的一种量度。与其他位置跟踪系统一样,激光测距系统的工作空间也有限制。由于激光强度在传播过程中的减弱会使激光衍射图样变得越来越难以区别,所以精度会随距离的增加而降低。

图 2-3-8 所示是 HTC Vive VR 眼镜的光学定位基站,该基站使用的是基于激光测距系统的 Lighthouse 技术,这套技术由 Valve 开发,可以说是目前体验最好的 VR 光学跟踪方案。Lighthouse 由两个基站构成,每个基站里有一个红外 LED 阵列,基站内部有两个转轴互相垂直的旋转的红外激光发射器,其转速为每圈 10 ms。基站的工作状态是这样的:20 ms 为一个循环,在循环开始的时候红外 LED 闪光,10 ms 内 X 轴的旋转激光扫过整个空间,Y 轴不发光;下一个 10 ms 内 Y 轴的旋转激光扫过整个空间,X 轴不发光。

在基站的 LED 闪光后就会同步信号,然后光敏传感器可以测量出 X 轴激光和 Y 轴激光分别到达传感器的时间。这个时间就正好是 X 轴和 Y 轴激光转到这个特定的点亮传感器的角度的时间,于是传感器相对于基站的 X 轴和 Y 轴角度也就已知了;分布在头显和控制器上的光敏传感器的位置也是已知的,于是通过各个传感器的位置差,就可以计算出头显的位置和运动轨迹。

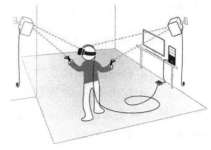

图 2-3-8　HTC Vive 光学定位基站

与基站对应的接收设备则是 HTC 公司的手柄和头盔,在手柄和头盔上,都配有相应的传感器。图 2-3-9 所示是 HTC 公司推出的 Vive Tracker 可开发式定位器,配合基站,可以实现六自由度的空间坐标获取,其开发的拓展性极强,搭配其他设备可开发各种各样的 VR 产品。

图 2-3-9　Vive Tracker 定位器

光学跟踪系统最显著的优点就是速度快,它具有很高的数据率,因而很适用于实时性强的场合。在许多军用的虚拟现实系统中都使用光学跟踪系统。

光学跟踪系统的缺点一是它固有的工作范围和精确度之间的矛盾。它在小范围内工作效果好,随着距离变大,其性能会变差。通过增加发射器或增加接收传感器的数目可以缓和这一矛盾。当然,付出的代价是增加了成本和系统的复杂性,也会对实时性产生一定影响。二是它容易受视线阻挡的限制。如果被跟踪物体被其他物体挡住,光学系统就无法工作,这对手的跟踪是很不利的。另外,它常常不能提供角度方向的数据,而只能进行 X、Y、Z 轴上的位置跟踪,且价格昂贵,一般常在航空航天等军用系统中使用。

2.3.4　机械跟踪系统

机械式位置跟踪器的工作原理是通过机械连杆装置上的参考点与被测物体相接触的方法来检测其位置变化。它通常采用钢体结构,一方面可以支撑观察的设备,另一方面可以测量被跟踪物体的位置与方向。对于一个六自由度的机械跟踪器,机械结构上必须有 6 个独立的机械连接部件,分别对应 6 个自由度,通过 6 个连接部件的组合运用将任何一种复杂的运动用几个简单的平动和转动组合表示。图 2-3-10 所示为机械跟踪装置通过控制关节来实现多个自由度。

机械跟踪系统是一个精确而响应时间短的系统,而且它不受声、光、电磁波等外界的干扰。另外,它能够与力反馈装置组合在一起,因此在虚拟现实应用中更具应用前景。它的缺点是比较笨重,不灵活而且有一定的惯性。机械连接对用户有一定的机械束缚,所以不可能应用在较大的工作空间上。而且在不大的工作空间中还有一块中心地带是不能进入的(机械系统的死角),几个用户同时工作时也会相互产生影响。

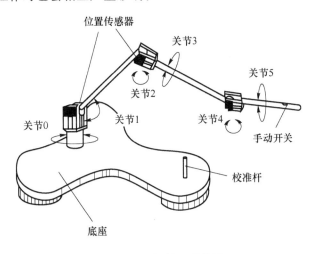

图 2-3-10　机械跟踪装置

2.3.5　惯性位置跟踪系统

惯性位置跟踪系统是近几年虚拟现实技术研究的方向之一,它通常采用机械的方法,通过盲推的方法得出被跟踪物体的位置,它不是一个六自由度的设备,它完全通过运动系统内部的推算,而绝不牵涉外部环境得到位置信息,因此只适合于不需要位置信息的场合。

惯性传感器使用加速度计和角速度计来测量加速度和角速度,如图 2-3-11 所示。线性加速度计可以同时测量物体在三个方向上的加速度。可动部件由弹性件支撑,弹性件的变形就表示加速度。可以用光学系统测量这种微小变形。加速度计的输出需要积分两次,从而得到物体的位置。角速度计利用陀螺原理测量物体的角速度。角速度计的输出需要积分一次,得到位置角度。

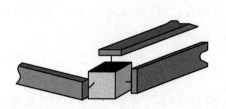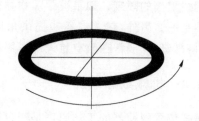

图 2-3-11　加速度计和角速度计

　　惯性传感器的主要特点是没有信号发射,设备轻便。因此在跟踪时,不怕遮挡,没有视线障碍和环境噪声问题,而且有无限大的工作空间,延迟时间短,抗干扰好。惯性传感器的缺点是漂移随时间积累,重力场使输出失真,测量的非线性(由于材料特性或温度变化),角速度计敏感震动,难以测量慢速的位置变化,重复性差。因目前尚无实用系统出现,所以对其准确性和响应时间还无法评估。在虚拟现实系统中应用纯粹的惯性跟踪系统还有一段距离,但将惯性跟踪系统与其他成熟的应用技术结合,用来弥补其他系统的不足,是很有潜力的发展方向。

　　InterSense 公司提供 IS 系列运动跟踪器和 InterTrax 等惯性跟踪设备。InterSense 公司建立于 1996 年,研制生产惯性的、混合的以及 SensorFusion 的运动跟踪设备。Eric Foxlin 基于他在麻省理工学院的博士论文建立了该公司。该公司产品应用于头盔上的设备(用于仿真和训练),摄像头跟踪(用于电影特技),增强现实系统(用于装配)等。

图 2-3-12　InterSense IS1200

　　InterSense IS1200(图 2-3-12)为机动或自主跟踪提供六自由度广域、光学惯性的动作跟踪系统,适用于虚拟现实仿真与训练、增强虚拟现实系统,以及遥控航行等领域。IS1200 动作跟踪系统采用 USB 或 RS-232 接口,在安装 InterSense SensorFusion Server 软件后,支持 Windows 操作系统,同时该动作跟踪系统还带有 Windows 配置 & 测试软件,用于输出跟踪基准信息及设置跟踪环境。

2.4　虚拟世界生成设备

　　在虚拟现实系统中,计算机是虚拟世界的主要生成设备,所以有人称计算机为“虚拟现实引擎”,它首先创建出虚拟世界的场景,同时还必须实时响应用户的各种模态方式的输入。计算机的性能在很大程度上决定了虚拟现实系统的性能,虚拟世界本身的复杂性及实时性计算的要求使虚拟环境所需的计算量极为巨大,这对计算机的配置提出了极高的要求。

　　通常虚拟世界生成设备主要分为基于高性能个人计算机的虚拟现实系统、基于高性能图形工作站的虚拟现实系统、高度并行的计算机系统和基于分布式计算机的虚拟现实系统四大类。基于高性能个人计算机的虚拟现实系统主要采用普通计算机配置图形加速卡,通常用于初级虚拟现实系统;基于高性能图形工作站的虚拟现实系统一般配备有 SUN 或 SGI 公司的可视化工作站;高度并行的计算机系统采用高性能并行体系;而基于分布式计算机的虚拟现实系统则采用网络连接的分布式结构计算机系统。

虚拟世界生成设备的主要功能包括以下几方面。

① 视觉通道信号生成与显示

在虚拟现实系统中生成显示所需的三维立体、高真实感复杂场景,并能根据视点的变化进行实时绘制与显示。

② 听觉通道信号生成与显示

该功能支持三维真实感声音的生成与播放。所谓三维真实感声音是具有动态方位感、距离感和三维空间效应的声音。

③ 触觉与力觉通道信号与显示

在虚拟现实系统中,若要实现人与虚拟世界之间的自然交互,就必须要求该系统支持实时人机交互操作、三维空间定位、碰撞检测、语音识别以及人机实时对话功能。

由于听觉通道的显示对计算机要求不是很高,触觉与味觉通道的显示还处于研究阶段,应用还不多。现有的虚拟现实系统还处于初级阶段,其中让人感觉"看起来像真的"是目前最主要的特征,虚拟现实计算机系统主要要考虑视觉通道的要求。所以目前要求计算机必须具有高速的 CPU 和强有力的图形处理能力。为了达到上述功能,对虚拟世界生成设备也提出了一些要求。

① 帧频和延迟时间

VR 要求高速的帧频和快速响应,这是由其内在的交互性质决定的。帧频是指新场景更新旧场景的时间,当达到每秒 20 帧以上时就产生连续运动的幻觉。帧频大致分为图形帧频、计算帧频、数据存取帧频。为了维持在 VR 中的临场和沉浸感,图形帧频是最关键的。试验表明,图形帧频应尽可能高,低于每秒 10 帧的帧频将严重降低临场的幻觉。如果图形显示依靠计算和数据存取,则计算和数据存取帧频必须为 8~10 帧/秒,以维持用户的视觉残留。

虚拟现实系统要求实现实时性交互。如果响应时间(滞后时间、延迟时间)过长,则会严重降低用户的沉浸性,甚至会使人体产生不适,严重时还会使人头晕呕吐。延迟时间从用户的动作开始(如用户转动头部),经过三维空间跟踪器感知用户位置,把这个信号传送给计算机,计算机计算新的显示场景,把新的场景传送给视觉显示设备,直到视觉显示设备显示出新的场景为止。延迟在计算机系统中产生的原因有很多,如计算时间、数据存取时间、绘制时间以及外部的输入与输出设备数据处理时间。延迟的来源包括数据存取、计算、图形。虽然延迟与帧频有关,但它们不同。系统可能有高帧频,但也会有较大的延迟时间,显示的图像和提供的计算结果是几帧以前的。

② 计算能力和场景复杂性

虚拟现实技术中的图形显示是一种时间受限的计算。这是因为显示的帧频必须符合人的要求,至少要大于 10 帧/秒。于是,在 0.1 s 内必须完成一次场景计算。若显示的场景中有 10 000 个三角形(或多边形)反映了场景复杂性,那么在每秒进行的 10 次计算中,就应该计算 100 000 个三角形(或多边形),这表示了计算能力。

在算法方面,虚拟世界若要达到更加逼真的仿真效果,就增加场景复杂性。显示的场景中有更多的三角形(或多边形),显示的效果就更逼真。这就要求更强的计算能力,即每秒计算更多的三角形(或多边形)。反之,如果只能使用能力有限的指定的计算机,则限定了计算能力,也就限定了场景复杂性。每个场景,只能用较少的三角形(或多边形),这样就造成了较粗糙的显示。于是就要考虑计算能力和场景复杂性的折中,特别是在网络上进行传输时。

2.4.1 基于 PC 的 VR 系统

Grimsdale 指出,虚拟现实技术若要让一般公众接受,那么就要通过"发展现有技术",而不是"革命"。发展意味着升级现有的计算系统,产生虚拟现实系统所要求的新功能。当前最大的计算系统就是由遍布全世界的几千万台 PC 组成的系统。利用 PC 平台的优点在于价格低,容易普及与发展。

对基于 PC 环境的虚拟现实系统来说,一方面计算机 CPU 和三维图形卡的处理速度在不断提高,系统的结构也在发展以突破各种瓶颈;另一方面可以借鉴大型 UNIX 图形工作站的并行处理技术,即通过多块 CPU 和多块三维图形卡,将三维处理任务分派到不同的 CPU 和图形卡,可以将系统的性能成倍地提高。

图 2-4-1 所示为基于 PC 的虚拟现实系统。在这个系统中,其核心部分是计算机内部的图形加速卡。

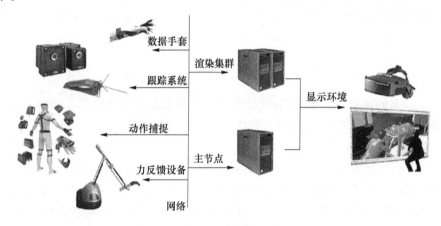

图 2-4-1 基于 PC 的虚拟现实系统

图形加速卡也叫显示卡(以下简称显卡),现阶段主要有 NVIDIA 和 AMD 两个品牌,在价值相同的情况下,它们的显卡产品在消费市场的表现都相差不大,NVIDIA 系列卡主要有低功耗、驱动成熟、产品线完善(低、中、高端产品型号全)等优势,而 AMD 系列卡主要有性价比高、运算能力强等优势。下面介绍 NVIDIA GeForce RTX 2070Ti 和 AMD Radeon Ⅶ 显卡(图 2-4-2)。

(1) NVIDIA GeForce RTX 2070Ti

其核心频率是 1 410～1 710 MHz,采用全新的 TU106 核心,基于 12 nm 工艺制程,晶体管数量有 108 亿个,比上代的 GTX 1070Ti 的 72 亿个多了 50%。CUDA(由 NVIDIA 推出的通用并行计算架构)流处理器的数量提升为 2 304 个,比上代的 1 920 个多了 20%,这意味着将来的光线追踪游戏很可能还有细分的光线追踪效果选项,例如高、中、低效果,显存容量也升级成 GDDR6,GDDR6 的频率和带宽更高。

此显卡的 DVI 接口可以连接相对低端的显示器,而 Type-C 接口因为有良好的供电与信号传输功能,是专为下一代的 VR 头显而设的,因此有了它用户只要接一根电缆即可玩 VR,较适合 VR 用户,其性能满足 VR 头显所需的标准(90 Hz 刷新速度)。

图 2-4-2　GeForce RTX 2070Ti 及 AMD Radeon Ⅶ

（2）AMD Radeon Ⅶ

在 2019 年的国际消费类电子产品展览会上，AMD 发布了全球首张 7 nm 制程的游戏显卡 Radeon Ⅶ，直指其竞争对手 RTX 2080。

Radeon Ⅶ 对比上一代旗舰显卡还是有不少亮点的，最引人注目的地方有两处，一是显卡核心采用了台积电公司出品的 7 nm 工艺，二是显卡采用了多达 16 GB 的 HBM2 显存。

在流处理器方面，Radeon Ⅶ 使用的并非完整的 VEGA 20 核心，NCU 也削减至 60 组，流处理器有 3 840 个，比 RX VEGA 64 更少。

2.4.2　基于图形工作站的 VR 系统

在当前计算机应用中，规模仅次于 PC 的计算系统是工作站。与 PC 相比，工作站有更强的计算能力、更大的磁盘空间和更快的通信方式。于是，有一些公司在其工作站上开发了某些虚拟现实功能。

1. 联想 ThinkStation P520c

ThinkStation P520c 工作站（图 2-4-3）整体采用黑色塔式机箱设计，稳重而不失时尚。前面板划分为上下两个部分：上半部分为电源、光驱、USB、耳机等扩展接口，下半部分为蜂巢状进风口和"ThinkStation"标志，独特的蜂窝设计和银色品牌标志为 P520c 奠定了不凡的品质基础。

在硬件上，联想 ThinkStation P520c 工作站配备 W2123 处理器，四核八线程，并配备每秒 2 666 兆次的 DDR4 内存，显卡方面则采用 NVIDIA 8 GB Quadro P600 专业系列。

2. 移动图形工作站 HP ZBook G3 系列

HP ZBook G3（图 2-4-4）系列定位为工作站或绘图路线，该系列包含两款产品，分别为 ZBook 15 和 ZBook 17 G3，该系列一般都会采用较为厚重的设计，优势就是保留足够大的内部空间，增强移动工作站的性能和扩充性。劣势就是重量与体积较大，携带时会较为费力，但是消费者可依需求不同来做选择。ZBook 17 G3 的尺寸为（420×280×30）mm，基本重量为 3 千克起。可选配 Intel Xeon 系列的 CPU，配合稳定高速的 ECC DDR4 内存，可以发挥强劲的性能。除了性能，HP ZBook 17 G3 搭载了一块 4K 高清分辨率面板，可以对色泽进行高度还原。

图 2-4-3　联想 ThinkStation P520c 工作站　　　　图 2-4-4　HP ZBook G3 系列工作站

3. SGI 公司的 Silicon Graphics Tezro 可视化工作站

美国硅图公司(SGI)成立于 1982 年,是一个生产高性能计算机系统的跨国公司,总部设在美国加利福尼亚州旧金山硅谷。

该公司旗下的 Silicon Graphics Tezro 可视化工作站不仅有强大的性能,还拥有各种强大的实用功能。其强大的功能来自先进的 SGI 3000 系列超级计算机高带宽架构的 MIPS® 处理器,在一台 Tezro 中最高可配置 4 个这样的处理器。同时 Tezro 可以插最多 7 个 PCI-X 插槽的设备,内置 DVD-ROM 和外置 DVD-RAM 选项,支持高分辨率,立体图像选项,双通道和双头显示选项,先进的纹理操作,硬件加速阴影绘制,96 位硬件加速累加缓冲器。在这样的配置加持下,Tezro 工作站就可以在台式机上提供业界最领先的可视化技术,如图 2-4-5 所示。

4. 苹果 Mac Pro 工作站

Mac Pro 专为对中央处理器性能有着极高要求的专业用户设计。无论是后期制作渲染,演奏数百种虚拟乐器,还是模拟多部设备来运行一款 iOS App,它都处理得游刃有余。系统的核心是一款 Intel Xeon 处理器,最高可达 28 核,而这也是 Mac 历来之最。此外,它还配备了大型二级缓存和共享三级缓存,并拥有 64 条 PCI Express 通道,提供了极高的处理器数据传输带宽。

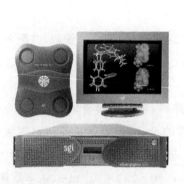

图 2-4-5　Silicon Graphics Tezro 可视化工作站　　　　图 2-4-6　Mac Pro

Mac Pro 配有六通道的高速 ECC 内存和 12 个实体 DIMM 插槽,内存最高可扩充至 1.5 TB,因此专业用户能迅速流畅地进行各种工作,如处理大型项目、分析庞大数据集或运行多个专业应用程序等。一般的塔式主机将内存条塞在很难接触到的位置,而 Mac Pro 采用了双面主板,使接触和操作变得非常容易。

对很多专业人士来说,高性能的图形处理架构对他们的工作至关重要,特别是在制作动画三维影片素材、合成 8K 场景、构建栩栩如生的游戏环境的时候。要为他们提供极强大的性能,将图形处理能力提升至新的高度,进行突破就势在必行。于是,Mac Pro 扩展模块——MPX 模块应运而生。

安装了 Radeon Pro Vega Ⅱ MPX 模块的 Mac Pro 提供最高达每秒 14 万亿次浮点运算能力、32 GB 显存及 1 TB/s 的显存带宽,性能极佳。如用户有更高需求,还可将两个 Radeon Pro Vega Ⅱ 图形处理器组合,创建 Vega Ⅱ Duo,拥有双倍的图形处理性能、显存和显存带宽。两个图形处理器通过 Infinity Fabric Link 连接,相互之间能以最快达 5 倍的速度进行数据传输,这对很多专为多图形处理器进行优化的 App 有着重大意义。

2.4.3　基于分布式计算机的 VR 系统

在虚拟现实系统中,有些现象如流体分析、风洞流体、复杂机械变形等,涉及复杂的物理建模与求解,因此数据量十分巨大,需要有超级计算机计算出场景数据结果,再通过网络发送到显示它们的图形"前端"工作站去进行显示。

超级计算机又称巨型机,属于分布式的计算机系统,是计算机中功能最强、运算速度最快、存储容量最大和价格最贵的一类计算机。超级计算机多用于国家高科技领域和国防尖端技术研究,如核武器设计、核爆炸模拟、反导弹武器系统、空间技术、空气动力学、大范围气象预报、石油地质勘探等。其中具有代表性的产品有美国 Cray 公司于 1987 年研制的 Cray-3,其计算速度可达每秒几十亿次;IBM 公司于 1998 年开发的被称为"蓝色太平洋"的超级计算机,每秒能进行 3.9 万亿次浮点运算;日本于 2002 年研制的超级计算机"地球模拟器",其运算速度高达每秒 40 万亿次。

在 2020 年 6 月 23 日最新发布的世界超级计算机 TOP500 排名中,日本超级计算机 Fugaku(富岳)以每秒 23 047 的峰值速度,超越美国"Summit(顶点)"计算机,夺取第一名的宝座。排名第二的是 Summit(美国),它有 4 356 个节点,每个节点都配有 2 个 22 核 Power9 处理器和 6 个英伟达 Tesla V100 处理器。位居第三的是 Sierra(美国),在其 4 320 个节点中每个节点都配备了两个 Power9 CPU 和 4 个英伟达 Tesla V100 处理器。排名第四的 Sunway TaihuLight(神威·太湖之光)是由中国国家并行计算机工程技术研究中心(NRCPC)开发的系统,如图 2-4-7 所示。第五名是 Tianhe-2A(天河二号),这是中国国防科技大学(NUDT)开发的系统。它部署在中国广州的国家超级计算中心。

在硬件结构方面,超级计算机的机身庞大。例如"ASCI 紫色"计算机重 197 吨,体积相当于 200 个电冰箱的大小;里面有 250 多千米长的光纤和铜制的电缆,具有超强的存储功能。微处理器也不止一个,单个芯片的速度远远达不到超级计算机的运算速度,超级计算机的运算速度是通过联合使用大量芯片而创造的。有些超级计算机是由一大批个人计算机组成的计算机群。如"白色"超级计算机使用了 8 000 多个处理器,协同动作。而 NEC 公司研制的"地球模拟器"采用了常见的平行架构,使用了 5 000 多个处理器。"蓝色基因"将使用 13 万个 IBM 最先进的 Power5 微处理器。"ASCI 紫色"计算机使用大约 12 000 个 IBM 新型芯片。上海超级计算中心研制的"曙光 4000A",采用了美国芯片制造商 AMD 制造的 2 560 枚 Opteron 芯片,运算速度可达每秒 8.061 万亿次。

图 2-4-7　神威·太湖之光超级计算机

2.4.4　三维建模设备

1. 三维扫描仪

三维扫描仪(3Dimensional Scanner)又称三维数字化仪,是一种较为先进的三维模型建立设备,它是当前使用的对实际物体三维建模的重要工具,能快速方便地将真实世界的立体彩色的物体信息转换为计算机能直接处理的数字信号,为实物数字化提供了有效的手段。

它与传统的平面扫描仪、摄像机、图形采集卡相比有很大不同。首先,其扫描对象不是平面图案,而是立体的实物。其次,通过扫描,可以获得物体表面每个采样点的三维空间坐标,彩色扫描还可以获得每个采样点的色彩。某些扫描设备甚至可以获得物体内部的结构数据。而摄像机只能拍摄物体的某一个侧面,且会丢失大量的深度信息。最后,它输出的不是二维图像,而是包含物体表面每个采样点的三维空间坐标和色彩的数字模型文件。这可以直接用于CAD 或三维动画。三维彩色扫描仪还可以输出物体表面色彩纹理贴图。

常见的三维信息获取方法有以下几种。

(1)机械接触原理

早期常用于三维测量的是坐标测量机。现在它仍是工厂的标准立体测量装备。它将一个探针装在三自由度(或更多自由度)的伺服机构上,驱动探针沿三个方向移动。当探针接触物体表面时,测量其在三个方向的移动,就可知道物体表面这一点的三维坐标。控制探针在物体表面移动和触碰,可以完成整个表面的三维测量。其优点是测量精度高,不受表面反射特性影响。其缺点包括价格昂贵、成本高;与被扫描物体是接触式,扫描速度慢;物体形状复杂时操作控制复杂,只能扫描到物体外表面的形状,而无色彩信息。

机械测量臂借用了坐标测量机的接触探针原理,把驱动伺服机构改为可精确定位的多关节随动式机械臂,由人牵引装有探针的机械臂在物体表面滑动扫描。利用机械臂关节上的角度传感器的测量值,可以计算探针的三维坐标。因为人的牵引使其速度比坐标测量机快,而且结构简单,成本低,灵活性好。但是利用机械接触原理的三维扫描仪的速度要低于光学三维扫描仪,也没有色彩信息。

(2)雷达原理

人们通过雷达工作原理,发展了利用激光或超声波等媒介代替探针的方法来进行深度测量,这就是激光或超声波测距器。测距器向被测物体表面发出信号,依据信号的反射返回的时间或相位变化,推算物体表面的空间位置,称为"飞点法"或"图像雷达"。不少公司开发了用于大尺度测距的产品(如用于战场和工地)。小尺度测距的困难在于对信号和时间的精确测量。Leica 和 Acuity 推出了采用激光或红外线的测距器。由于雷达原理测距器采用无接触式,受遮挡的影响较小。但其要求测量的精度高,而且扫描速度慢,易受物体表面反射特性的影响。

(3) 计算机视觉原理

基于计算机视觉原理提出了多种三维信息获取原理,包括单目视觉法、立体视觉法、从轮廓恢复形状法、从运动恢复形状法、结构光法、编码光法等。这些方法可以分为被动式和主动式两大类,而且这两类已成为目前多数三维扫描设备的基础,但它们也存在着缺陷,即光学扫描的装置比较复杂,价格偏高,存在不可视区,也受物体表面反射特性的影响。

在工业、医学领域中采用的 CT 则可以测量物体内腔尺寸。它以高剂量 X 射线对零件内部进行分层扫描,不会破坏被扫描物体。它的缺点是精度不高,价格昂贵,对物体材料有限制,且存在放射性危害。美国 CGI 公司生产的自动断层扫描仪可以克服这些缺点,它获得的内部信息精度高,但速度慢,并要求对被测物体进行破坏。

2018 年 10 月,先临三维公司宣布"EinScan 系列"新增成员手持式三维扫描仪新品 EinScan Pro 2X。这是先临三维汇聚其最新 3D 数字技术成果以及对用户需求深刻分析的倾力之作,将为用户带来全面升级的手持 3D 扫描体验,让高品质 3D 模型的获取更加简单高效。

EinScan Pro 2X 的主要特点如下。

- 数据质量好:优化的算法支持,保证高质量、高精细度的 3D 数据输出;手持快速模式下,通过可变细节,先快速扫描获取原始 3D 数据,后期处理时再选择需要的数据细节设置,在快速扫描的前提下保证数据质量。
- 扫描速度快:新一代视觉采集器件,数据采集达到每秒 30 帧,手持快速模式下每秒可获取 1 500 000 点。采用 USB 3.0 相机接口,实现更高速、更稳定的数据采集和传输。
- 细节精度高:3D 数据点云最小点距设置达到 0.2 mm,高细节展现物体立体形态。手持精细模式下,扫描精度最高可达 0.05 mm;手持快速模式下,扫描精度最高可达 0.1 mm。利用标志点拼接定位,体积精度可达 0.3 mm/m。
- 色彩高保真:可通过扩展纹理模块快速获取物体表面鲜艳彩色信息,真实还原实物立体视觉外观。
- 用户体验佳、轻便易用:用户友好的 UI 设计,引导式流程,无须专业经验也能轻松理解,让操作变得舒适简单。独具匠心的包装设计,如笔记本计算机般轻松携带,即插即用,"移动办公"无负担;轻巧的设备配合体贴的防滑设计,满足长时间手持操作的需求,小巧的设备尺寸,应对在更多工作空间中的灵活作业。
- 双"模"可选:两种手持模式,根据扫描任务的需要,可选择侧重于精度或效率的模式,兼具特征拼接与标志点拼接,满足多样化的 3D 建模需求。
- 安全光源:使用 LED 光源,不含激光,不伤人眼。

其他类型的三维扫描仪产品包括美国法如 Focus3D、天远三维 FreeScan X3、新拓三维 RDS BodyScan-WH 三维极速全身人体扫描系统、中科广电 HandySCAN 700、立体易 SCAN-1X。

图 2-4-8 所示为三维扫描仪的使用过程及其在计算机上输出的效果图,三维扫描仪可输出很多标准格式,特别适合于建立一些不规则三维物体模型的情况,如人体器官和骨骼模型、出土文物、三维数字模型等,在医疗、动植物研究、文物保护、模具制造、珠宝设计、快速制造、特技制作等虚拟现实应用领域有广阔的应用前景。

图 2-4-8　三维扫描仪的使用及效果图

除了专业的建模设备,使用摄像机等摄影设备进行拍摄然后通过图片处理软件处理成模型,也利用了计算机的视觉原理。如图 2-4-9 所示,在要进行建模的实体周围摆满摄像机,然后通过自动化设备进行拍摄捕获,再通过专业软件进行模型合成。

图 2-4-9　拍摄建模

2. 运动捕捉系统

以往的建模方式一般采用 3D MAX 或 Maya 建模工具实现,其制作周期长,实现难度大。如在模型制作中需要对虚拟人物的动作一帧一帧地制作,传统方式只能采取原始的手工方式,在软件中一帧一帧地去调整人物的骨骼数据,同时由于调整骨骼动作对技术人员的要求很高,很难在短时间里做出满意的结果,动作常常古怪变形,所以大量的时间都耗费在了骨骼动作的调整上,这直接造成了所有涉及骨骼动作的作品进度严重缓慢的结果,影响了制作的进度周期。

对人类来说,表情和动作是情绪、愿望的重要表达形式,运动捕捉技术完成了将表情和动作数字化的工作,提供了新的人机交互手段,比传统的键盘、鼠标更直接方便,不仅可以实现"三维鼠标"和"手势识别",还使操作者能以自然的动作和表情直接控制计算机。这些工作对虚拟现实系统是必不可少的,这也正是运动捕捉技术的研究内容。

运动捕捉系统是一种用于准确测量运动物体在三维空间运动状况的高技术设备,它基于计算机图形学原理,通过排布在空间中的数个视频捕捉设备将运动物体(跟踪器)的运动状况以图像的形式记录下来,然后使用计算机对该图像数据进行处理,得到不同时间计量单位上不同物体(跟踪器)的空间坐标。

运动捕捉的原理就是把真实人的动作完全附加到一个三维模型或者角色动画上。表演者穿着特制的表演服,关节部位绑上闪光小球,如肩膀、肘弯和手腕三点各有一个小球,反映出手臂的运动轨迹,如图 2-4-10 所示。在运动捕捉系统中,通常并不要求捕捉表演者身上每个点的动作,而只需要捕捉若干个关键点的运动轨迹,再根据造型中各部分的物理、生理约束就可以合成最终的运动画面。

图 2-4-10　运动捕捉系统

用于动画制作的运动捕捉技术的出现可以追溯到 20 世纪 70 年代,迪士尼公司曾试图通过捕捉演员的动作以改进动画制作效果。之后从 20 世纪 80 年代开始,美国 Biomechanics 实验室、西蒙弗雷泽大学、麻省理工学院等开展了计算机人体运动捕捉的研究。由此,运动捕捉技术吸引了越来越多的研究人员和开发商的目光,并从试用性研究逐步走向了实用化。1988年,SGI 公司开发了可捕捉人头部运动和表情的系统。随着计算机软硬件技术的飞速发展和动画制作要求的提高,目前在发达国家,运动捕捉已经进入实用化阶段,其应用领域也远远超出了动画表演,并成功地应用于虚拟现实、游戏、人体工程学研究、模拟训练、生物力学研究等许多方面。

近几年来,在促进影视特效和动画制作发展的同时,运动捕捉技术的稳定性、操作效率以及应用弹性等得到了迅速提高,成本也有所降低。如今的运动捕捉技术可以迅速记录人体的动作,进行延时分析或多次回放。通过被捕捉的信息,简单的可以生成某一时刻人体的空间位置;复杂的则可以计算出任何面部或躯干肌肉的细微变形,然后很直观地将人体的真实动作匹配到所设计的动作角色上去。

到目前为止,常用的运动捕捉技术从原理上可分为光学式、机械式、电磁式和惯性式。从技术的角度来说,运动捕捉的实质就是要测量、跟踪、记录物体在三维空间中的运动轨迹。

(1) 光学式

典型的光学式运动捕捉系统通常有 6~8 个相机,环绕表演场地排列,这些相机的视野重叠区域就是表演者的动作范围。为了便于处理,通常要求表演者穿上单色的服装,在身体的关键部位,如关节、髋部、肘、腕等位置贴上一些特制的标志或发光点,称为"Marker",视觉系统只识别和处理这些标志。系统定标后,相机连续拍摄表演者的动作,并将图像序列保存下来,然后再进行分析和处理,识别其中的标志点,并计算其在每一瞬间的空间位置,进而得到其运动轨迹。从理论上说,对于空间的任意一个点,只要它能同时被两台摄像机拍摄,则根据同一瞬间两相机所拍摄的图像和相机参数,即可确定此时该点的空间位置。当相机以足够高的速率连续拍摄时,从图像序列中就可以得到该点的运动轨迹。

光学式运动捕捉主要分为两类:主动式运动捕捉技术和被动式运动捕捉技术。它们的工作原理都是一样的,不同之处在于:被动式运动捕捉系统使用的跟踪器是一些特制的小球,在小球的表面涂了一层反光能力很强的物质,在摄像机的捕捉状态下,它会显得格外明亮,使摄像机很容易捕捉到它的运动轨迹。但主动式运动捕捉系统所采用的跟踪点是本身可以发光的二极管,它无须辅助发光设施,但需要能源供给。

光学式运动捕捉技术的优点是精度高、系统功能强健,与相关生物力学产品配合使用度高,表演者活动范围大,无电缆、机械装置的限制,使用方便。采样速率较高,可以满足多数科研应用或体育运动测量的需要。Marker 数量可根据实际需求购置增添,便于系统扩充。

光学式运动捕捉系统价格昂贵,它可以捕捉实时运动,但后处理(包括 Marker 的识别、跟踪、空间坐标的计算)时间相对较长,比较适合科研类相关应用。

基于类似的原理,还有多种类型的光学式运动捕捉设备,例如,根据目标的侧影来提取其运动信息,或者利用有网格的背景简化处理过程。目前正在进一步研究不依靠 Marker,而应用图像识别、分析技术,由视觉系统直接识别表演者身体关键部位并测量其运动轨迹的技术。

(2)机械式

机械式运动捕捉系统依靠机械装置来跟踪和测量运动,典型的系统由多个关节和刚性连杆组成。在可转动的关节中装有角度传感器,可以测得关节转动角度的变化。装置运动时,根据角度传感器的数据和连杆的长度,可以得出某点在空间的运动轨迹。实际上,装置上任何一点的运动轨迹都可以求出。刚性连杆也可以换成长度可变的伸缩杆,用位移传感器测量其长度的变化。

机械式运动捕捉的一种应用形式是将欲捕捉的运动物体与机械结构相连,物体运动带动机械装置运动,从而被传感器记录下来。另一种形式是用带角度传感器的关节和连杆构成一个"可调姿态的数字模型",其形状可以模拟人体,也可以模拟其他动物、物体。使用者根据剧情的需要,调整模型的姿势,然后锁定。关节的转动被角度传感器测量记录,依据这些角度和模型的机械尺寸,计算出模型的姿态。这些姿态数据传给动画软件,使其中的角色模型也做出一样的姿势。

机械式运动捕捉技术较为原始,国外给机械式运动捕捉装置起了个非常形象的名字:"猴子"。但早期的"猴子"较难用于连续动作的实时捕捉,需要操作者不断根据剧情要求,调整"猴子"的姿势,很麻烦,因此它主要用于静态造型捕捉和关键帧的确定。

现代的机械式运动捕捉技术则不必再去调整模型的姿态,而是可以实时采集人体的运动数据,只需利用一套外骨骼系统将角度传感器固定在表演者的身上,就可以进行人体的动作数据采集。

机械式运动捕捉技术的优点是成本低,它的花费可能只是光学式运动捕捉系统的 1/4,电磁式运动捕捉系统的 1/2。装置定标简单,精度也较高。可以很容易地做到实时数据捕捉,还可以容许多个角色同时表演。

其缺点主要是由于机械设备有尺寸大以及重量大等问题,使用起来非常不方便。机械结构对表演者的动作阻碍、限制很大,表演者很多激烈的动作都无法完成。机械捕捉设备使用目的单一,若用于捕捉表演者身体动作的系统,就不能同时捕捉表演者使用的道具。

(3) 电磁式

电磁式运动捕捉系统一般由三个部分组成,即发射源、接收传感器和数据处理单元。发射源在空间产生按一定时空规律分布的电磁场;接收传感器(通常有 10～20 个)安置在表演者身体的关键位置,传感器通过电缆与数据处理单元相连。表演者在电磁场内表演时,接收传感器也随之运动,并将接收到的信号通过电缆传送给数据处理单元,根据这些信号可以解算出每个传感器的空间位置和方向。

该技术的优点首先在于它记录的是六维信息,即不仅能得到空间位置,还能得到方向信息。其次是速度快、实时性好。使用时,随着表演者的表演,动画系统中的角色模型可以同时反应,便于排演、调整和修改。装置的定标比较简单,技术较成熟,成本相对低廉。可以完成地面滚动或跌倒等动作。

其缺点是对环境要求严格,在表演场地附近不能有金属物品,否则会造成电磁场畸变,影响精度。该系统允许的表演范围比光学式要小,特别是电缆对表演者的活动限制比较大,不适用于比较剧烈的表演。这类系统的采样速率一般为每秒 15～120 次(取决于模型和传感器的数量),为了消除抖动和干扰,采样速率一般在 15 Hz 以下,对于一些高速运动的捕捉,如体育运动,采样速率不能满足要求。

(4) 惯性式

惯性式运动捕捉系统的工作原理是在运动物体的重要节点佩戴集成加速计、陀螺仪和磁力计等惯性传感器设备,传感器设备捕捉目标物体的运动数据,包括身体部位的姿态、方位等信息,再将这些数据通过数据传输设备传输到数据处理设备中,经过数据修正、处理后,最终建立起三维模型,并使三维模型随着运动物体真正、自然地运动起来。经过处理后的运动捕捉数据,可以应用在动画制作、步态分析、生物力学、人机工程等领域。

惯性式运动捕捉系统主要有以下优点。

① 惯性式运动捕捉系统采集到的信号量少,便于实时完成姿态跟踪任务,解算得到的姿态信息范围大、灵敏度高、动态性能好;对捕捉环境适应性高,不受光照、背景等外界环境干扰,并且克服了光学运动捕捉系统摄像机监测区域受限的缺点;克服了 VR 设备常有的遮挡问题,可以准确实时地还原如下蹲、拥抱、扭打等动作。此外,惯性式运动捕捉系统还可以实现多目标捕捉。

② 使用方便,设备小巧轻便,便于佩戴。

③ 比光学式运动捕捉系统成本低廉,使其不但可以应用于影视、游戏等行业,也有利于推动 VR 设备更快地走进大众生活。

目前国际上最富代表性的产品是荷兰 Xsens 公司研发的 Xsens MVN 惯性式运动捕捉系统以及美国 Innalabs 公司研发的 3DSuit 惯性式运动捕捉系统。图 2-4-11 所示是 Xsens 公司的 MTI 10 惯性位置追踪器,该追踪器是实现惯性捕捉的关键设备,搭配相应的接收设备和软件,便可以直接实现动作捕捉。

图 2-4-11　MTI 10 惯性位置追踪器

习　　题

1. 虚拟现实系统中,主要的硬件设备有哪几类？它们分别有什么作用？
2. 基于手的输入设备主要有哪些？简述其工作原理。
3. 立体显示设备有哪些？各有什么特点？
4. 虚拟世界生成设备所起的作用是什么？与虚拟现实系统其他部分之间是什么关系？
5. 听觉显示设备有哪些？各有什么特点？
6. 常见虚拟现实系统的生成设备有哪些？
7. 通过 Internet 查找目前全球超级计算机的发展状况。

第3章　虚拟现实系统的相关技术

学习目标

1. 了解环境建模技术及实现方法
2. 了解实时三维绘制技术
3. 了解三维声音系统的处理技术
4. 了解自然交互与反馈技术
5. 了解碰撞检测技术

虚拟现实系统的目标是由计算机生成虚拟世界,用户可以与虚拟世界进行视觉、听觉、触觉、嗅觉、味觉等多模态的交互,并且虚拟现实系统能给予实时响应。要实现这个目标,除了需要有一些特殊的输入/输出硬件设备外,还必须有较多的相关技术及软件加以保证,特别是在现阶段计算机的运行速度还达不到虚拟现实系统所需的要求的情况下,相关技术就显得更加重要。例如,要生成一个三维场景,并且能使场景图像随人的视角不同而实时地显示变化,只有相关的设备是远远不够的,还必须有相应的压缩算法等技术理论支持。也就是说,虚拟现实的实现除了需要功能强大的、特殊的硬件设备支持外,对相关的软件和技术也提出了很高的要求。

3.1　立体显示技术

人类从客观世界获得的信息的 80% 以上来自视觉,视觉信息的获取是人类感知外部世界、获取信息的最主要的感知通道,这也就使得视觉通道成为多感知的虚拟现实系统中最重要的环节。在视觉显示技术中,立体显示技术的实现是较为复杂与关键的,因此立体显示技术也就成为虚拟现实的一种极重要的支撑技术。

计算机从 20 世纪 40 年代发明以来,采用的是单色 CRT 显示器,它表现的是一个黑白的二维世界,并且以文本与字符为主要显示对象。在 20 世纪 60 年代,受到计算机硬件水平的限制,计算机的成像技术一直没有太大的发展,虽然在 20 世纪 70 年代,中大规模集成电路的发展在一定程度上促进了计算机成像技术的发展,但一直没有质的变化。直到 20 世纪 80 年代,显示卡终于告别了单色时代，经过彩色图形适配器（CGA）（在分辨率为 320×200 下达到 8 色），至增强图形适配器（EGA）（在分辨率为 640×350 下达到 16 色），再到视频图形适配器（VGA）（在分辨率为 640×480 下可达 256 色以上）、高级视频图形阵列（SVGA）（在分辨率为 800×600 下可达 1 600 万色）的持续发展，其分辨率、色彩数以及刷新频率都有了很大的提高。但高级的图像显示系统的刷新速度也只有每秒 20～30 帧。到 20 世纪 90 年代之后，硬件技术的高速发展，Windows 等图形化软件的应用，计算机的图形处理能力随之大幅度提高。

与此同时，图形生成技术也在迅速发展，几何造型从以多边形和边框图构成三维物体发展为实体造型、曲面造型和自由形态造型；图形显示从线形图、实心图发展为真实感图（伪立体图），在此过程中产生了各种图形生成算法，如光线跟踪算法、纹理技术、辐射度算法等。真实感加实时性，使数字化虚拟的立体显示成为可能。

在虚拟现实技术中，实现立体显示是最基本的技术之一。早在虚拟现实技术研究的初期，计算机图形学的先驱 Ivan Sutherland 就在其 The Sword of Damocles 系统中实现了三维立体显示，用人眼观察到了空中悬浮的框子，这项研究极为引人注目。现在流行的虚拟现实系统都支持立体眼镜或头盔显示器。

根据前面的相关知识，我们知道由于人眼一左一右，有大约 6～8 cm 的距离，因此左右眼各自处在不同的位置，所得的画面有细微的差异。正是这种视差，人的大脑能将两眼得到的细微差别的图像进行融合，从而在大脑中产生有空间感的立体物体。在一般的二维图片中，保存了的三维信息，通过图像的灰度变化来反映，这种方法只能产生部分深度信息的恢复，而我们所指的立体图是通过让左右双眼接收不同的图像，从而真正地恢复三维信息。立体图产生的基本过程是对同一场景分别产生两个相应于左右双眼的不同图像，让它们之间具有一定的视差，从而保存了深度立体信息。在观察时借助立体眼镜等设备，使左右两眼只能看到与之相应的图像，视线相交于三维空间中的一点上，从而恢复出三维深度信息。

3.1.1　彩色眼镜法

要实现美国科学家 Ivan Sutherland 在《终极显示》（"The Ultimate Display"）中所设想的真实感，首先就必须实现立体的显示，给人以高度的视觉沉浸感，现在已有多种方法与手段来进行实现。

戴红绿滤色片眼镜看立体电影就是最简单的一种，这种方法被称为彩色眼镜法。其原理是在进行电影拍摄时，先模拟人的双眼位置，从左右两个视角拍摄出两个影像，然后分别以滤光片（通常为红、绿滤光片为多）投影重叠印到同一画面上，制成一条电影胶片。在放映时观众需戴一个一片为红色，另一片为绿色的眼镜。利用红色或绿色滤光片能阻挡其他色的光线，而只能让相同颜色的光线透过的特点，使不同的光波波长通过红色镜片使人只能看到红色影像，通过绿色镜片使人只能看到绿色影像，实现立体电影效果。如果不戴红绿滤色片眼镜看的立体电影是有红绿图像较低叠加的重影效果。这种技术在美国 20 世纪 50 年代的立体电影应用较常见，如图 3-1-1 所示。

彩色眼镜法所使用的技术，称为分色技术。分色技术的基本原理是让某些颜色的光只进入左眼，另一部分只进入右眼。人眼中的感光细胞共有 4 种，其中数量最多的是感觉亮度的细胞，另外 3 种用于感知颜色，分别可以感知红、绿、蓝 3 种波长的光，感知其他颜色是根据这 3 种颜色推理出来的，因此红、绿、蓝被称为光的三原色。要注意这和美术上讲的红、黄、蓝三原色是不同的，后者是颜料的调和，而前者是光的调和。

图 3-1-1　采用红绿滤色片眼镜的立体电影

显示器就是通过这三原色的组合来显示上亿种颜色的,计算机内的图像资料也大多是用三原色的方式储存的。分色技术在过滤时要把左眼画面中的蓝色、绿色去除,右眼画面中的红色去除,再将处理过的这两套画面叠合起来,但两套画面并不完全重叠,左眼画面要稍微偏左边一些,这样就完成了第一次过滤。第二次过滤是通过观众戴上的专用滤色眼镜,眼镜的左边镜片为红色,右边镜片为蓝色或绿色,由于右眼画面同时保留了蓝色和绿色的信息,因此右边的镜片不管是蓝色还是绿色结果都是一样的。

彩色眼镜法实现成本低,在早期较为常见。但是,滤光镜限制了色度,只能让观众欣赏到黑白效果的立体电影,而且观众两眼的色觉不平衡,很容易产生疲劳。

3.1.2　偏振光眼镜法

在彩色眼镜法后,又出现了偏振光眼镜法,目前应用较多。光波是一种横波,当它通过媒质时被一些媒质反射、折射及吸收后,会产生偏振现象,成为定向传播的偏振光。偏振片就是使光通过后成为偏振光的一种薄膜,它是由将能够直线排列的晶体物质(如电气石晶体、碘化硼酸奎宁晶体等)均匀加入聚氯乙烯或其他透明胶膜中,再经过定向拉伸而成的。拉伸后胶膜中的晶体物质排列整齐,形成如同光栅一样的极细窄缝,使只有振动方向与窄缝方向相同的光通过,成为偏振光。当光通过第 1 个偏振片时就形成偏振光,只有当第 2 个偏振光片与第 1 个偏振光片窄缝平行时光才能通过;当第 2 个偏振光片与第 1 个偏振光片窄缝垂直时光不能通过,如图 3-1-2 所示。

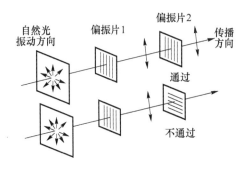

图 3-1-2　偏振光通过的基本原理图

117

偏振光眼镜法包含了光栅技术原理,该原理主要是将屏幕划分成一条条垂直方向上的栅条,栅条交错显示左眼和右眼的画面,如1、3、5…显示左眼画面,2、4、6…显示右眼画面。然后在屏幕和观众之间设一层"视差障碍",它也是由垂直方向上的栅条组成的,对于液晶这类有背光结构的显示器来说,视差障碍也可设在背光板和液晶板之间。

在立体电影放映时,两个电影放映机同时放映两个画面,画面重叠在一个屏幕上,并且在放映机镜头前分别装有两个互为90°的偏振光镜片,投影在不会破坏偏振方向的金属屏幕上,形成重叠的双影。观看时观众戴上偏振轴互为90°并与放映画面的偏振光对应的偏振光眼镜,即可把双影分开,形成一个立体效果的图像,如图3-1-3所示。

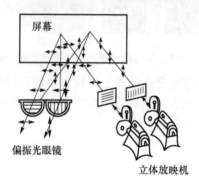

图 3-1-3　通过偏振光眼镜看立体电影示意图

3.1.3　串行式立体显示法

要显示立体图像主要有两种方法:一种是同时显示技术,即在屏幕上同时显示分别对应左右眼的两幅图像;另一种是分时显示技术,即以一定的频率交替显示两幅图像。

彩色眼镜法和偏振光眼镜法采用的是同时显示技术,如彩色眼镜法对两幅图像用不同波长的光显示,将用户的立体眼镜片分别配以不同波长的滤光片,使双眼只能看到相应的图像。这种技术在20世纪50年代曾广泛用于立体电影放映系统中,但是在现代计算机图形和可视化领域中主要是采用光栅显示器,其显示方式与显示内容是无关的,很难根据图像内容决定显示的波长,因此这种技术不适合对计算机图形的立体图绘制。

头盔显示器是一种同时显示的并行式头盔显示装置,不同的图像源分别输入左右两眼,头盔显示器对图像源的要求较高,所以一般条件下其都较为笨重。

分时显示技术将两套画面在不同的时间播放,显示器在第一次刷新时播放左眼画面,同时用专用的眼镜遮住观看者的右眼;在下一次刷新时播放右眼画面,并遮住观看者的左眼,按照上述方法将两套画面以极快的速度切换,在人眼视觉暂留特性的作用下就合成了连续的画面。目前,用于遮住左右眼的眼镜所用的材料是液晶板,因此它也被称为液晶快门眼镜。

目前较多采用的是分时的串行式立体显示技术,它以一定频率交替显示两幅图像,用户通过以相同频率同步切换的有源或无源眼镜来进行观察,使用户双眼只能看到相应的图像,其真实感较强。

串行式立体显示设备主要分为机械式、光电式两种。最初的立体显示设备是机械式的。但通过机械设备来实现"开关效应"难度相当大,很不实用。光电式的串行式设备很快诞生了,它基于液晶的光电性质,用液晶设备来作为显示"快门",这种技术已成为当前立体显示设备的主流技术。

一般液晶光阀眼镜由系统两个控制快门(液晶片)、一个同步信号光电转换器组成。其中,光电转换器负责将 CRT 依次显示左、右画面的同步信号传递给液晶眼镜,当它被转换为电信号后用以控制液晶快门的开关,从而实现了左右眼看到对应的图像,使人眼获得立体图像。

液晶光阀眼镜的开关转换频率对图像的立体效果的形成起着关键性的作用。若转换频率太低,则由于人眼所维持的图像已消失,不能得到三维图像的连续。而转换频率太高时,会出现干扰现象,即一只眼睛可以看到两幅图像,原图像较为清晰,干扰图像较模糊。这是因为液晶光阀眼镜的开关机构切换光阀的动作太慢。当显示器的图像切换时,此同步信号被光电转换器送到开关机构,开关机构又来控制光阀,图像切换和光阀切换之间有一个较大的时间延迟,因而当右图像已经被切换为左图像时,右光阀仍没有来得及完全关闭,这样就造成了右眼也看到了左眼的图像。一般来说,转换频率控制在每秒 40～60 帧为宜。

3.1.4　裸眼立体显示实现技术

近年来,美国 DTI 公司,日本三洋公司、夏普公司、东芝公司等生产出一种可以不用戴立体眼镜,而直接采用裸眼就可观看三维图像的立体液晶显示器,首次让人类摆脱了 3D 眼镜的束缚,给人们带来震撼的效果,也极大地激发了各大电子公司对 3D 液晶显示技术研发的热情,很多新的技术与产品不断出现。为了保证 3D 产品之间的兼容性,2003 年 3 月,由夏普、索尼、三洋、东芝、微软等 100 多家公司组成了一个 3D 联盟,共同开发 3D 立体显示产品。

三维立体液晶显示技术巧妙地结合了双眼的视觉差和图片三维的原理,会自动生成两幅图片,一幅给左眼看,另一幅给右眼看,使人的双眼产生视觉差异。由于左右眼观看液晶显示器的角度不同,因此不用戴上立体眼镜就可以看到立体图像。当然这种液晶显示器也可工作在二维状态下。图 3-1-4 所示为 3D 液晶显示器原理示意图。

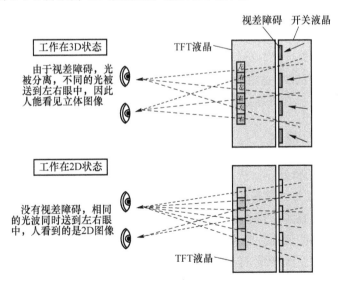

图 3-1-4　3D 液晶显示器原理示意图

美国 DTI 公司生产的 2015XLS 3D 液晶显示器,采用了一种被称为视差照明的开关液晶技术。其工作原理是,针对左眼与右眼的两幅影像,以每秒 60 张的速度产生,分别被传送到不同区域的像素区块,奇数区块代表左眼影像,偶数区块代表右眼影像。而在标准 LCD 背光板与 LCD 屏幕本体之间加入的一个 TN(扭曲向列型)上,垂直区块则会根据需要显示哪一幅影像,相应照亮奇数或偶数的区块,人的左眼只能看到左眼影像,右眼只会看到右眼影像,从而在大脑中形成一个纵深的真实世界。

日本东京大学土肥波多研究室成功地进行了一次"长视距立体成像技术"基础试验,在 B4 纸(257 mm×364 mm)大小的显示器上,立体显示的 ATRE 各字母看起来就好像分别位于显示器前 1 m 处(字母 A)、0 m 处(字母 T)、后 1 m 处(字母 R)和后 2 m 处(字母 E)。据介绍,这种立体显示技术是一种再现散射光的技术。即光线照射到物体后,就会产生散射光。而人类则通过多视点确认散射光物体位置,并产生立体感。为了能够顺利再现散射光,研究人员使用具有微型凸透镜的简单光学系统。观察者即便在离显示器 5 m 远的地方,不戴专用的液晶立体眼镜,多个人从不同的角度同时观察,物体看起来也好像触手可及。

飞利浦公司设计的 3D 液晶显示器采用双凸透镜设计,使用户的左右眼可以选择性地看到 9 个视角的影像。由于透镜与画面有一定倾角,纵、横方向的分辨率各减小至 1/3 以下,在播放电影时,可根据从影像中提取的物体的重合情况及焦点信息,对各物体的景深进行判断。这样,便可实时形成具有 9 个视角的影像。同时,也可将现有三维游戏及电影等实时转换显示为立体影像。

LG 公司设计的 3D 液晶显示器通过位于显示器上方的摄像头掌握收视者的状态,可根据收视者的头部动作来改变显示影像的位置。即使用户视线移动,也可继续显示立体影像。多人收看时,以位于中间的那个人的头部为准。

北京超多维科技有限公司是专门从事立体显示设备研发、生产与销售的高新技术企业。从 2004 年起,公司就致力于立体显示技术的研发,并且斥巨资打造 SuperD 现代成像技术研究中心。为合作伙伴提供包括裸眼立体显示设备、立体播放软件和立体视频内容在内的个性化立体显示解决方案。该公司成功研制了 SuperD HDB 系列、SuperD HDL 系列立体显示器。SuperD 系列立体显示器采用具有自主知识产权国际领先的透镜阵列技术,具有高清晰、高亮度、大视角等优异的特质。

当然,这些产品也存在着一定的缺点,典型的就是对观察者的视点有一定的要求,观察者不能从任意视角去观察。这将在以后的发展中得到解决。

3.1.5 全息显示技术

1. 全息显示技术的概念
全息显示技术是指利用特殊的技术手段记录并再现物体真实的全部三维图像信息的技术。传统的手机是二维显示。全息通过透视、阴影等效果实现立体感,个人全息可以让肉眼从任何角度观看影像的不同侧面。全息与 3D 电影都是三维显示,不同的是全息是空中显示,可以通过肉眼看到逼真的三维影像,不像 3D 电影需要借助专用眼镜。全息是动态的真三维,它也不同于裸眼 3D 显示技术,裸眼 3D 显示在手机上还是难免存在因重影、视角窄导致的眩晕感。从显示技术角度上说裸眼 3D 其实还是 2D 显示。

全息显示技术是利用干涉和衍射原理记录并再现物体真实的三维图像的记录和再现的技

术,其第一步是利用干涉原理记录物体光波信息,此即拍摄过程:被摄物体在激光辐照下形成漫射式的物光束;另一部分激光作为参考光束射到全息底片上,和物光束叠加产生干涉,把物体光波上各点的相位和振幅转换成在空间上变化的强度,从而利用干涉条纹间的反差和间隔将物体光波的全部信息记录下来,记录着干涉条纹的底片经过显影、定影等处理程序后,便成为一张全息图,或称全息照片;其第二步是利用衍射原理再现物体光波信息,具体成像过程为:全息图犹如一个复杂的光栅,在相干激光照射下,一张线性记录的正弦型全息图的衍射光波一般可给出两个像,即原始像(又称初始像)和共轭像。再现的图像立体感强,具有真实的视觉效应,全息图的每一部分都记录了物体上各点的光信息,故原则上它的每一部分都能再现原物的整个图像,通过多次曝光还可以在同一张底片上记录多个不同的图像,而且能互不干扰地分别显示出来。

2. 全息投影技术的实现方式

很多国家都在研制全息技术,目前全息技术主要采用全息投影的方式来实现,全息投影一共分为以下三种。

(1) 空气投影和交互技术

此技术源于海市蜃楼的原理,将图像投射在水蒸气液化形成的小水珠上,由于分子震动不均衡,可以形成层次和立体感很强的图像。

(2) 激光束投射实体的 3D 影像

这种技术的原理是利用氮气和氧气在空气中散开时,混合成的气体变成灼热的浆状物质,并在空气中形成一个短暂的 3D 图像。这种方法主要是通过不断在空气中进行小型爆破来实现的。

(3) 360 度全息显示屏

这种技术通过将图像投影在一种高速旋转的镜子上从而实现三维图像。

3. 全息显示技术在 VR 中的应用

在 VR 系统中采用全息显示技术来作为视觉的三维显示终端,也可达终极显示效果。其具有如下优势。

全息显示技术不需要用户佩戴头盔设备。用户能直接欣赏体验到异彩纷呈的 3D 物体或效果,并不需要像现在一样戴上重重的头盔,也利于用户彼此及时互动交流。全息显示技术让用户用裸眼就能看到虚拟画面,而在欣赏虚拟影像的同时,还不影响对现实的感知。直观性就得到了充分的体现。同时,由于全息显示技术采用光的技术和原理,那么对虚拟场景生成设备的依赖并不高。

在舞台上,全息技术不仅可以产生立体的空中幻象,还可以使幻象与表演者产生互动,一起完成表演,产生令人震撼的演出效果。在时装 T 台秀中,全息投影画面伴随模特的步伐把观众带到了另一个世界中,好像使观众体验了一把虚拟与现实的双重世界。早期电影中最著名的全息投影的应用场景是《星球大战》里的情节:垃圾桶机器人直接将 Leia 公主求救的信息全息投影了出来。让人记忆犹新的还有《阿凡达》中哈利路亚山的全息显示。梦幻剧场《动漫大师诺曼》中全息投影技术的运用使舞台艺术与电影片断在同一空间出现了非凡的融合,给观众展示了世界多媒体艺术最新的创新成果。在现阶段,很多场馆的立体展示场景等采用全息展示来实现,观众无须佩戴眼镜就可以看到栩栩如生的立体效果,如图 3-1-5 所示。

图 3-1-5　全息展示台及全息技术在电影中的应用场景

3.2　环境建模技术

在虚拟现实系统中,营造虚拟环境是它的核心内容。建立虚拟环境首先要建模,然后在其基础上再进行实时绘制、立体显示,形成一个虚拟的世界。虚拟环境建模的目的在于获取实际三维环境的三维数据,并根据其应用的需要,利用获取的三维数据建立相应的虚拟环境模型。只有设计出反映研究对象的真实有效的模型,虚拟现实系统才有可信度。

虚拟现实系统中的虚拟环境,可能有下列几种情况。

第一种情况是模仿真实世界中的环境。例如,建筑物、武器系统或战场环境。这种真实环境,可能是已经存在的,也可能是已经设计好但还没有建成的。为了逼真地模仿真实世界中的环境,要求逼真地建立几何模型和物理模型。环境的动态应符合物理规律。这一类虚拟现实系统的功能,实际是系统仿真。

第二种情况是人类主观构造的环境。例如,用于影视制作或电子游戏的三维动画。环境是虚构的,几何模型和物理模型就可以完全虚构。这时,系统的动画技术常用插值方法。

第三种情况是模仿真实世界中的人类不可见的环境。例如,分子的结构,空气中速度、温度、压力的分布等。这种真实环境是客观存在的,但是人类的视觉和听觉不能感觉到。对于分子结构这类微观环境,进行放大尺度的模仿,就能使人看到。对于速度这类不可见的物理量,可以用流线表示(流线方向表示速度方向,流线密度表示速度大小)。这一类虚拟现实系统的功能,实际是科学可视化。

建模技术所涉及的内容极为广泛,在计算机建筑、仿真等相关技术中有很多较为成熟的技术与理论。但有些技术对虚拟现实系统来说可能不完全适用,其主要原因在于在虚拟现实系统中必须满足实时性的要求,此外在这些建模技术中产生的一些信息可能是虚拟现实系统中所不需要的,或是对物体的运动的操纵性支持不够等。

虚拟现实系统中的环境建模技术与其他图形建模技术相比,主要有以下 3 个方面的特点。

① 虚拟环境中可以有很多的物体,往往需要建造大量完全不同类型的物体模型。

② 虚拟环境中有些物体有自己的行为,而一般其他图形建模系统中只构造静态的物体,或是物体简单的运动。

③ 虚拟环境中的物体必须有良好的操纵性能,当用户与物体进行交互时,物体必须以某种适当的方式来做出相应的反应。

在虚拟现实系统中,环境建模应该包括基于视觉、听觉、触觉、力觉、味觉等多种感觉通道的建模。但基于目前的技术水平,常见的为三维视觉建模和三维听觉建模。而在当前应用中,环境建模一般主要是三维视觉建模,这方面的理论也较为成熟。三维视觉建模又可细分为几何建模、物理建模、行为建模等。几何建模是基于几何信息来描述物体模型的建模方法,它处理物体的几何形状的表示,研究图形数据结构的基本问题;物理建模涉及物体的物理属性;行为建模反映研究对象的物理本质及其内在的工作机理。几何建模主要是计算机图形学的研究成果,而物理建模与行为建模是多学科协同研究的产物。

3.2.1　几何建模技术

传统意义上的虚拟场景基本上都是基于几何的,就是用数学意义上的曲线、曲面等数学模型预先定义好虚拟场景的几何轮廓,再采取纹理映射、光照等数学模型加以渲染。在这种意义上,大多数虚拟现实系统的主要部分是构造一个虚拟环境并从不同的路径方向进行漫游。要达到这个目标,首先是构造几何模型,其次是模拟虚拟照相机在 6 个自由度运动,并得到相应的输出画面。现有的几何造型技术可以将极复杂的环境构造出来,但是过程极为烦琐,而且在真实感程度、实时输出等方面有着难以跨越的鸿沟。

基于几何的建模技术主要研究对物体几何信息的表示与处理,它涉及几何信息数据结构、相关构造的表示和操纵数据结构的算法建模方法。

几何模型一般可分为面模型与体模型两类。面模型用面片来表现对象的表面,其基本几何元素多为三角形;体模型用体素来描述对象的结构,其基本几何元素多为四面体。面模型相对简单一些,而且建模与绘制技术也相对成熟,处理方便,但难以进行整体形式的体操作(如拉伸、压缩等),多用于对刚体对象进行几何建模。体模型拥有对象的内部信息,可以很好地表达模型在外力作用下的体特征(变形、分裂等),但计算的时间与空间复杂度也相应增加,一般用于对软体对象进行几何建模。

几何建模通常采用以下两种方法。

1. 人工的几何建模方法

① 利用相关程序语言进行建模,如 OpenGL、Java3D、VRML、X3D 等。这类方法主要针对虚拟现实技术的特点而编写,编程容易,效率较高。

② 利用常用建模软件进行建模,如 AutoCAD、3ds Max、Maya、SoftImage、CINEMA 4D 等,用户可交互式地创建某个对象的几何图形。这类软件的一个问题是它们并非完全为虚拟现实技术所设计,从 AutoCAD 或其他工具软件所产生的文件中取出三维几何并不困难,但问题是并非所有数据都能按照虚拟现实要求的形式提供,实际使用时必须要通过相关程序或手工导入。图 3-2-1 所示为 CINEMA 4D 建模软件界面。

③ 自制的工具软件。尽管有大量的工具供选择使用,但可能由于建模速度缓慢、周期较长、用户接口不便、不灵活等,使得建模成为一项比较繁重的工作。多数实验室和商业动画公司倾向使用自制建模工具,或在某些情况下用自制建模工具与市场销售的建模工具相结合的方法来解决问题。

2. 自动的几何建模方法

自动建模的方法有很多,最典型的是采用三维扫描仪对实际物体进行三维建模。它能快速方便地将真实世界的立体彩色物体信息转换为计算机能直接处理的数字信号,而不需进行复杂、费时的建模工作。有关三维扫描仪的原理、技术和典型产品可参看本书第 2 章的内容。

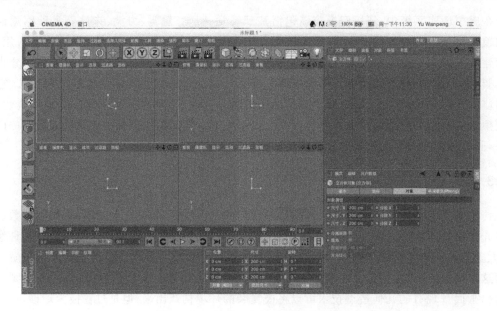

图 3-2-1　CINEMA 4D 建模软件界面

在虚拟现实应用中,有时可采用基于图片的建模技术。对建模对象实地拍摄两张以上的照片,根据透视学和摄影测量学原理,标志和定位对象上的关键控制点,建立三维网格模型。如可使用数码相机直接对建筑物等进行拍摄得到有关建筑物的照片后,采用图片建模软件进行建模,如 MetaCreations 公司的 Canoma 是较早推出的软件,适用于制作由直线构成的建筑物;REALVIZ 公司的 ImageModeler 是第二代产品,可以制作复杂曲面物体;Discreet 推出的 Plasma 以及 RealityCapture 和 ContextCapture 等软件。这些软件的特点是可根据所拍摄的一张或几张图片进行快速建模,有的甚至可以在对视频进行处理后直接建模。图 3-2-2 所示为使用 RealityCapture 对雕塑进行建模。

图 3-2-2　使用 RealityCapture 对雕塑进行建模

与大型 3D 扫描仪相比,这类软件具有使用简单、节省人力、成本低、速度快的优势,但这类软件的实际建模效果一般,常用于大场景中对建筑物的建模。

3.2.2　物理建模技术

在虚拟现实系统中,虚拟物体(包括用户的图像)必须像真的一样。几何建模只是反映了虚拟对象的静态,而物理建模体现虚拟对象的特性,包括重力、惯性、表面硬度、柔软度和变形模式等,这样的虚拟环境才更有真实感。物理建模是 VR 中比较高层次的建模,它需要物理学和计算机图形学的技术支撑,涉及力反馈等问题。主要是重量建模、表面变形和软硬度等物理属性的体现。

1. 分形技术

分形技术是指可以描述具有自相似特征的数据集。自相似的典型例子是树:若不考虑树叶的区别,当我们靠近树梢时,树梢看起来也像一棵大树。由相关的一组树梢构成的一根树枝,从一定距离观察时也像一棵大树。当然,由树枝构成的树从适当的距离看时自然是棵树。虽然,这种分析并不十分精确,但比较接近。这种结构上的自相似称为统计意义上的自相似。

自相似结构可用于对复杂的不规则外形物体的建模。该技术首先被用于河流和山体的地理特征建模。举一个简单的例子,我们可利用三角形来生成一个随机高度的地形模型,即取三角形三边的中点并按顺序连接起来,将三角形分割成 4 个三角形。同时,我们在每个中点随机地赋予一个高度值,然后,递归上述过程。这样就可产生相当真实的山体。

分形技术的优点是用简单的操作就可以完成对复杂的不规则物体的建模,缺点是计算量太大,不利于实时性。因此,在虚拟现实中分形技术一般仅用于对静态远景的建模。

2. 粒子系统

粒子系统是一种典型的物理建模系统,粒子系统是用简单的体素完成复杂的运动的建模。体素是指用来构造物体的原子单位,体素的选取决定了建模系统所能构造的对象范围。粒子系统由大量称为粒子的简单体素构成,每个粒子具有位置、速度、颜色和生命周期等属性,这些属性可根据动力学计算和随机过程得到。根据这个可以产生运动进化的画面,从而在虚拟现实中,粒子系统常用于描述火焰、水流、雨雪、旋风、喷泉等现象。为产生逼真的图形,它要求有效的反走样,并花费大量的绘制时间。在虚拟现实中粒子系统用于对动态的、运动的物体的建模。

3.2.3　行为建模技术

几何建模与物理建模相结合,可以部分实现虚拟现实"看起来真实、动起来真实"的特征,而要构造一个能够逼真地模拟现实世界的虚拟环境,必须采用行为建模方法。

在虚拟现实应用系统中,很多情况下要求仿真自主智能体,这些智能体起到对手、同伴等的作用,它具有一定的智能性,所以又称"Agent 建模",负责物体的运动和行为的描述。如果说几何建模是虚拟现实建模的基础,行为建模则真正体现出虚拟现实的特征,即一个虚拟现实中的物体若没有任何行为和反应,则这个虚拟现实是静止的,没有生命力的,对于虚拟现实用户是没有任何意义的。

行为建模技术主要研究的是物体运动的处理和对其行为的描述,体现了虚拟环境中建模的特征。也就是说行为建模就是在创建模型的同时,不仅赋予模型外形、质感等表现特征,同时也赋予模型物理属性和"与生俱来"的行为与反应能力,并且服从一定的客观规律。虚拟环境中的行为动画与传统的计算机动画还是有很大的不同的,这主要表现在两个方面。

① 在计算机动画中,动画制作人员可控制整个动画的场景,而在虚拟环境中,用户与虚拟环境可以以任何方式进行自由交互。

② 在计算机动画中,动画制作人员可完全计划动画中物体的运动过程,而在虚拟环境中,设计人员只能规定在某些特定条件下物体如何运动。

在虚拟环境行为建模中,其建模方法主要有基于数值插值的运动学方法与基于物理的动力学仿真方法。

1. 运动学方法

运动学方法即通过几何变换如物体的平移和旋转等来描述运动。在运动控制中,无须知道物体的物理属性。在关键帧动画中,运动是通过显示指定几何变换来实施的,首先设置几个关键帧用来区分关键的动作,其他动作根据各关键帧可通过内插等方法来完成。

关键帧动画的概念来自传统的卡通片制作。在动画制作中,动画师设计卡通片中的关键画面,即关键帧。然后,由助理动画师设计中间帧。在三维计算机动画中,计算机利用插值方法设计中间帧。另一种动画设计方法是样条驱动动画,它是由用户给定物体运动的轨迹样条。

由于运动学方法产生的运动是基于几何变换的,因此对复杂场景的建模将显得比较困难。

2. 动力学仿真

运动力学运用物理定律而非几何变换来描述物体的行为,在该方法中,运动是通过物体的质量和惯性、力和力矩以及其他的物理作用计算出来的。这种方法的优点是对物体运动的描述更精确,运动更加自然。

与运动学方法相比,动力学方法能生成更复杂更逼真的运动,而且需要指定的参数较少,但是计算量很大,而且难以控制。动力学方法的一个重要问题是对运动的控制。若没有有效的控制,用户就必须提供力和力矩这样的控制指令,但这几乎是不可能的。常见的控制方法有预处理法与约束方程法。

采用运动学动画与动力学仿真都可以模拟物体的运动行为,但各有其优越性和局限性。运动学动画技术可以做得很真实和高效,但应用面相对不广,而动力学仿真技术能够利用真实规律精确描述物体的行为,比较注重物体间的相互作用,较适合物体间交互较多的环境建模。它具有广泛的应用领域。

3.2.4 听觉建模技术

1. 声音的空间分布

对任何声音提供正常空间分布需要考虑被传送声音的复杂频谱。声音的传输涉及空间滤波器的传输功能,就是在声波由声源传到耳膜时发生的变换(在时间域内,在滤波器脉冲响应中的时间信号,实现同样的变换)。人存在两只耳朵,每只耳朵加一个滤波器(由声源传到这个耳膜时发生的变换)。由于虚拟环境上多数工作集中在无回声空间,加之声源与耳的距离对应的时间延迟,因此确定滤波器只需要根据听者的身体、头和耳有关的反射、折射和吸收。

于是,传输功能可看作与头部有关的传输函数(HRTF)。当然,在考虑真实的反射环境时,传输功能会受到环境声结构和人体声结构的影响。通过在听者耳道中的探针麦克风的直接测量来实现对不同声源位置的 HRTF 估计。一旦得到 HRTF,则监测头部位置,对给定的声源定位,并针对头部位置提供适当的 HRTF,实现仿真。

2. 房间声学建模

更复杂的真实的声场模型是为建筑应用开发的,但它不能由当前的空间定位系统实时仿真。随着实时系统计算能力的增加,这些详细模型将适于仿真真实的环境。

　　建模声场的一般途径是产生第二声源的空间图。在回声空间中一个声源的声场建模为在无回声环境中一个初始声源和一组离散的第二声源(回声)。第二声源可以由 3 个主要特性描述:①距离(延迟);②相对第一声源的频谱修改(空气吸收、表面反射、声源方向、传播衰减);③入射方向(方位和高低)。

　　通常采用镜面图像法和射线跟踪法找到第二声源。镜面图像法确保找到所有几何正确的声路径。射线跟踪法难以预测为发现所有反射所要求的射线数目。射线跟踪法的优点是,即使只有很少的处理时间,它也能产生合理的结果。通过调节可用射线的数目,射线跟踪法很容易以给定的帧频工作。由于镜面图像法的算法是递归的,因此不容易改变比例。射线跟踪法在更复杂的环境中会得到更好的结果,因为处理时间与表面数目的关系是线性的,不是指数的。虽然对给定的测试情况,镜面图像法更有效,但在某些情况下射线跟踪法的性能更好。

　　CRE(Crystal River Engineering)公司的三维音效技术较为成熟,它与美国国家航空航天局(NASA)用了十多年时间共同研究 HRTF,其 Convolvotron、Beachtron、Acostetron、Alphatron 等产品都提供三维声音的专家级支持。

3. 增强现实中听觉的显示

　　听觉通道的增强现实很少被人关注。其实如在视觉通道一样,在许多应用中必须要有计算机合成的声音信号与采样的真实声音信号。采样的真实声音信号来自当地环境,或借助遥操作系统来自远程环境。一般来自当地环境的信号可以由耳机周围的声音泄漏得到,或者由当地环境中的定位麦克风(可能在头盔上)得到,并把声音信号加在电路中合成而不是在声音空间中合成。但是因为希望在加入之前处理这些环境信号,或者希望环境信号声源处于远地的情况利用同样的系统,所以要通过后一种途径。声音增强现实系统应能接收任何环境中麦克风感受的信号,以适应给定情况的方式变换这些信号,再把它们增加到虚拟现实系统提供的信号上。当前,声音增强现实系统最典型的应用是使沉浸在某种虚拟现实任务中的用户同时处理真实世界中的重要事件(如真实世界中的各种提示声音等)。

3.3　真实感实时绘制技术

　　要实现虚拟现实系统中的虚拟世界,仅有立体显示技术是远远不够的,虚拟现实中还有真实感与实时性的要求,也就是说虚拟世界的产生不仅需要真实的立体感,人朝不同的方向去观察,其场景必须实时绘制,同时虚拟世界还必须实时生成,这就要采用真实感实时绘制技术。

3.3.1　真实感绘制技术

　　所谓真实感绘制是指在计算机中重现真实世界场景的过程。真实感绘制的主要任务是要模拟真实物体的物理属性,即物体的形状、光学性质、表面的纹理和粗糙程度,以及物体间的相对位置、遮挡关系等。

　　所谓实时绘制是指当用户视点发生变化时,他所看到的场景需要及时更新,这就要保证图形显示更新的速度必须跟上视点的改变速度,否则就会产生迟滞现象。一般来说要消除迟滞现象,计算机每秒必须生成 10～20 帧图像。当场景很简单时,例如仅有几百个多边形,要实现实时显示并不困难。但是,为了得到逼真的显示效果,场景中往往有上万个多边形,有时多达几百万个多边形。此外,系统往往还要对场景进行光照明处理、反混淆处理及纹理处理,等等,这就对实时显示提出了更高的要求。

传统的真实感图形绘制的算法追求的是图形的高质量与真实感,而对每帧画面的绘制速度并没有严格的限制,而在虚拟现实系统中要求的实时三维绘制需要图形实时生成,这可用限时计算技术来实现,同时由于在虚拟环境中所涉及的场景常包含数十万个甚至上百万个多边形,所以虚拟现实系统对传统的绘制技术提出严格的要求。就目前计算机图形学发展水平而言,只要有足够的计算时间,就能生成准确的像照片一样的计算机图像。但虚拟现实系统要求的是实时图形生成,由于时间的限制,我们不得不降低虚拟环境的几何复杂度和图像质量,或采用其他技术来提高虚拟环境的逼真程度。

为了提高显示的逼真度,加强真实性,常采用下列方法。

(1)纹理映射

纹理映射指将纹理图像贴在简单物体的几何表面,以近似描述物体表面的纹理细节,加强真实性。简单来说,就是把一张图片贴到三维物体的表面上来增强真实感,可以和光照计算、图像混合等技术结合起来达到较好的效果。

纹理映射是一种简单有效的改善真实性的措施。它以有限的计算量,大大改善显示的逼真性。实质上,它是用二维的平面图像代替三维模型的局部。

(2)环境映照

在纹理映射的基础上出现了环境映照的方法,它采用纹理图像来表示物体表面的镜面反射和规则透射效果。具体来说,一个点的环境映照可通过取这个点为视点,将周围场景的投影变形到一个中间面上得来,中间面可取球面、立方体、圆柱体等。这样,当通过此点沿任何视线方向观察场景时,环境映照都可以提供场景完全的、准确的视图。

(3)反走样

在绘制中出现的一个问题是走样,它会造成显示图形的失真。

由于计算机图形的像素特性,所以显示的图形是点的矩阵。若像素达到50万,则人眼不会感到不连续性。但在有些图形中会出现假象,特别是接近水平或垂直的高对比的边。它会显示成锯齿状。若在图形中显示小的细节或三角形的边,就会有问题。小的细节可能小于显示分辨率,造成显示近似性。此外,纹理映射中会包含细节,这会造成波纹状,使人感到纹理在运动。上述情况称为走样。

反走样算法试图防止这些假象。一个简单的方法是以两倍分辨率绘制图形,再由像素值的平均值计算正常分辨率的图形。另一个方法是计算每个邻接元素对一个像素点的影响,再把它们加权求和得到最终像素值。这可防止图形中的"突变",从而保持"柔和"。

走样是由图像的像素性质造成的失真现象。反走样方法的实质是提高像素的密度。

在图形绘制中,光照和表面属性是最难模拟的。为了模拟光照,已有各种各样的光照模型。从简单到复杂的排列分别是:简单光照模型、局部光照模型和整体光照模型。从绘制方法上看有模拟光的实际传播过程的光线跟踪法,也有模拟能量交换的辐射度方法。除了在计算机中实现逼真物理模型外,真实感绘制技术的另一个研究重点是加速算法,如求交算法的加速、光线跟踪的加速,等等。加速算法能在最短的时间内绘制出最真实的场景。包围体树、自适应八叉树都是著名的加速算法。

3.3.2　基于几何图形的实时绘制技术

实时三维图形绘制技术利用计算机为用户提供一个能从任意视点及方向实时观察三维场景的手段,它要求当用户的视点改变时,图形显示速度也必须跟上视点的改变速度,否则就会产生迟滞现象。

传统的虚拟场景基本上都是基于几何的,就是用数学意义上的曲线、曲面等数学模型预先定义好虚拟场景的几何轮廓,再采取纹理映射、光照等数学模型加以渲染。在这种意义上,大多数虚拟现实系统的主要部分是构造一个虚拟环境并从不同的方向进行漫游。要达到这个目标,首先是构造几何模型,其次模拟虚拟摄像机在 6 个自由度运动,并得到相应的输出画面。

但是,由于与二维图形相比,三维立体图包含更多的信息,而且虚拟场景越复杂,其数据量就越大,因此,当生成虚拟环境的视图时,必须采用高性能的计算机及设计好的数据的组织方式来达到实时性的要求。一般来说,至少保证图形的刷新频率不低于 15 Hz/s,最好是高于 30 Hz/s。

有些性能不好的虚拟现实系统会因视觉更新等待时间过长而造成视觉上的交叉错位,即当用户的头部转动时,由于计算机系统及设备的延迟,使新视点场景不能得以及时更新,从而产生头已移动而场景没及时更新的情况;而当用户的头部已经停止转动后,系统此时却将刚才延迟的新场景显示出来,这不但大大降低了用户的沉浸感,严重时还会产生我们在前面提到的"运动病"——使人产生头晕、乏力等现象。

为了保证三维图形能实现刷新频率不低于每秒 30 帧。除了在硬件方面采用高性能的计算机,提高计算机的运行速度以提高图形显示能力外,还有一个经实践证明非常有效的方法是降低场景的复杂度,即降低图形系统需处理的多边形的数目。目前,有下面几种用来降低场景复杂度以提高三维场景的动态显示速度的常用方法:预测计算、脱机计算、3D 剪切、可见消隐、细节层次模型,其中细节层次模型应用较为普遍。

1. 预测计算

该方法基于各种运动的方向、速率和加速度等运动规律。如人手的移动,可在下一帧画面绘制之前用预测、外推的方法推算出手的跟踪系统及其他设备的输入,从而减少由输入设备所带来的延迟。

2. 脱机计算

由于 VR 系统是一个较为复杂的多任务模拟系统,在实际应用中有必要尽可能将一些可预先计算好的数据进行预先计算并存储在系统中,如全局光照模型、动态模型的计算等。这样可加快运行时的速度。

3. 3D 剪切

将一个复杂的场景划分成若干个子场景,各个子场景间几乎不可见或完全不可见。如把一个建筑物按楼层、房间划分成多个子部分。此时,观察者处在某个房间时就仅能看到房间内的场景及门口、窗户等。这样,系统应针对可视空间剪切。虚拟环境在可视空间以外的部分被剪掉,就可以有效地减少在某一时刻所需要显示的多边形数目,以减少计算工作量,从而有效降低了场景的复杂度。

首先要剪切不可见的物体,其次是剪切部分可见的物体上的不可见部分。常见的方法是采用物体边界盒子来判定可见性,这是为减少计算复杂性采用的近似处理。具体有以下几种算法。

① Cohen-Sutherland 剪切算法：使用 6 bit 码表示一个线段是否可见。有 3 种情况：全部可见、全部不可见、部分可见。若部分可见，则线段再划分成子段，分段检查可见性。直到各个子段都不是部分可见（全部可见或全部不可见）为止。

② Cyrus-Beck 剪切算法：它利用线段的参数定义。由参数确定，线是否与可视空间 6 个边界平面相交。

③ 背面消除法：这种方法用于减少需要剪切的多边形的数目。多边形有正法线（有正面），且视点到多边形有视线。由正法线和视线的交角确定多边形是否可见（正对视点的平面可见，背对视点的平面不可见）。

但是 3D 剪切法对封闭的空间有效，而对开放的空间则效果不佳。

4. 可见消隐

3D 剪切技术与用户所处的场景位置有关，而可见消隐技术则与用户的视点关系密切。使用这种方法，系统仅显示用户当前能"看见"的场景，当用户仅能看到整个场景中很小部分时，由于系统仅显示相应场景，此时可大大减少所需显示的多边形的数目。一般采用消除隐藏面算法（消隐算法）从显示的图形中去掉隐藏的（被遮挡的）线和面。常见的有以下几种方法。

① 画家算法

它把视场中的表面按深度排序，然后由远到近依次显示各表面。近的取代远的。它不能显示互相穿透的表面，也不能实现反走样。但是若两个物体有重叠，即 A 的一部分在 B 前，B 的另一部分在 A 前，那么不能采用此算法。

② 扫描线算法

它从图像顶部到底部依次显示各扫描线。对每条扫描线，用深度数据检查相交的各物体。它可实现透明效果，显示互相穿透的物体，以及反走样，并可由各个处理机并行处理。

③ Z-缓冲器算法

对一个像素，Z-缓冲器（Z-buffer）中总是保存最近的表面。如果新的表面深度比缓冲器保存的表面的深度更接近视点，则新的代替保存的，否则不代替。它可以用任何次序显示各表面。但它不支持透明效果，反走样也受限制。有些工作站甚至已把 Z-缓冲器算法硬件化。

然而，当用户"看见"的场景较复杂时，这些方法就作用不大。

5. 细节层次模型

细节层次模型是对同一个场景或场景中的物体，使用具有不同细节的描述方法得到的一组模型。在实时绘制时，对场景中不同的物体或物体的不同部分，采用不同的细节描述方法，对于虚拟环境中的一个物体，同时建立几个具有不同细节水平的几何模型。

如同时建立两个几何模型，当一个物体离视点比较远（也就是这个物体在视场中占有较小的比例时），或者这个物体比较小，就要采用较简单的模型绘制，简单的模型具有较少的细节，包含较少的多边形（或三角形），以便减少计算量。反之，如果这个物体离视点比较近（也就是这个物体在视场中占有较大的比例时），或者物体比较大，就必须采用较精细（复杂）的模型来绘制。复杂模型具有较多的细节，包含较多的多边形（或三角形）。为了显示细节，必须花费较多的计算量。同样，如果场景中有运动的物体，也可以采用类似的方法，对处于运动速度快或处于运动中的物体，采用较简单的模型，而对于静止的物体采用较精细的模型。根据不同情况选用不同详细程度的模型，体现了显示质量和计算量的折中。图 3-3-1 所示为一个典型的细节层次模型示例。

图 3-3-1　细节层次模型示例

例如,当我们在近处观看一座建筑物时,可以看到细节,而在远处观看一座建筑物时,只能看到模糊的形象,不能看到细节。这种简单的规律,可以用于在保持真实性的条件下减少计算量。

从理论上来说,细节层次模型是一种全新的模型表示方法,它改变了传统图形绘制中"图像质量越精细越好"的观点,而是依据用户视点的主方向、视线在景物表面的停留时间、景物离视点的远近和景物在画面上投影区域的大小等因素来决定景物应选择的细节层次,以达到实时显示图形的目的。另外,通过对场景中每个图形对象的重要性进行分析,使得最重要的图形对象得到较高质量的绘制,而不重要的图形对象则采用较低质量的绘制,在保证实时图形显示的前提下,最大限度地提高视觉效果。

与其他技术相比,细节选择是一种很有发展前途的方法,因为它不仅可以用于封闭空间模型,也可以用于开放空间模型,并且具有一定的普适性,目前已成为一个热门的研究方向,受到了全世界范围内相关研究人员的重视。但是,细节层次模型的缺点是所需储存量大,当使用细节层次模型时,有时需要在不同的细节层次模型之间进行切换,这样就需要多个细节层次模型。同时,离散的细节层次模型无法支持模型间的连续、平滑过渡,对场景模型的描述及其维护提出了较高的要求。

3.3.3　基于图像的实时绘制技术

基于几何模型的实时动态显示技术的优点主要是观察点和观察方向可以随意改变,不受限制。但是,它同时也存在一些问题,如三维建模费时费力、工程量大;对计算机硬件有较高的要求;漫游时在每个观察点及视角实时生成的数据量较大。因此,近年来很多学者正在研究直接用图像来实现复杂环境的实时动态显示。

实时的真实感绘制已经成为当前真实感绘制的研究热点,而真实感图形实时绘制中的一个热点问题就是基于图像的绘制(IBR,Image Based Rendering)。IBR 完全摒弃传统的先建模、后确定光源的绘制方法，它直接从一系列已知的图像中生成未知视角的图像。这种方法省去了建立场景时构造几何模型和光照模型的过程，也不用进行如光线跟踪等极费时的计算。该方法尤其适用于野外极其复杂场景的生成和漫游。

基于图像的绘制技术建立在一些预先生成的场景画面基础上，对接近视点或视线方向的画面进行变换、插值与变形，从而快速得到当前视点处的场景画面。

与基于几何的传统绘制技术相比，基于图像的实时绘制技术的优势在于以下几方面。

① 计算量适中，采用 IBR 方法所需的计算量相对较小，对计算机的资源要求不高，因此可以在普通工作站和个人计算机上实现复杂场景的实时显示，适合个人计算机上的虚拟现实应用。

② 作为已知的源图像既可以是由计算机生成的，也可以是通过相机在真实环境中捕获的，甚至可以是两者混合生成的，因此基于图像的绘制技术可以反映更加丰富的明暗、颜色、纹理等信息。

③图形绘制技术与所绘制的场景复杂性无关，交互显示的开销仅与所要生成画面的分辨率有关，因此 IBR 能用于表现非常复杂的场景。

目前，基于图像的绘制技术主要有以下两种。

（1）全景技术

全景技术即在一个场景中选择一个观察点，用相机或摄像机每旋转一下角度拍摄得到一组照片，再在计算机中采用各种工具软件将其拼接成一个全景图像。全景技术所形成的数据较小，对计算机要求低，适用于一些非沉浸性虚拟现实系统中，建模速度快，但一般一个场景只有一个观察点，因此交互性较差。

（2）图像的插值及视图变换技术

在上面所介绍的全景技术中，只能在指定的观察点进行漫游。现在，研究人员研究了根据在不同观察点所拍摄的图像，交互地给出或自动得到相邻两个图像之间对应点，采用插值或视图变换的方法，求出对应于其他点的图像，生成新的视图，根据这个原理可实现多点漫游。

3.4　三维虚拟声音的实现技术

在虚拟现实系统中，听觉信息是仅次于视觉信息的第二传感通道，听觉通道给人的听觉系统提供声音显示，也是创建虚拟世界的一个重要组成部分。为了提供身临其境的逼真感觉，听觉通道应该满足一些要求，使人感觉置身于立体的声场之中，能识别声音的类型和强度，能判定声源的位置。同时，在虚拟现实系统中加入与视觉并行的三维虚拟声音，一方面可以在很大程度上增强用户在虚拟世界中的沉浸感和交互性，另一方面也可以减弱大脑对视觉的依赖性，降低沉浸感对视觉信息的要求，使用户能从既包含视觉感受又包含听觉感受的环境中获得更多的信息。

3.4.1　三维虚拟声音的概念与作用

虚拟现实系统中的三维虚拟声音与人们熟悉的立体声音完全不同。听者日常听到的立体声录音，虽然有左右声道之分，但就整体效果而言，听者能感觉到立体声音来自面前的某个平面；而虚拟现实系统中的三维虚拟声音使听者能感觉到声音是来自围绕其双耳的一个球形中的任何地方,即声音可能出现在头的上方、后方或者前方。如战场模拟训练系统中,当用户听到了对手射击的枪声时,他就能像在现实世界中一样准确而且迅速地判断出对手的位置,如果对手在我们身后,听到的枪声就应是从后面发出的。因而把在虚拟场景中能使用户准确地判断出声源的精确位置、符合人们在真实世界中听觉方式的声音系统称为三维虚拟声音。图 3-4-1 为三维虚拟声音示意图。

声音在虚拟现实系统中的作用,主要有以下几点:

① 声音是用户和虚拟环境的另一种交互方法,人们可以通过语音与虚拟世界进行双向交流,如语音识别与语音合成等;

② 数据驱动的声音能传递对象的属性信息;

③ 增强空间信息,尤其是当空间超出了视域范围时。

借助三维虚拟声音可以衬托视觉效果,增强虚拟体验的真实感。即使闭上眼睛,也知道声音来自哪里。特别是在一般头盔显示器的分辨率和图像质量都较差的情况下,声音对视觉质量的增强作用就更为重要了。原因是听觉和其他感觉一起作用时,能在显示中起增效器的作用。视觉和听觉一起使用,尤其是当空间超出了视域范围的时候,能充分显示信息内容,从而使系统提供给用户更强烈的存在和真实性感觉。

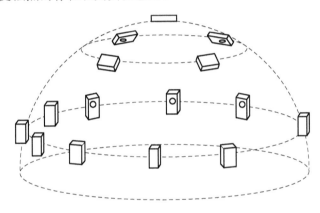

图 3-4-1　三维虚拟声音示意图

3.4.2　三维虚拟声音的特征

三维虚拟声音系统最核心的技术是三维虚拟声音定位技术,它的特征主要有以下几个。

1. 全向三维定位特性

全向三维定位特性(3D Steering)是指在三维虚拟空间中把实际声音信号定位到特定虚拟专用源的能力。它能使用户准确地判断出声源的精确位置,从而符合人们在真实世界中的听觉方式。如同在现实世界中,人们一般先听到声响,然后再用眼睛去看这个地方,三维声音系统不仅允许人们根据注视的方向,而且可根据所有可能的位置来监视和识别各信息源。可见三维声音系统能提供粗调的机制,用以引导较为细调的视觉能力的注意。在受干扰的可视显示中,用听觉引导肉眼对目标的搜索,要优于无辅助手段的肉眼搜索,即使是对处于视野中心的物体也是如此,这就是声学信号的全向特性。

2. 三维实时跟踪特性

三维实时跟踪特性(3D Real-time Localization)是指在三维虚拟空间中实时跟踪虚拟声源

位置变化或景象变化的能力。当用户头部转动时，这个虚拟的声源位置也应随之变化，使用户感到真实声源的位置并未发生变化。而当虚拟发声物体移动位置时，其声源位置也应有所改变。因为只有声音效果与实时变化的视觉相一致，才可能产生视觉和听觉的叠加与同步效应。如果三维虚拟声音系统不具备这样的实时变化能力，看到的景象与听到的声音会相互矛盾，听觉就会削弱视觉的沉浸感。

3. 沉浸感与交互性

三维虚拟声音的沉浸感即加入三维虚拟声音后，能使用户产生身临其境的感觉，这可以更进一步使人沉浸在虚拟环境之中，有助于增强临场效果。而三维声音的交互特性则是指随用户的运动而产生的临场反应和实时响应的能力。

3.4.3 语音识别技术

语音是人类最自然的交流方式。与虚拟世界进行语音交互是虚拟现实系统要实现的一个高级目标，在虚拟现实技术中语音技术的关键技术是语音识别技术和语音合成技术，在目前技术上还不成熟，和语音识别技术相比，语音合成技术相对要成熟一些。

语音识别(ASR,Automatic Speech Recognition)技术是指将人说话的语音信号转换为可被计算机程序所识别的文字信息，从而识别说话人的语音指令以及文字内容的技术。

语音识别一般包括参数提取、参考模式建立、模式识别等过程。用户通过一个话筒将声音输入系统，系统把它转换成数据文件后，语音识别软件便开始以用户输入的声音样本与事先储存好的声音样本进行对比，声音对比工作完成之后，系统就会输入一个它认为最"像"的声音样本序号，由此可以知道用户刚才念的声音是什么意义，进而执行此命令。说起来简单，但要真正建立识别率高的语音识别系统，是非常困难而专业的，目前世界各地的研究人员还在努力研究最好的方式。例如，在建立"声音样本"的过程中，如果要识别 10 个字，那就是先把这 10 个字的声音输入系统中，存成 10 个参考的样本，在识别时，只要把本次所念的声音(测试样本)与事先存好的 10 个参考样本进行对比，找出与测试样本最像的样本，即可把测试样本识别出来；但在实际应用中，每个用户的语音长度、音调、频率都不一样，甚至同一个人，在不同的时间、状态下，尽管每次都发出相同的声音，波形却也不尽相同，何况在语音词库中有大量的中文文字(或外文单词)；还有如果在一个有杂音的环境中，那情况就更糟了。因此，我们研究出许多解决这个问题的方法，如傅里叶转换、倒频谱参数等，使目前的语音识别系统达到一个可接受的程度，并且识别度越来越高。

3.4.4 语音合成技术

语音合成(TTS ,Text to Speech)技术是指用人工的方法生成语音的技术。当计算机合成语音时，要做到让听话人能理解其意图并感知其情感。一般对"语音"的要求是可懂、清晰、自然，具有表现力。

一般来讲，实现语音输出有两种方法，一是录音/重放，二是文/语转换。第一种方法，首先要把模拟语音信号转换成数字序列，编码后，暂存于存储设备中(录音)，需要时，再经解码，重建声音信号(重放)。录音/重放可获得高音质声音，并能保留特定人的音色。但所需的存储容量随发音时间线性增长。第二种方法是基于声音合成技术的一种声音产生技术。它可用于语音合成和音乐合成。它是语音合成技术的延伸，它能把计算机内的文本转换成连续自然的语声文件。若采用这种方法输出语音,应预先建立语音参数数据库、发音规则库等。需要输出语音时,系统按需求先合成语音单元,再按语音学规则或语言学规则,连接成自然的语流。文/语转换的参数库不随发音的时间增长而加大,但规则库却随语音质量要求的提升而增大。

在虚拟现实系统中,采用语音合成技术可提高沉浸效果,当试验者戴上一个低分辨率的头盔显示器后,这时试验者能从显示中获取图像信息,而几乎不能从显示中获取文字信息。这时通过语音合成技术用声音读出必要的命令及文字信息,就可以弥补视觉信息的不足。

如果将语音合成技术与语音识别技术结合起来,就可以使人与计算机所创建的虚拟环境进行简单的语音交流了。当用户的双手正忙于执行其他任务时,这个语音交流的功能就显得极为重要了。因此,这种技术在虚拟现实环境中具有突出的应用价值,相信在不远的将来,语音识别技术和语音合成技术将更加成熟,真正实现人机自然交互,人机无障碍沟通。

3.5　自然交互与传感技术

从计算机诞生至今,计算机的发展是极为迅速的,而人与计算机之间交互技术的发展则相对缓慢,人机交互接口经历了以下几个发展阶段。

20 世纪 40 年代到 20 世纪 70 年代,人机交互采用的是命令行(CLI)方式,这是第一代人机交互接口,人机交互使用文本编辑的方法,可以把各种输入/输出信息显示在屏幕上,并通过问答式对话、文本菜单或命令语言等方式进行人机交互。但在这种接口中,用户只有手敲击键盘这一种交互通道,通过键盘输入信息,输出也只能是简单的字符。因此,这一时期的人机交互接口的自然性和效率都很差。人们使用计算机前,必须先经过很长时间的培训与学习。

20 世纪 80 年代初出现了图形用户接口(GUI)方式,GUI 的广泛流行将人机交互推向图形用户接口的新阶段。人们不再需要死记硬背大量的命令,可以通过窗口(W,Windows)、图标(I,Icon)、菜单(M,Menu)、指点装置(P,Point)直接对屏幕上的对象进行操作,即形成了所谓的 WIMP 的第 2 代人机接口。与命令行接口相比,图形用户接口采用视图、点(鼠标)的方式,使人机交互的自然性和效率都有较大的提高,从而极大地方便了非专业用户的使用。

到 20 世纪 90 年代初,人机交互在接口信息的表现方式上得到了改进,使用了多种媒体,多媒体接口界面成为流行的交互方式。同时接口输出也开始转为动态、二维图形/图像及其他多媒体信息的方式,从而有效地增加了计算机与用户的沟通渠道。

图形交互技术的飞速发展充分说明了对应用来说,使处理的数据易于操作并直观是十分重要的。人们的生活空间是三维的,虽然 GUI 已提供了一些仿三维的按钮等元素,但对接口仍难以进行三维操作。另外,人们已习惯于日常生活中人与人、人与环境之间的交互方式,这种交互方式的特点是形象、直观、自然,人通过多种感官来接收信息,如可见、可听、可说、可摸、可拿等;而且这种交互方式是人类所共有的,基本不因时间和地点的变化而改变。但无论是命令行接口,还是图形用户接口,都不具有以上所述的进行自然、直接、三维操作的交互能力。因为在实质上它们都属于一种静态的、单通道的人机接口,而用户只能使用精确的、二维的信息在一维和二维空间中完成人机交互。

因此,更加自然和谐的交互方式逐渐为人们所重视,并成为今后人机交互接口的发展趋势。为适应目前和未来的计算机系统要求,人机交互接口应能支持时变媒体以实现三维、非精确及隐含的人机交互,而虚拟现实技术正是实现这一目标的重要途径,它为建立起方便、自然、直观的人机交互方式创造了极好的条件。从不同的应用背景看,虚拟现实技术是把抽象、复杂的计算机数据空间表示为直观的、用户熟悉的事物,它的技术实质在于提供了一种高级的人与计算机交互的接口,使用户能与计算机产生的数据空间进行直观的、感性的、自然的交互。它是多媒体技术的高级应用。

虚拟现实技术强调自然交互性,即人处在虚拟世界中,与虚拟世界进行交互,甚至意识不到计算机的存在,即在计算机系统提供的虚拟空间中,人可以使用眼睛、耳朵、皮肤、手势和语音等各种感觉方式直接与之发生交互。目前,与虚拟现实技术中的其他技术相比,自然交互技术相对还不太成熟。

作为新一代的人机交互系统,虚拟现实技术与传统交互技术的区别可以从以下几方面说明。

(1) 自然交互

人们研究"虚拟现实"的目标是实现"计算机应该适应人,而不是人适应计算机"的目标,认为人机接口的改进应该基于相对不变的人类特性。在虚拟现实技术中,人机交互可以不再借助键盘、鼠标、菜单,而是使用头盔、手套甚至向"无障碍"的方向发展,从而最终使计算机能对人体有感觉,能聆听人的声音,通过人的所有感官与人进行沟通。

(2) 多通道

多通道接口充分利用一个以上的感觉和运动通道的互补特性来捕捉用户的意向,从而增进人机交互中的可靠性与自然性。现在,人在操作计算机时,眼和手十分疲劳,效率也不高。虚拟现实技术可以将听、说和手、眼等协同工作,实现高效人机通信,还可以由人或机器选择最佳反应通道,不会使某一通道负担过重。

(3) 高"带宽"

现在计算机输出已经可以快速、连续地显示彩色图像,其信息量非常大。而人们的输入却还是使用键盘一个又一个地敲击,虚拟现实技术则可以利用语音、图像及姿势等的输入和理解进行快速大批量的信息输入。

(4) 非精确交互技术

这是指能用一种技术来完全说明用户交互目的的交互方式,键盘和鼠标均需要用户的精确输入。但是,人们的动作或思想往往并不很精确,而计算机应该理解人的要求,甚至纠正人的错误,因此智能化的接口将是虚拟现实系统的一个重要发展方向。在通过交互作用表示事物的现实性的传统计算机应用方式中,人机交互的媒介是将真实事物用符号表示,是对现实的抽象替代,而虚拟现实技术则可以使这种媒介成为真实事物的复现、模拟甚至想象和虚构。它能使用户感到并非在使用计算机,而是在直接与应用对象打交道。

在最近几年的研究中,为了提高人在虚拟环境中的自然交互程度,研究人员一方面在不断改进现有自然交互硬件,同时加强了对相关软件的研究;另一方面研究人员积极将其他相关领域的技术成果引入虚拟现实系统中,从而扩展全新的人机交互方式。在虚拟现实领域中较为常用的交互技术主要有手势识别、面部表情识别以及眼动跟踪等。

3.5.1 手势识别

人与人之间的交互形式很多,有动作及语言等多种。在语言方面,除了采用自然语言(口语、书面语言)外,人体语言(表情、体势、手势)也是人类交互的基本方式之一。与人类交互相比,人机交互就呆板得多,因而研究人体语言理解,即人体语言的感知及人体语言与自然语言的信息融合对于提高虚拟现实技术的交互性有重要的意义。手势是一种较为简单、方便的交互方式，也是人体语言的一个非常重要的组成部分，它是包含信息量最多的一种人体语言，它与口语及书面语等自然语言的表达能力相同，因而在人机交互方面，手势可完全作为一种交互手段，而且具有很强的视觉效果，因为它具有生动、形象、直观的特点。

手势识别系统的输入设备主要分为基于数据手套的手势识别系统和基于视觉（图像）的手势识别系统两种。基于数据手套的手势识别系统，就是利用数据手套和位置跟踪器来捕捉手势在空间运动的轨迹和时序信息，对较为复杂的手的动作进行检测，包括手的位置、方向和手指弯曲度等，并可根据这些信息对手势进行分类，因而较为实用。这种方法的优点是系统的识别率高，缺点是做手势的人要穿戴复杂的数据手套和位置跟踪器，相对限制了人手的自由运动，并且数据手套、位置跟踪器等输入设备价格比较昂贵。基于视觉的手势识别系统从视觉通道获得信号，有的要求人戴上特殊颜色的手套，有的要求人戴多种颜色的手套来确定人手各部位，通常采用摄像机采集手势信息，由摄像机连续拍摄手部的运动图像后，先采用轮廓的办法识别出手上的每一个手指，进而再用边界特征识别的方法区分出较小的、集中的各种手势。该方法的优点是输入设备比较便宜，使用时不干扰用户，但缺点是识别率比较低，实时性较差，特别是很难用于大词汇量的手势识别。

手势识别技术主要有模板匹配技术、人工神经网络技术和统计分析技术。模板匹配技术将传感器输入的数据与预定义的手势模板进行匹配，通过测量两者的相似度来识别手势；人工神经网络技术具有自组织和自学习能力，能有效地抗噪声和处理不完整的模式，是一种比较优良的模式识别技术；统计分析技术是通过基于概率的方法来统计样本特征向量确定分类的一种识别方法。

手势识别技术的研究不仅能使虚拟现实系统交互更自然，同时还能有助于改善和提高聋哑人的生活、学习和工作条件，同时也可以应用于计算机辅助哑语教学、电视节目双语播放、虚拟人的研究、电影制作中的特技处理、动画的制作、医疗研究、游戏娱乐等诸多方面。

3.5.2　面部表情识别

在人与人的交互中，人脸是十分重要的，人可以通过脸部的表情表达自己的各种情绪，传递必要的信息。人脸识别是一个非常热门的研究领域，具有广泛的应用前景。人脸图像的分割、主要特征（如眼睛、鼻子等）定位以及识别是这个技术的主要难点。国内外的很多研究人员在从事这一方面的研究，提出了很多好的方法。如采用模板匹配的方法实现正面人脸的识别，采用尺度空间技术研究人脸的外形、获取人脸的特征点，采用神经网络的方法进行识别，采用对运动模型参数估计的方法来进行人脸图像的分割等。但大多数方法都存在一些共同的问题，如要求人脸变化不能太大、特征点定位计算量大等。

在虚拟现实系统中，人的面部表情的交互在目前来说还是一个不太成熟的技术。一般人脸检测问题可以描述为：给定一幅静止图像或一段动态图像序列，从未知的图像背景中分割、提取并确认可能存在的人脸，如果检测到人脸，提取人脸特征。虽然人类可以很轻松地从非常复杂的背景中检测出人脸，但对于计算机来说却相当困难。在某些可以控制拍摄条件的场合，将人脸限定在标尺内，此时人脸的检测与定位相对比较容易。在另一些情况下，人脸在图像中的位置预先是未知的，比如在复杂背景下拍摄的照片，这时人脸的检测与定位将受以下因素的影响：①人脸在图像中的位置、角度和不固定尺度以及光照；②发型、眼镜、胡须以及人脸的表情变化等；③图像中的噪声。所有这些因素都给正确的人脸检测与定位带来了困难。

人脸检测的基本思想是建立人脸模型,比较所有可能的待检测区域与人脸模型的匹配程度,从而得到可能存在人脸的区域。根据对人脸知识的利用方式,可以将人脸检测方法分为两大类:基于特征的人脸检测方法和基于图像的人脸检测方法。第一类方法直接利用人脸信息,如人脸肤色、人脸的几何结构等。这类方法大多用模式识别的经典理论,应用较多。第二类方法并不直接利用人脸信息,而是将人脸检测问题看作一般的模式识别问题,检测图像被直接作为系统输入,中间不需特征提取和分析,而是直接利用训练算法将学习样本分为人脸类和非人脸类,检测人脸时只要比较这两类与可能的人脸区域,即可判断检测区域是否为人脸。

1. 基于特征的人脸检测方法

（1）轮廓规则

人脸的轮廓可近似地看成一个椭圆,人脸检测可以通过检测椭圆来完成。通常把人脸抽象为 3 段轮廓线:头顶轮廓线、左侧脸轮廓线、右侧脸轮廓线。对任意一幅图像,首先进行边缘检测,并对细化后的边缘提取曲线特征,然后计算各曲线组合成人脸的评估函数以检测人脸。

（2）器官分布规则

虽然人脸因人而异,但都遵循一些普遍适用的规则,即五官分布的几何规则。检测图像中是否有人脸即是检测图像中是否存在满足这些规则的图像块。这种方法一般首先对人脸的器官或器官的组合建立模板,如双眼模板、下巴模板;然后检测图像中几个器官可能分布的位置,对这些位置点分别组合,用器官分布的集合关系准则进行筛选,从而找到可能存在的人脸。

（3）肤色、纹理规则

人脸肤色聚类(将物理或抽象对象的集合分成由类似的对象组成的多个类的过程称为聚类)在颜色空间中一个较小的区域,因此可以利用肤色模型有效地检测出图像中的人脸。与其他检测方法相比,利用肤色检测出的人脸区域可能不够准确,但如果在整个系统实现中作为人脸检测的粗定位环节,它具有直观、实现简单、快速等特点,可以为后面进一步进行精确定位创造良好的条件,以达到最优的系统性能。

（4）对称性规则

人脸具有一定的轴对称性,各器官也具有一定的对称性。Zabmdsky 提出连续对称性检测方法,检测一个圆形区域的对称性,从而确定是否为人脸。

（5）运动规则

若输入图像为动态图像序列,则可以利用人脸或人脸的器官相对于背景的运动来检测人脸,比如利用眨眼或说话的方法实现人脸与背景的分离。在运动目标的检测中,帧相减是最简单的检测运动人脸的方法。

2. 基于图像的人脸检测方法

（1）神经网络方法

这种方法将人脸检测看作区分人脸样本与非人脸样本的两类模式分类问题,通过对人脸样本集和非人脸样本集进行学习以产生分类器。人工神经网络避免了复杂的特征提取工作,它能根据样本自我学习,具有一定的自适应性。

（2）特征脸方法

在人脸检测中利用待检测区域到特征脸空间的距离大小判断是否为人脸,距离越小,表明越像人脸。特征脸方法的优点在于简单易行,但由于没有利用反例样本信息,对与人脸类似的物体辨别能力不足。

（3）模板匹配方法

这种方法大多是直接计算待检测区域与标准人脸模板的匹配程度。最简单的是将人脸视为一个椭圆,通过检测椭圆来检测人脸。另一种方法是将人脸用一组独立的器官模板表示,如眼睛模板、嘴巴模板、鼻子模板以及眉毛模板、下巴模板等,通过检测这些器官模板检测人脸。总体说来,基于模板的方法较好,但计算代价比较大。

3.5.3　眼动跟踪

在虚拟世界中生成视觉的感知主要依赖于对人头部的跟踪,即当用户的头部发生运动时,虚拟环境中的场景将会随之改变,从而实现实时的视觉显示。但在现实世界中,人们可能经常在不转动头部的情况下,仅仅通过移动视线来观察一定范围内的环境或物体。在这一点上,单纯依靠头部跟踪是不全面的。为了模拟人眼的这个性能,我们在虚拟现实系统中引入眼动跟踪技术。

眼动跟踪的基本工作原理是利用图像处理技术,使用能锁定眼睛的特殊摄像机,通过摄入从人的眼角膜和瞳孔反射的红外线连续地记录视线变化,从而达到记录、分析视线追踪过程的目的。

常见的眼动跟踪方法有眼电图、虹膜-巩膜边缘、角膜反射、瞳孔-角膜反射、接触镜等。

眼动跟踪技术可以弥补头部跟踪技术的不足,同时又可以简化传统交互过程中的步骤,使交互更为直接,因而,眼动跟踪技术目前多被用于军事领域(如飞行员观察记录阅读),以及帮助残疾人进行交互等领域。

虚拟现实技术的发展目标是使人机交互从精确的、二维的交互向精确的、三维的自然交互转变。因此,尽管手势识别、面部表情识别、眼动跟踪等自然交互技术在现阶段还很不完善,但随着现在人工智能等技术的发展,基于自然交互的技术将会在虚拟现实系统中有较广泛的应用。

3.5.4　触觉(力觉)反馈传感技术

触觉通道给人体表面提供触觉和力觉。当人体在虚拟空间中运动时,如果接触到虚拟物体,虚拟现实系统应该给人提供这种触觉和力觉。

触觉通道涉及操作以及感觉,包括触觉反馈和力觉反馈。触觉(力觉)反馈即运用先进的技术手段将虚拟物体的空间运动转变成特殊设备的机械运动,在感觉到物体的表面纹理的同时也使用户能够体验到真实的力度感和方向感,从而提供一个崭新的人机交互界面。也就是运用"作用力与反作用力"的原理来欺骗人们的触觉,达到传递力度和方向信息的目的。在虚拟现实系统中,为了提高沉浸感,用户希望在看到一个物体时,能听到它发出的声音,并且还希望能够通过自己的触摸来了解物体的质地、温度、重量等多种信息,这样用户才觉得全面地了解了该物体,从而提高虚拟现实系统的真实感和沉浸感并有利于虚拟任务的执行。如果没有触觉(力觉)反馈,操作者无法感受到被操作物体的反馈力,得不到真实的操作感,甚至可能出现在现实世界中非法的操作。

触觉感知包括触摸反馈和力量反馈所产生的感知信息。触觉感知是指人与物体对象接触所得到的全部感觉,包括触摸感、压感、震动感、刺痛感等。触摸反馈一般指作用在人皮肤上的力,它反映了人触摸物体的感觉,侧重于人的微观感觉,如对物体的表面粗糙度、质地、纹理、形状等的感觉。力量反馈是作用在人的肌肉、关节和筋腱上的力量,侧重于人的宏观、整体感受,尤其是人的手指、手腕和手臂对物体运动和力的感受。用手拿起一个物体时,通过触摸反馈可以感觉到物体的粗糙或坚硬等属性,而通过力量反馈,才能感觉到物体的重量。

由于人的触觉相当敏感,一般精度的装置根本无法满足触觉交互的要求,所以对触觉与力反馈的研究相当困难。目前大多数虚拟现实系统主要集中并停留在力反馈和运动感知层面,其中,很多力觉系统被做成骨架的形式,从而既能检测方位,又能产生移动阻力和有效的抵抗阻力。而对于真正的触觉绘制,现阶段的研究还很不成熟,而对于接触感,目前的系统已能够给身体提供很好的提示,但却不够真实;对于温度感,虽然可以利用一些微型电热泵在局部区域产生冷热感,但这类系统还很昂贵;而对于其他一些感觉,如味觉和体感等,至今仍对其了解甚少,有关此类产品相对较少。

虽然目前已研制出一些触摸反馈和力量反馈产品,但它们大多还是粗糙的、实验性的,距离在实际场景中的应用尚有一定的距离。

3.5.5　嗅觉交互技术

嗅觉交互技术也被称为虚拟嗅觉交互技术,就是指人们在与虚拟环境进行人机交互过程中,虚拟环境可让人们闻到逼真的气味,使人们沉浸在此环境中,并能与此环境直接进行自然的互动及产生联想。

嗅觉交互技术可广泛应用于工业、医学、教育、娱乐、生活和军事等领域,发挥着其他感知不可替代的作用。在军事领域,利用模拟战争"气味环境"的模拟器训练新兵,可以让新兵闻到空气中弥漫着的火药的味道,使新兵能更快地适应实战环境。在电影领域,气味电影院可以让观众根据影片中的不同画面闻到不同的气味,让观众有身临其境的全新体验。在游戏领域,可以根据游戏情节模拟游戏环境中的气味。

作为一项新兴技术,嗅觉交互技术属于计算机、机械、测控、心理学和认知学等多学科交叉领域,具有很强的技术综合性。嗅觉交互技术应该实现气味从无到有、从有到变、从变到无的完整循环体系,且应具有便携性、交互性、实时性和集成性等特点。

对于虚拟嗅觉的应用,有 3 个相关要素,即人的嗅觉生理结构、气味源、虚拟环境特性。

虚拟环境中的嗅觉感知,首先要让气味源生成气味分子,然后把气味分子发送给用户。根据气味源的不同物理属性,需要用不同的方法生成气味分子。比如,对于固态或者液态的气味源,可通过电阻丝加热等方法使其挥发出气味分子。对于气态或易挥发液态的气味源,可利用吹气装置释放气味分子,气味源装在有进气口的气味盒内,吹气装置与气味盒的进气口连接,控制吹气装置的运转,将气味分子从气味盒的出气口喷出。

气味分子具有较强的持续性和延时性,难以快速散尽,这容易使用户嗅觉产生惰性并引发因多种气味混合而产生的串味问题,破坏虚拟环境的实时性和真实感。因此,虚拟嗅觉研究要关注气味改变和驱除问题。气味改变是虚拟嗅觉交互的必然要求,在研发过程中,要充分考虑交互时气味改变的实时性,虚拟环境中的气味需随着场景的变化而做出实时改变。

3.5.6　定位跟踪技术

虚拟现实系统中最重要的一个技术便是定位跟踪技术(也称定位追踪技术)。目前主流的头盔显示器定位追踪技术主要有两种,分别是外向内追踪技术和内向外追踪技术。

外向内追踪技术包括电磁追踪、超声波追踪、惯性追踪和光学追踪等技术,最具代表性的产品是 HTC Vive 带基站的头盔显示器,目前主流的外向内追踪虚拟现实系统定位的解决方案主要有以下几种:

①激光定位技术,通过定位器每秒若干次的激光,与光敏传感器进行位置追踪;

②采用红外光学定位,通过一个类似直立麦克风的感测器进行追踪;

③通过体感摄像头配合五彩斑斓的神奇魔法棒做可见光光学定位。

外向内追踪技术有较高的准确度,且传输资料量少,运算的延迟也低,可降低部分因延迟产生的不适感。但是外接设备的限制也很明显,例如,当追踪物体远离传感器的测距或是被其他物体遮挡时,就无法获得位置信息;操作者不能随意离开传感器的有效监测区,限制了操作者自由活动范围。

内向外追踪技术是一种光学跟踪技术,它将光源发射装置安装在被跟踪目标上,获取光源信号的传感器并将标记点固定在使用环境中,其原理都是以三角定位算法为基础,测量目标反射或者主动发射的光线,并经过计算机特殊的视觉算法转换成目标的空间位置数据,从而实现对目标的位置跟踪。内向外追踪技术不需任何外接传感器,因此可以在无硬件搭建、无标记的环境中使用,不受遮挡问题影响,也不受传感器监测范围限制,因此拥有更多样的移动性与更高的自由度。也因为其不依靠外接设备进行运算,它对头戴设备的要求更高,精度等相比外向内追踪技术也就不会那么高。微软的头戴式显示器 HoloLens 采用的就是内向外追踪技术,它拥有一个深度摄像头,一个用以拍摄图像/视频的 200 万像素摄像头,以及 4 个环境感知摄像头,采集环境中的特征点进行匹配,利用同步定位与建图 SLAM 算法获得空间位置信息。

3.6　实时碰撞检测技术

为了保证虚拟环境的真实性,用户不仅要能从视觉上如实看到虚拟环境中的虚拟物体以及它们的表现,而且要能身临其境地与它们进行各种交互。这就首先要求虚拟环境中的固体物体是不可穿透的,当用户接触物体并进行拉、推、抓取时,能有真实碰撞的发生并实时做出相应的反应。这就需要虚拟现实系统能够及时检测出这些碰撞,产生相应的碰撞反应,并及时更新场景输出,否则就会发生穿透现象,正是有了碰撞检测,才可以避免诸如人穿墙而过等不真实情况的发生,虚拟的世界才有真实感。

碰撞检测问题在计算机图形学等领域中有很长的研究历史,近年来,随着虚拟现实等技术的发展,已成为一个研究热点。精确的碰撞检测对提高虚拟环境的真实性、增加虚拟环境的沉浸性有十分重要的作用,而虚拟现实系统中高度的复杂性与实时性又对碰撞检测提出了更高的要求。

在虚拟世界中通常包含很多静止的环境对象与运动的活动物体,每一个虚拟物体的几何模型往往都是由成千上万个基本几何元素组成的,虚拟环境的几何复杂度使碰撞检测的计算复杂度大大增加,同时由于虚拟现实系统有较高实时性的要求,要求碰撞检测必须在很短的时间(如 30~50 ms)内完成,因而碰撞检测成了虚拟现实系统与其他实时仿真系统开发的瓶颈,碰撞检测是虚拟现实系统研究的一个重要技术。

碰撞问题一般分为碰撞检测与碰撞响应两个部分,碰撞检测的任务是检测到碰撞的发生及发生碰撞的位置;碰撞响应是在碰撞发生后,根据碰撞点和其他参数促使发生碰撞的对象做出正确的动作,以符合真实世界中的动态效果。由于碰撞响应涉及力学反馈、运动物理学等领域的知识,本书主要介绍碰撞检测。

3.6.1　碰撞检测的要求

在虚拟现实系统中,为了保证虚拟世界的真实性,碰撞检测须有较高的实时性和精确性。所谓实时性,基于视觉显示的要求,碰撞检测的速度一般至少要达到 24 Hz;而基于触觉的要求,碰撞检测的速度至少要达到 300 Hz 才能维持触觉交互系统的稳定性,只有达到 1 000 Hz 才能获得平滑的效果。

而精确性则取决于虚拟现实系统在实际应用中的要求。例如,对于小区漫游系统,只需要近似模拟碰撞情况,此时,若两个物体之间的距离比较近,而不管实际有没有发生碰撞,都可以将其当作发生了碰撞,并粗略计算其发生碰撞的位置;而在虚拟手术仿真、虚拟装配等系统应用时,就必须精确地检测碰撞是否发生,并实时地计算出碰撞发生的位置,并产生相应的反应。

3.6.2 碰撞检测的实现方法

最原始最简单的碰撞检测方法是一种蛮力的计算方法,即对两个几何模型中的所有几何元素进行两两相交测试,尽管采用这种方法可以得到正确的结果,但当模型的复杂度增大时,它的计算量过大,相交测试将变得十分缓慢。这与虚拟现实系统的要求相差甚远。要对两物体间的精确碰撞检测加速实现,现有的碰撞检测算法可主要分为两大类:层次包围盒法和空间分解法。这两种方法的目的都是尽可能地减少需要相交测试的对象对或基本几何元素对的数目。

层次包围盒法是碰撞检测算法中广泛使用的一种方法,它是解决碰撞检测问题固有时间复杂性的一种有效方法。它的基本思想是利用体积略大而几何特性简单的包围盒来近似地描述复杂的几何对象,并通过构造树状层次结构来逼近对象的几何模型,从而在对包围盒树进行遍历的过程中,通过包围盒的快速相交测试来及早地排除明显不可能相交的基本几何元素对,快速剔除不发生碰撞的元素,减少大量不必要的相交测试,而只对包围盒重叠的部分元素进行进一步的相交测试,从而加快碰撞检测的速度,提高碰撞检测效率。比较典型的包围盒类型有沿坐标轴的包围盒 AABB、包围球、方向包围盒、固定方向凸包等。层次包围盒法应用较为广泛,适用于复杂环境中的碰撞检测,如图 3-6-1 所示。

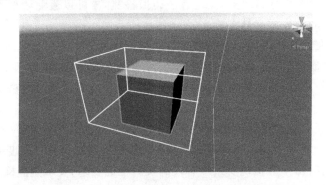

图 3-6-1　粗白线框住部分为盒状碰撞器

空间分解法即将整个虚拟空间划分成相等体积的小的单元格,只对占据同一单元格或相邻单元格的几何对象进行相交测试。比较典型的方法有 K-D 树、八叉树和 BSP 树、四面体网、规则网等。空间分解法通常适用于稀疏的环境中分布比较均匀的几何对象间的碰撞检测。

3.7　数据传输技术

数据传输可以分为有线数据传输和无线数据传输。有线传输,顾名思义,使用线缆进行数据传输,虚拟现实系统中一般会使用雷电 3、USB 3.0、DP 接口、HDMI 等接口传输协议;而无线传输又包括 5G 技术、WiFi 传输技术、蓝牙传输技术等。目前所有的虚拟现实系统都逐步往无线数据传输发展,使用有线传输的设备大大减少。下面主要介绍几种无线传输技术。

3.7.1　5G 通信技术

第 5 代移动通信技术（简称 5G）是最新一代蜂窝移动通信技术，也是 4G（LTE-A、WiMax）、3G（UMTS、LTE）和 2G（GSM）系统的延伸。5G 的性能目标是高数据速率、减少延迟、节省能源、降低成本、提高系统容量和大规模设备连接。

5G 的关键技术包括网络切片、毫米波、小基站、大规模 MIMO、波束成形及全双工。

（1）网络切片

不同的应用场景——大速率、低时延、海量连接、高可靠性等——将网络切割成满足不同需求的虚拟子网络。每个虚拟子网络的移动性、安全性、时延、可靠性，甚至计费方式等都不一样，相互之间逻辑独立，形成"网络切片"。实现网络切片的关键技术是网络功能虚拟化（NFV，Network Function Virtualization）和软件定义网络（SDN，Software Defined Network）。NFV 通过 IT 虚拟化技术实现网络功能的软件化，并运行于通用硬件设备之上，以替代传统专用网络硬件设备；而 SDN 实现了网络基础设施层与控制层的分离，从而可对网络进行灵活调配、管理和编程（图 3-7-1）。

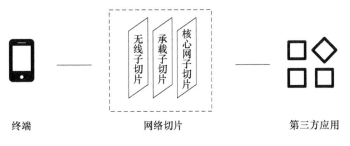

图 3-7-1　网络切片

（2）毫米波

随着连接到无线网络设备数量的增加，频谱资源稀缺的问题日渐突出。在极其狭窄的频谱上共享有限的带宽会极大地影响用户的体验。无线传输速率的提升一般通过增加频谱的利用率或增加频谱的带宽来实现，毫米波技术属于后者。毫米波指波长在 1～10 mm 的电磁波，频率处于 30～300 GHz，大致位于微波与远红外波相交叠的波长范围，因而兼具两种波谱的特点。根据通信原理，载波频率越高，其可实现的信号带宽也就越大。以 28 GHz 和 60 GHz 两个频段为例，28 GHz 的可用信号带宽可达 1 GHz，60 GHz 的可用信号带宽则可达 2 GHz。使用毫米波频段，频谱带宽较 4G 可翻 10 倍，传输速率也将更快。

（3）小基站

毫米波技术的缺陷是穿透力差、衰减大，因此要让毫米波频段下的 5G 通信在高楼林立的环境下传输并不容易，而小基站将解决这一问题。因为毫米波的频率很高、波长很短，意味着其天线尺寸可以做得很小，这是部署小基站的基础。大量的小型基站可以覆盖大基站无法触及的末梢通信。以 250 m 左右的间距部署小基站，运营商可以在每个城市部署数千个小基站以形成密集网络，每个基站就可以从其他基站接收信号并向任何位置的用户发送数据。小基站不仅在规模上小于大基站，功耗也大为降低。

（4）大规模 MIMO

4G 基站只有十几根天线，但 5G 基站可以支持上百根天线。这些天线通过大规模 MIMO

技术形成大规模天线阵列,可以同时向更多的用户发送和接收信号,从而将移动网络的容量提升数十倍甚至更大。正如隆德大学教授 Ove Edfors 所说,大规模 MIMO 开启了无线通信的新方向,当传统系统使用时域或频域为用户之间实现资源共享时,大规模 MIMO 则导入了空间域的新途径,基站采用大量天线并进行同步处理,可同时在频谱效益与能源效率方面取得几十倍的增益。

（5）波束成形

大规模 MIMO 技术为 5G 大幅增加容量的同时,其多天线的特点也势必会带来更多的干扰,波束成形是解决这一问题的关键。通过有效地控制这些天线,使它发出的电磁波在空间上互相抵消或者增强,就可以形成一个很窄的波束,从而使有限的能量集中在特定的方向上传输,不仅传输距离更远,而且还避免了信号的干扰。波束成形还可以提升频谱的利用率,通过这一技术我们可以同时从多个天线传输更多的信息。对于大规模的天线基站群,我们甚至可以通过信号处理算法计算出信号传输的最佳路径和移动终端的位置。因此,波束成形可以解决毫米波信号被障碍物阻挡、远距离衰减的问题。

⑥全双工

5G 的另一大特色是全双工技术。全双工技术是指设备的发射机和接收机占用相同的频率资源同时工作,使通信的两端同时在上、下行使用相同的频率,突破了现有的频分双工（FDD）和时分双工（TDD）模式下的半双工缺陷,这是通信节点实现双向通信的关键之一,也是 5G 所需的高吞吐量和低延迟的关键技术。

3.7.2　蓝牙传输技术

蓝牙技术是一种无线数据和语音通信开放的全球规范,它是基于低成本的近距离的无线连接,为固定和移动设备建立通信环境的一种特殊的近距离无线连接技术。在虚拟现实技术的数据传输中,蓝牙技术用得最频繁。

目前最新的蓝牙技术是蓝牙 5.0 技术。蓝牙 5.0 是由蓝牙技术联盟在 2016 年提出的蓝牙技术标准,蓝牙 5.0 针对低功耗设备在速度上有相应的提升和优化,蓝牙 5.0 结合 WiFi 对室内位置进行辅助定位,提高了传输速度,增加了有效工作距离。蓝牙 5.0 技术主要有以下几个特点。

① 针对低功耗设备,蓝牙 5.0 有着更广的覆盖范围和相较于 4 倍的速度提升。低功耗设备可以减少能量消耗,同时带来更好的传输性能。

② 蓝牙 5.0 中加入室内定位辅助功能,结合 WiFi 可以实现精确到小于 1 m 的室内定位。

③ 低功耗模式传输速度上限为 2 Mbit/s,是之前 4.2 版本的 2 倍。

④ 有效工作距离可达 300 m,是之前 4.2 版本的 4 倍。

⑤ 添加导航功能,可以实现 1 m 的室内精确定位。

⑥ 可兼容老版本,特别是针对移动端进行低功耗优化。

3.7.3　WiFi 传输技术

WiFi 是一种允许电子设备连接到一个无线局域网（WLAN）的技术,通常使用 2.4 GHz 特高频（UHF）或 5 GHz 超高频（SHF）ISM（工业、科学、医学）射频频段。连接到无线局域网通常是有密码保护的;但也可以是开放的,这样就允许任何在 WLAN 范围内的设备进行连接。

现在 WiFi 网络主要频率为 2.4 GHz 和 5 GHz,其中速率分为 A、B、G、N、AC。图 3-7-2 所示为 WiFi 4、WiFi 5、WiFi 6 的比较,其中 WiFi 5 中 Wave1 为单用户-多输入多输出,Wave2 为多用户-多输入多输出(MU-MIMO)。

目前最新的 WiFi 技术为 WiFi 6,WiFi 6 主要使用了正交频分多址(OFDMA)、多用户-多输入多输出等技术,MU-MIMO 技术允许路由器同时与多个设备通信,而不是依次进行通信。MU-MIMO 允许路由器一次与 4 个设备通信,WiFi 6 将允许与多达 8 个设备通信。WiFi 6 利用 OFDMA 和发射波束成形技术提高效率和网络容量。WiFi 6 最高速率可达 9.6 Gbit/s。

历代记	WiFi 4	WiFi 5		WiFi 6
协议	802.11n	802.11ac		802.11ax
		Wave1	Wave2	
年份	2009	2013	2016	2018+
工作频段	2.4 GHz	5 GHz		2.4 GHz
	5 GHz			5 GHz
最大频宽	40 MHz	80 MHz	160 MHz	160 MHz
MCS范围	0~7	0~9		0~11
最高调制	64QAM	256QAM		1 024QAM
单流带宽	150 Mbit/s	433 Mbit/s	867 Mbit/s	1 201 Mbit/s
最大空间流	4×4	8×8		8×8
MU-MIMO			下行	上行 下行
OFDMA				上行 下行

图 3-7-2　WiFi 4、WiFi 5、WiFi 6 对比

WiFi 6 中的一项新技术是允许设备规划与路由器的通信,减少了保持天线通电以传输和搜索信号所需的时间,这就意味着电池消耗的减少和电池续航能力的提升。

虚拟现实技术是多种技术的综合,以上简单介绍了几种相关的关键技术,其实相关的技术还有很多,如系统集成技术。由于虚拟现实系统中包括大量的感知信息和模型,因此系统集成技术起着重要的作用,集成技术包括信息的同步技术、模型的标定技术、数据转换技术、识别与合成技术等。

习　　题

1. 虚拟现实系统中有哪些主要技术?
2. 虚拟环境建模技术中主要有几种方法,各有什么特点?
3. 在虚拟现实系统中,哪些技术与显示技术相关?
4. 采用三维虚拟声音系统的意义是什么?
5. 简述语音识别技术的现状与发展。
6. 在实际应用中,手势识别有何具体的应用?
7. 人脸识别通常采用哪些技术?

第4章 虚拟现实技术的相关软件

学习目标

1. 深入了解 3ds Max/Maya 及其他相关建模软件特点
2. 深入了解各开发引擎的特点,学习如何选择开发引擎

4.1 虚拟现实技术的建模工具软件

在计算机图形图像软件中,常见的三维动画制作软件很多,它们可以用来对物体等进行三维建模。目前三维建模软件中公认的软件有 3ds Max、Maya、CINEMA 4D 等,它们通常也可以用来在虚拟现实系统中对虚拟环境进行三维化建模。

但虚拟现实环境的建模与常见的三维动画建模技术还是有一定区别的,主要体现在由三维动画工具软件所建立的三维动画模型不太适合于虚拟现实实时系统。但由于虚拟现实建模软件相对较为专业、成熟等,在实际应用中,采用三维动画软件来进行建模的情况较多。

现阶段虚拟现实应用系统中的建模主要是有关视觉的建模。三维视觉建模的工具软件有很多,除了常用的建模软件如 3ds Max、CINEMA 4D、Maya、Blender、DAZ 3D 等外,还有专门为虚拟现实、视景仿真、声音仿真等开发的建模工具,如 Creator、Creator Pro、Cresator Terrain Studio、SiteBuilder3D、PolyTrans 等。

2005 年 10 月 4 日,生产 3ds Max 的 Autodesk(欧特克)软件公司正式宣布,以 1.82 亿美元收购生产 Maya 的 Alias。此项收购扩展了 Autodesk 在电影、虚拟现实和视频、互动游戏、媒体、Web、消费性产品、工业设计、汽车、建筑以及可视化等市场上的专业技术和产品。

XSI 原名为 Softimage/3D,以渲染质量超群而著称,在三维影视广告制作方面可以独当一面。但是由于 XSI 在 3ds Max 与 Maya 的夹缝中生存,再加上如果 3ds Max 使用外挂渲染器 Mental Ray,制作效果也很好,因此 XSI 受到了空前的挑战。而且 XSI 只能在 Windows NT 系统下工作,对显示设备的要求也很高。

2008 年 10 月,Autodesk 公司与 Avid 公司签署协议,Autodesk 以 3 500 万美金收购 Softimage。Autodesk 公司官方放出的"三大图形软件整合 Logo 图"上,昔日的三大图形软件

看起来都成了灰色的记忆,Logo 上飘着烟雾似乎象征着这些软件的战火硝烟正在成为过去。

4.1.1　3ds Max

3D Studio MAX,简称 3ds Max,其前身为运行在 DOS 操作系统下的 3DS,它是由著名的 Autodesk 公司麾下的 Discreet 多媒体分部推出的一种功能强大的三维计算机图形软件,是当前世界上销量最大的一种三维建模、虚拟现实建模的应用软件。

它易学易用,操作简便,入门快,功能强大。目前在国内外拥有最大的用户群。自 1996 年推出 3ds Max 1.0 版本,3ds Max 一直发展迅速,在随后的 2.5 和 3.0 版本中 3ds Max 的功能被慢慢完善起来,将当时主流的技术包含了进去,如增加了被称为工业标准的 NURBS 建模方式;在 3ds Max 4.0 版中将以前单独出售的 Character Studio 并入;5.0 版中加入了功能强大的 Reactor 动力学模拟系统、全局光和光能传递渲染系统;而在 6.0 版中将电影级渲染器 Mental Ray 整合了进来;目前已经发展到 3ds Max 2021 版本,但由于软件更新速度较快,一些公司目前还是在使用相对较低的 3ds Max 版本,如 3ds Max 2017、3ds Max 2018 等。3ds Max 还有一个姐妹软件 3DS VIZ,其功能与 3ds Max 类似,它专门把用于展示建筑效果的插件整合了进来。

在应用范围方面,拥有强大功能的 3ds Max 被广泛地应用于电视及娱乐业中,如片头动画和视频游戏的制作,影视特效等。而在国内发展的相对较成熟的建筑效果图和建筑动画制作中,3ds Max 的使用率更是占据了绝对的优势。不同领域对 3ds Max 的实现效果也有不同的要求,建筑方面的应用相对来说局限性要大一些,它只要求单帧的渲染效果和环境效果,只涉及比较简单的动画;片头动画和视频游戏应用中动画占的比例很大,特别是视频游戏对角色动画的要求要高一些;影视特效方面的应用则把 3ds Max 的功能发挥到了极致,而这也是人们所要达到的目标。在虚拟现实方面,主要要求对场景物体进行建模,并可以通过相关的插件输出其他文件格式的模型,一般只需要一些简单的动画功能。

3ds Max 常用于虚拟现实中的建模,与其他同类软件相比,它具有以下优点。

（1）入门容易,学习简单

3ds Max 软件较为常见,其制作流程十分简洁高效,它易学易用,操作简便,具有非常人性化的工作界面,可随意定制,各种工具也方便易用。

（2）性价比高

3ds Max 有非常高的性价比,它所提供的强大功能所包含的价值远远超过其自身低廉的价格,一般的制作公司都可以承受,这样就可以使项目的制作成本大大降低,而且它对硬件系统的要求相对来说也很低,一般普通的配置就可以满足运行需要。

（3）提供了功能强大的建模功能

它具有各种方便、快捷、高效的建模方式与工具,提供了多边形建模、放样、表面建模工具,NURBS 等方便有效的建模手段,使建模工作轻松有趣。

（4）用户人数众多,交流方便

由于 3ds Max 在国内外的用户数众多,互联网上关于 3ds Max 的论坛及其相关的教程也很多。也正是由于它有广泛的用户群,在虚拟现实建模时,3ds Max 的相关插件非常多,使用 3ds Max 来进行虚拟现实建模也很多,如在 3ds Max 5.0 以上的版本中提供 VRML97 文件格式的导出,通过相关插件可导出 Cult3D 的 ＊.c3d 文件及 Virtools 的 ＊.nmo 文件格式等,大大提高了文件的共享性,拓宽了 3ds Max 的应用范围。

3ds Max 是一个功能强大的图形处理软件,为了让它能快速高效地运行,达到较好的效果,必须为它提供尽可能好的运行环境。

(1) 运行环境

硬件配置:支持 SSE4.2 指令集的 64 位 Intel® 或 AMD® 多核处理器,至少 4 GB RAM(建议使用 8 GB 或更大空间的 RAM),高速硬盘,显卡须采用三维图形加速卡,如 GeForce® GTX 690、FirePro™ W5000 及以上,显示器建议采用 17 英寸(1 英寸=2.54 cm)以上的大屏幕显示器。

操作系统:采用稳定的高版本操作系统。选择 Windows 7 或更高版本的操作系统。

(2)软件的安装(以 3ds Max 2017 为例)

① 运行官方下载文件中的 Setup.exe 安装程序,在弹出的窗口中单击"在此计算机上安装"。

② 在对话框中选择 country 为"China",声明同意许可协议,填写用户信息,选择安装目录。在完成安装程序之后,重新启动计算机。

③ 运行 3ds Max 2017,填写授权码。

图 4-1-1 所示为 3ds Max 2017 的工作界面。

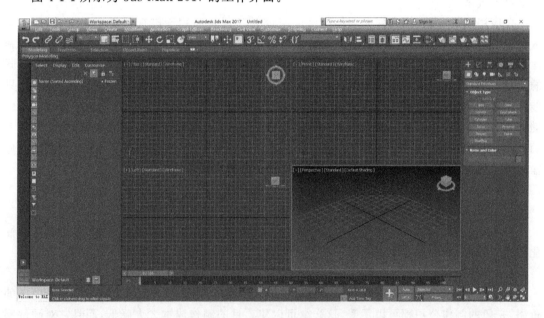

图 4-1-1 3ds Max 2017 的工作界面

4.1.2 Maya

Maya 是一款非常优秀的三维动画制作软件,尤其擅长角色动画的制作,并以建模功能强大著称,由 Alias 公司推出。Maya 的操作界面及流程与 3ds Max 比较类似。因此 3ds Max 用户很容易从 3ds Max 过渡到 Maya。实际上从 3ds Max 开始,3ds Max 与 Maya 的差距在逐渐缩小。Maya 的缺点是入门比较困难,用户群相对少,相关中文资料也不太丰富。Maya 要求的机器配置比 3ds Max 要高一些。

Maya 主要是为影视应用而研发的。除了影视方面的应用外,Maya 在虚拟现实技术、三维动画制作、广告设计、多媒体制作甚至游戏制作领域都有很出色的表现。

它原是 Alias 公司在 1998 年推出的三维制作软件。虽然相对于其他三维制作软件来说 Maya 发展时间并不长，但 Maya 凭借其强大的功能，友好的用户界面和丰富的视觉效果，一经推出就引起了动画和影视界的广泛关注，成为顶级的三维动画制作软件。

在短短的二十几年中 Maya 由最初的 1.0 版本发展到现在的 Maya 2020 版本，使用 Maya 2020 可以制作出引人入胜的数字图像、逼真的动画和非凡的视觉特效。无论是电影或视频制作人员、游戏开发人员、制图艺术家、数字出版专业人员还是三维爱好者，Maya 2020 都能帮助其实现创意想法。

Maya 2020 软件主要的新功能有以下几个。

(1)多边形重新划分网格和重新拓扑

"网格"(Mesh)菜单中包含两个新命令，可用于轻松修复拓扑或将拓扑添加到选定网格。只需选择组件或整个网格并运行重新划分网格(Remesh)即可添加细节并在曲面上均匀分布边，然后对曲面运行重新拓扑(Retopologize)以将其所有面转变为四边形。这可以节省数小时甚至数天时间，避免费力的手动建模清理工作。

(2)时间滑块书签

Maya 2020 引入了时间滑块书签(Time Slider Bookmarks)管理器，此工具允许用户使用彩色标记在"时间滑块"(Time Slider)上标记事件，以便可以及时注意到某些时刻。当用户想要聚焦或亮显场景中的特定区域或事件时，书签非常有用。通过新的时间滑块书签管理器，用户可以一次性编辑多个书签。

单击"时间滑块"(Time Slider)上的"书签"(Bookmark)图标 可打开"创建书签"(Create Bookmark)窗口〔或按 Alt（Option）＋ T〕。选择开始帧和结束帧、颜色和名称，然后单击"创建"(Create)。

(3) 改善音频管理

Maya 2020 在音频处理方面进行了改进。新的"音量"(Volume)图标已添加到"时间滑块"(Time Slider)下的播放选项(Playback Options)中，从而可以直接从 Maya 的"时间滑块"(Time Slider)访问 Maya 的音频级别。此外，还在"动画"(Animation)菜单集（F4）中添加了"音频"(Audio)菜单，可用于在场景中导入或删除音频，以及选择音频波形在"时间滑块"(Time Slider)上的显示方式。

①单击"音量"(Volume)图标可显示滑块以调整场景音频文件的声音级别。

②双击"音量"(Volume)图标可禁用声音。

③在"音量"(Volume)图标上单击鼠标右键可访问"音频"(Audio)菜单。

(4) 灯光编辑器的改进

用户可以使用以下功能轻松添加或禁用灯光以及覆盖渲染层中的灯光属性。

① 通过输入表达式或者选择并单击"灯光"(Lights)集合中的"添加"(Add)，将灯光添加到层中，然后单击"查看全部"(View All)以检查其成员身份。

② 通过覆盖"启用"(Enable)属性，启用或禁用层中的灯光。

③ 通过"灯光编辑器"(Light Editor)同时调整多个灯光，以及覆盖灯光变换和形状节点。

④ 在"灯光编辑器"(Light Editor) 的"特性编辑器"(Property Editor)中填充灯光组，然后将其导出为 .json 以在其他场景中重新创建和重用此组。

⑤ "灯光编辑器"(Light Editor)的"特性编辑器"(Property Editor)具有动态即时滚动系统,它一次仅加载 20 个项目,然后根据需要加载更多项目。

（6）其他改进

① 在缺少集合成员时,"渲染设定"(Render Setup)编辑器中不会显示警告图标。

② 如果用户在"首选项"(Preferences)窗口中启用"自动保存"(AutoSave)选项,然后对活动渲染层进行更改,则"渲染设定"(Render Setup)和"灯光编辑器"(Light Editor)节点将与用户的文件一起保存。

③ 用户可以对"渲染设定"(Render Setup)集合进行分组,然后将这些组导出为.json 并在新场景中重用模板。

④ 除了列出集合成员外,还可以通过启用"查看依存关系"(View Dependencies),在"查看全部"(View All)窗口中列出其从属节点。

Maya 2020 基本上继承了前几个版本的界面风格,图 4-1-2 所示为 Maya 2020 的主界面,Maya 的用户界面是一种被称为 Maya Embedded Language(MEL)的语言版本。它可以创建自定义的效果,自定义的用户界面。它的主界面是由菜单栏、状态栏、工具栏、常用工具栏、视图区、通道箱、命令栏、时间和范围滑块和帮助栏几部分组成的。

图 4-1-2　Maya 2020 的工作界面

4.1.3　CINEMA 4D

CINEMA 4D 也称 C4D,是由德国公司 Maxon Computer 开发的三维绘图软件,其前身为1989 年发表的软件 FastRay。CINEMA 4D 一直以高速图形计算闻名,并有令人惊奇的渲染器以及粒子系统,这款软件的渲染器在不影响速度的前提下便让图片品质有了很大的提高。CINEMA 4D 应用广泛,在广告、电影、工业设计等领域都有出色的表现,例如影片《毁灭战士》《蜘蛛侠》《阿凡达》以及动画电影《丛林大反攻》等都使用了 C4D 制作部分场景。图 4-1-3 所示为电影《阿凡达》中使用 C4D 制作的场景。

图 4-1-3　电影《阿凡达》中使用 C4D 制作的场景

CINEMA 4D 也是常用于虚拟现实技术的建模软件之一,同 3ds Max 的操作有较多相似之处。CINEMA 4D 与其他的同类型软件相比,具有以下的优点。

1. 界面很简洁

相对 Maya、3ds Max 而言,C4D 在配置不是很高的计算机上就可以稳定流畅地运行,功能也十分强大。相对 Maya 而言,C4D 在不使用英文版本的情况下就能稳定运行。

2. 简单,易于上手,出效果快

C4D 操作的简便程度较高于 Maya、3ds Max 等三维设计软件,它省去了很多较为烦琐的步骤,而且能够快速地制作出大家想要的效果。

3. 结合 After Effects(AE)软件使用能发挥更强大的优势

在早期,设计师们认为数码合成软件 NUKE 最好的“兄弟”是 Maya,而都认为另一款较为火爆的数码合成软件 AE 的“兄弟”是 3ds Max。直到后来 C4D 的兴起,便出来了一句这样的话:“AE 最好的‘兄弟’是 C4D”。可以说这两款软件的结合使用无论是在商业广告、MG 动画、片头制作、电视栏目包装、室内设计、电商、工业设计上,还是在国内影视设计市场上都占据了半壁江山。

C4D 的“实时 3D 工作流程”能与 AE 结合得天衣无缝。在 AE CC 中,用户可以在软件界面内通过 Cineware 导入、修改和渲染 C4D 的工程。同样可以在 C4D 中直接导出包含多通道或动画信息 3D 固态层的 AE 工程文件。

通过 Cineware,AE CC 就像处理素材文件一样处理 C4D 文件,设计师可以直接在 AE 中渲染 C4D 场景,也能够在 AE 和 C4D 中同步处理相同的 C4D 工程,或者直接渲染出具备多通道图层的 AE 工程文件,将 C4D 的摄影机、灯光或空物体导入 AE,通过自带的链接插件在 AE 中实现 C4D 的 3D 导航。

4. C4D 的毛发系统

C4D 的毛发系统是目前为止最强大的毛发系统之一,虽然 3ds Max 的毛发系统没有什么缺陷,但确实不如 C4D 的毛发系统强大,C4D 的毛发系统在工艺上也比较复杂。

5. 虚拟漫游

C4D 建筑师版的一个令人惊叹的功能是虚拟漫游插件,通过它可以交互式地操作游览建筑模型。

虚拟漫游工具包含一个智能碰撞检测系统,该系统使用户能够通过鼠标和键盘轻松地穿行于建筑物之中。碰撞检测能够快速地从独立物体中添加或者移除物体(如一块玻璃),并且其调整台阶高度的功能可以使用户攀登楼梯。

虚拟漫游的碰撞轨道工具可以让用户在建筑中创造自动的漫游,当然其中的碰撞检测会非常精确。碰撞轨道工具的碰撞检测可以保持摄像机在漫游建筑的时候不与建筑物的墙壁发生穿插。这些工具的摄像机路径可以被录制并用于后期的动画渲染,这是创建真实浏览动画的有力工具。

6. 可与 UE4 与 Unity 3D 两大虚拟引擎进行交互

① 直接将原生的.c4d 文件导入虚拟引擎中,并支持场景层级结构、几何体、材质、灯光、摄像机和烘焙的动画。

C4D 的"保存为 Cineware"命令使用户可以通过 Unreal Engine Sequencer 电影编辑器轻松地将复杂的程序运动图形直接烘焙到实时场景中。

② 支持几何体、材质、灯光和摄像机。

CINEMA 4D R18 基本继承了前几个版本的界面风格,图 4-1-4 所示是 CINEMA 4D R18 的主界面,C4D 的用户界面简洁,可以随意地在设置命令中的语言选项卡下自由切换多国语言。

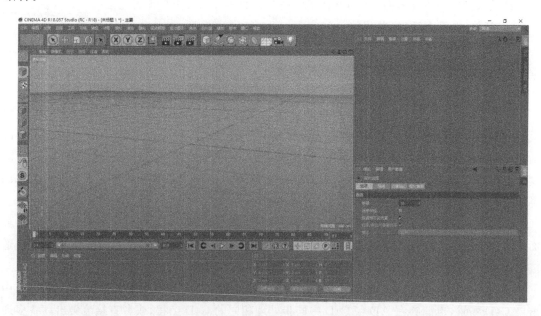

图 4-1-4　CINEMA 4D R18 的主界面

4.1.4　DAZ 3D

DAZ 3D 专门向业余爱好者和专业消费者市场提供装配好的 3D 人体模型。其优势主要有以下几点。

1. 可定制的人物平台

在 DAZ 3D 中,图形内容具有很高的可调整性,人物可以轻松地变成任何角色。Genesis 8 是较为先进的平台,可与所有早期产品相互兼容,并具有成千上万的支持资产,是有史以来功能最多的人物平台。

2. 智能与模块化内容

在处理项目时,可以在在线商店中查看现成的资产。DAZ 3D 商店不仅提供身体和面部形状、衣服和姿势,还提供生物、建筑物、宇宙飞船和环境。混合、匹配、补间完美角色和场景。

3. 快速、逼真的惊艳图像

借助 dForce 物理技术,DAZ Studio 可以模拟自然的布料以及头发的运动。通过结合dForce、Genesis 8 和 NVIDIA Iray 渲染引擎选项,DAZ 3D 软件使三维创作、图像与动画制作更加快速、轻松和逼真。

4. DAZ Bridges

在 DAZ 3D 软件中可将创建好的三维模型通过该软件的 DAZ Bridges 插件导入其他三维软件及游戏引擎中,如 Maya、3ds Max、C4D、Blender、Unreal 和 Unity 3D 等。DAZ 3D 的主界面如图 4-1-5 所示。

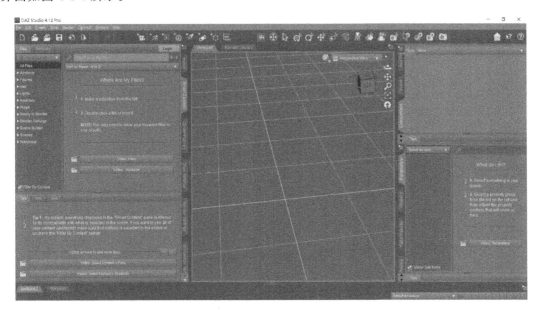

图 4-1-5　DAZ Studio 4.12 Pro 的主界面

4.1.5　RealityCapture

RealityCapture 是一个摄影测量软件,可根据无序照片或无接缝的激光扫描创建 3D 模型。目前在文化遗产、全身扫描、游戏、勘测、测绘、视觉效果和一般的虚拟现实领域中较为常见。它的工作效率比市场上其他相关软件产品快 10 倍。最新发布的 RealityCapture 1.1 有了较之前版本更大的突破。

RealityCapture 会考虑单个摄像机位置、摄像机方向以及 PPK(后处理技术)/RTK(实时动态)飞行日志中其他参数的不同精度。此外,用户可以通过编辑简单的 xml 文件轻松地自定义导入程序,以从其自己的 PPK/RTK 无人机读取飞行日志。这将大大减少用户直接在RealityCapture 中进行现场工作和后处理的时间。PPK 数据将大大提高速度,同时减少一个数据集所需的 GCP 数量,同时保持准确性。用户还可以生成报告,以便在其中可以快速查看路线、摄像机位置等的准确性。

对于使用激光扫描仪的用户，RealityCapture 目前支持直接导入 Z ＋ F 激光扫描，而无须将其转换为.e57 或 ptx。这将显著减少时间和硬件消耗。

RealityCapture 1.1 在功能上主要有以下更新：

① 添加了新的"精度和地理配准"报告模板；

② 应用程序本地化为西班牙语、韩语、简体中文、法语；

③ 新的 DSM（数字表面模型）及 DTM（数字地形模型）导出选项；

④ 导出点云分类；

⑤ 导出到.obj、.ply、.xyz 的新编号格式，支持无损导出和导入；

⑥ 地图视图改进——使用颜色光标选择摄像机，放置地面控制点。

图 4-1-6 是 RealityCapture 1.1 的主界面，RealityCapture 1.1 的用户界面以及操作方式解算速度较其他相关软件如 PhotoScan、ContextCapture 等要快，而且最后生成的模型较其他扫描模型软件更细更接近真实。

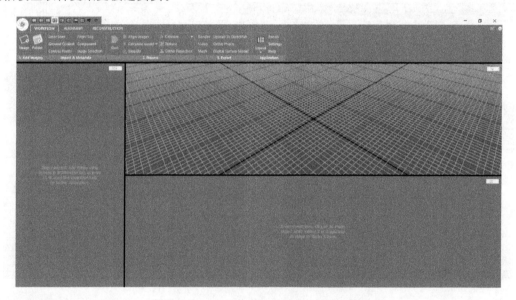

图 4-1-6　RealityCapture 1.1 的主界面

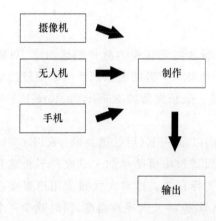

图 4-1-7　RealityCapture 主要工作流程

RealityCapture 的主要工作流程分为 2 个步骤：前期拍摄阶段，后期制作阶段。常见的拍摄方式有几种，如摄像机、无人机、手机。

1. 前期拍摄阶段

（1）颜色检查器设置

颜色检查器用来调节照片的白平衡。

了解重构对象的大小是很重要的，因为摄影制图过程会丢失这个信息。所以拍摄时要为颜色检查器寻找一个合适位置。颜色检查器要和对象的距离足够近，但又不能处于对象的阴影中。要找到场景中可以在处理过程中将其去除的位置，或是能够在计算机上把它涂掉的位置。颜色检查器通常要面向天空放置。

（2）距离/分辨率选择

采集图像时有必要评估对象的重要性。在游戏中靠近摄像机的资产会比背景资产需要更多纹理分辨率。操作者必须为各种资产定义纹理预算，这些决定将影响拍摄时所做的选择。与对象之间的拍摄距离取决于对象本身的大小、镜头变焦和纹理预算。对象应填充大部分图像，从而最大化重构质量。

如果想要采集到较高的分辨率，需要近距离地拍摄图像。有时需要较长时间来拍摄类似树桩这样大型对象的微小分辨率。此外，RealityCapture 会根据所选的许可证限制重构时能使用的照片数量。

实际使用中，为了从树桩这样的大型对象处采集到 4 096×4 096 的纹理，需要在 1～2 m 的距离拍摄照片，当环绕单个物体进行拍摄时，摄像机拍摄环绕角度要小于 15°。

（3）拍摄位置

当拍摄一个对象时，重要的是完全覆盖该对象。对象的所有部分必须被多张照片覆盖，从而让重构软件能够创建相似像素组，这样也能保证最后得到的资产不带有空洞或欠缺采样部分。

理想情况下，拍摄位置应该如图 4-1-8 所示。

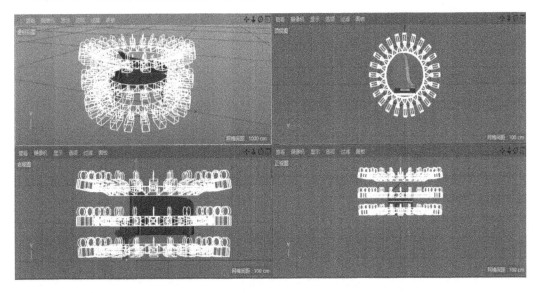

图 4-1-8　环绕物体拍摄四视图

（4）拍摄范围

重构软件需要在照片集中拥有足够的相似像素以用来产生点云。为了进行精确的重构，建议图片之间有 90% 的重叠部分。

这意味着每次拍摄要向旁边移动约 30 cm 的距离，并保持相机对目标对象的焦点，然后从上到下拍摄包含对象的照片。

可以拍摄超过预期所需的照片数，但一定要在摄像机稳定的时候进行拍摄。在拍摄时的任何动作都会导致照片模糊。

（5）大型对象

超大型对象需要使用无人机进行拍摄，这些对象包括悬崖、城市、大型雕塑、城堡和船只等。

建议使用无人机录制视频而不是拍摄照片,因为对于这类大型对象,单个图像拍摄的方式并不会拥有更好的质量,而且视频能轻松覆盖整个对象。也可以将近距离手动拍摄的图片和无人机拍摄的远景镜头混合使用。

2. 后期制作阶段

(1)导入素材图片

单击框选区域中的 Image 命令导入图片序列,或是用 Folder 命令导入整个文件夹中所有的图片素材,如图 4-1-9 所示。

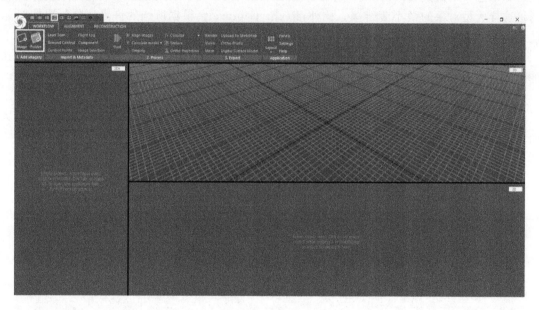

图 4-1-9　素材导入

(2)进行图片匹配

单击框选区域中的 Align Images 命令创建云点信息并使用 Set Reconstruction Region 命令构建范围,如图 4-1-10 所示。

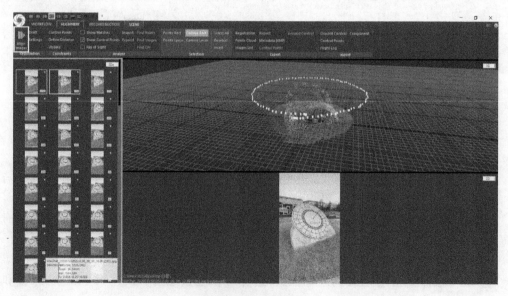

图 4-1-10　匹配图片

（3）生成模型

依次使用如图 4-1-11 所示的命令生成最终模型效果。

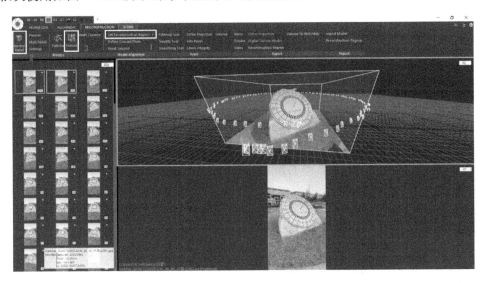

图 4-1-11　生成模型

（4）模型输出

在如图 4-1-12 所示的面板中单击 Mesh 命令进行模型输出，输出模型格式一般选择 OBJ 或 FBX，即可在其他三维软件中使用。

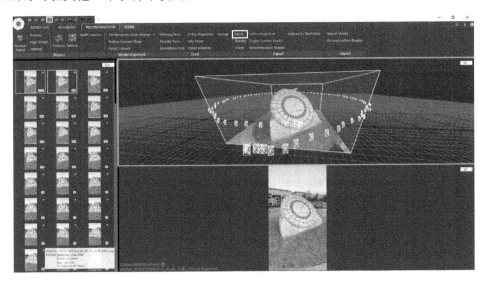

图 4-1-12　输出模型

4.2　虚拟现实技术开发引擎

虚拟现实技术是多种技术的综合，它运用的主要技术包括：实时三维计算机图形技术，广角（宽视野）的立体显示技术，观察者的手及手势、人体姿势的实时跟踪技术，立体声技术，触觉、力觉显示反馈技术,语音输入/输出技术等。所以说,虚拟现实是极其复杂的,必须具有灵活、可移植与实时交互的特性,这对于软件开发环境提出了非常高的要求。若从基本的代码行(如 C♯/C＋＋与 OpenGL)开始开发一个全新的虚拟现实应用引擎,工作量是非常大的,因此有必要提供某种框架或平台使新的应用可以在已有的虚拟现实开发工具的基础上进行。本节通过介绍国内外几个比较有代表性的开发引擎,试图使读者对开发引擎有一定的了解与认识。

4.2.1　Unity 3D

Unity 3D 是一款创新的跨平台 2D/3D 游戏引擎,可用于开发 Windows、MacOS 以及 Linux 平台的单机游戏,PlayStation、XBox、Wii、3DS 和任天堂 Switch 等的游戏主机的视频游戏,以及 iOS、Android 等移动设备的游戏。Unity 3D 所支持的游戏平台还扩展到基于 WebGL 技术的 HTML5 网页平台。

Unity 3D 包含集成的编辑器、跨平台发布、地形编辑器、着色器、脚本、网络、物理、版本控制等特性。

Unity 3D 最初于 2005 年在苹果公司的全球开发者大会上对外公布并开放使用,当时它只是一款面向 OS X 平台的游戏引擎。截至 2018 年,该引擎所支持的研发平台已经达到 27 个。

Unity 3D 的客户包括动视暴雪、EA、Ubisoft、腾讯、网易、巨人、盛大、完美世界、西山居等公司,全球超过 1 900 万的中小企业以及个人开发者。

基于 Unity 3D 引擎创作的游戏包括《新神魔大陆》《天涯明月刀》《原神》《庆余年》《秦时明月世界》《万国觉醒》《地下城与勇士》《黑暗之潮》《王牌战士》《明日方舟》《风云岛行动》《樱桃湾之夏》《精灵宝可梦 GO》《使命召唤手游》《王者荣耀》《诛仙》《马里奥赛车》《奇异世界:灵魂风暴》《闪耀暖暖》《精灵与萤火意志》《炉石传说》《帕斯卡契约》《暗影之枪:战争游戏》《极乐迪斯科》《神庙逃亡》《崩坏 3》《纪念碑谷》《完美世界》《愤怒的小鸟 AR 版》《一人之下》《龙之谷 2》《风云岛行动》《战歌竞技场》《剑网 3:指尖江湖》《地牢女王》等。

图 4-2-1 所示为用 Unity 3D 开发的 VR 健身游戏划船机项目中的一个场景(一片海岸风景),工期为一个月,约由 10 人完成,该场景主要展示了地形、水、船只、光影效果。Unity 3D 吸引了众多游戏开发者和 VR 开发者的目光。

图 4-2-1　Unity 2019 的工作界面

Unity 3D 内置了 NVIDIA 出品的 PhysX 物理仿真引擎。在开发中只需要简单的操作就能够按照物理运动规律来进行运动,并已支持流体和布料的效果。Unity 3D 内置了大量的着色器(Shader)供开发者使用,这些 Shader 可满足开发者的常用效果。Unity 3D 支持 JavaScript,C♯及 Boo,可见其在脚本方面功能也比较强大。其内置的地形编辑器也十分强大,能轻轻松松画出一个较为真实的地形场景,并可以给地形添加相应的元素,如花、草、树木等。

图 4-2-2 所示是 Mediatonic 工作室开发的一款名为《糖豆人》的游戏,这款游戏上线仅 24 小时,就收获了超过 150 万个玩家;一周内,游戏在 Steam 平台上销量超过 200 万套,同时在线玩家超过 10 万人。该工作室具有丰富的休闲游戏创作经验,拥有 230 多名员工,超过 25 名程序开发、艺术创作、游戏设计等项目成员,在英国布莱顿、利明顿、伦敦,西班牙马德里都设有办公室。在《糖豆人》制作过程中,如何在不增添开发者工作量的前提下,解决多人游戏技术问题,成为该公司面临的重大挑战。同时,平台推广也使这个挑战难上加难,最终,Mediatonic 选择了 Unity 的 Multiplay 服务器托管方案来挑起这个重担。

图 4-2-2　《糖豆人》游戏

Unity 3D 在游戏《异教徒》的制作中也大显身手,魔王 Morgan 由 17 个视觉特效图集(Visual Effect Graph)组成,每个图集控制效果的一部分,以方便管理。首先,粒子需要在皮肤网格上生成,在动画播放时跟随皮肤。而 VFX Graph 目前默认并不支持蒙皮网格,需要使用一种替代方案。基础网格的位置、法线和切面是在 UV 空间中渲染的,这些数据随后在 VFX Graph 中用作纹理参数,以正确地在人物表面确定粒子的位置和方向。魔王 Morgan 的制作也用到了 GPU(图形处理器)粒子创建模拟等。图 4-2-3 为《异教徒》游戏画面。

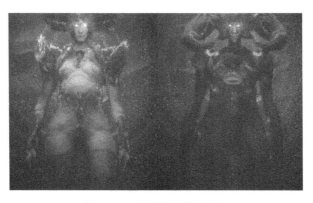

图 4-2-3　《异教徒》游戏画面

4.2.2　Unreal Engine

Unreal Engine(虚幻引擎)是一款由 Epic Games 开发的游戏引擎。该引擎是授权最广的世界知名游戏引擎之一,占有全球商用游戏引擎 80%的市场份额,其最初主要是为了开发第一人称视角游戏,后来也同时被成功地运用于开发潜行类游戏、格斗游戏、角色扮演游戏、VR游戏等多种不同类型的游戏。

第 1 代虚幻引擎于 1998 年一经推出,Epic Games 便将这款引擎用于《魔域环境》以及《虚拟竞技场》的开发。

虚幻引擎开发工具包(UDK,Unreal Development Kit)为 2009 年 11 月由 Epic Games 所发布的游戏开发工具,对应虚幻引擎 3。Epic 表示并不会提供玩家指导,所以玩家在使用时要参考基本的教学指引,也可去论坛上观摩。开发包中已包含游戏应用程序,死亡竞赛(Deathmatch)及夺旗模式(CTF)各含两个地图,修改器内含模块修改器、音效修改器、地图编辑器等,Unreal Frontend 则是封装游戏的工具;但此包最主要的作用还是通过修改代码(Unreal Script)的内容(位于 Development 文件夹中),完成自己理想的游戏内容。

2005 年 8 月,Epic Games 副总裁 Mark Rein 透露,自 2003 年以来,虚幻引擎 4 一直在开发中。直到 2008 年,Epic Games 的首席执行官兼创始人 Tim Sweeney 表示引擎"基本上"完成了开发。2014 年,Epic Games 发布了虚幻引擎 4.0 版本。

2020 年 5 月 13 日晚,Epic 在没有预兆的情况下对外宣布了虚幻引擎 5 的消息,并放出超现实级游戏画质的宣传片。虚幻引擎 5 采用了两大核心技术,一是"Nanite",用于处理游戏场景中复杂的几何体;二是"Lumen",用于解决游戏的光照细节。同时,Epic 将向虚幻引擎开发者完全开放 Quixel Megascans 素材库,使小团队利用虚幻引擎 5 做出高水准(画质)的内容也成为可能。Epic 同时承诺自己未来会在素材库中的素材整合方面继续加大投资。

虚幻引擎的主要功能如下。

① 使用地形系统创建有山脉、峡谷甚至洞穴的超大规模开放世界场景环境和地形。添加多个高度图和绘制层,并分别雕刻和绘制它们。用户可以通过一个专为样条保留的图层非破坏性地编辑地形,在蓝图中创建独特的自定义笔刷,并使用它们根据其他元素改造地形。

② 由影视行业专家设计的 Sequencer 是一款完整的非线性、实时动画编辑工具,专为多人协同工作而生,能够释放创作潜能。它能够以镜头为单位逐一定义和修改光照、镜头遮挡、角色以及布景。整个美术团队能够以前所未有的方式同时加工整个序列。

③ 通过虚幻引擎基于物理的光栅化器和光线追踪器,可以快速地实现好莱坞级品质的视觉效果。用户可以自由选择光线追踪反光、阴影、半透明、环境光遮蔽、基于图像的光照和全局光照,同时继续对其他通道进行光栅化处理,从而以用户需要的性能获得精细、准确的效果。这些效果包括来自范围光源的动态柔和阴影以及来自 HDRI(高动态范围图像)天空光照的光线追踪光源。

④ 利用 DCC 包中创建的皮毛,以高达实时水平的速度模拟和渲染数以十万计的逼真毛发,从而展现更令人信服的人类角色和毛绒生物。发丝可以根据皮肤变形,表现逼真的绒毛和面部毛发。该系统拥有先进的毛发着色器和渲染系统,并通过 Chaos 集成了 Niagara 的物理模拟。

⑤ 通过对设计师更友好的蓝图可视化脚本,用户可以快速地制作原型和交付交互式内容,而不必接触一行代码。使用蓝图可以构建对象行为和交互,修改用户界面,调整输入控制,等等。在测试作品的时候,可使用强大的内置调试器使游戏性流程可视化并检查属性。

⑥ 虚幻引擎依靠与 Oculus VR、Steam VR、Google VR、HoloLens 2、Magic Leap、Windows Mixed Reality、ARKit 和 ARCore 等流行平台的原生集成,提供用于创建虚拟现实(VR)、增强现实(AR)和混合现实(MR)体验的超高品质解决方案。通过对 OpenXR 的支持,可以保证用户的应用程序能用于未来的新设备。

⑦ 每个虚幻引擎许可证都附带免费在虚幻引擎中使用整个 Quixel Megascans 库的访问权。这个优质的资源库基于现实世界扫描,拥有成千上万的 3D 和 2D PBR(基于物理规律模拟渲染技术)资源,并提供优化的拓扑、UV 和 LOD(多层次细节),以及统一的缩放比率和分辨率。

⑧ 通过对完整 C++源代码的自由访问,可以学习、自定义、扩展和调试整个虚幻引擎,毫无阻碍地完成项目。在 GitHub 上的源代码元库会随着用户自己开发主线的功能而不断更新,因此甚至不必等待下一个产品版本发行,就能获得最新的代码。

图 4-2-4 所示为虚幻引擎 4 的工作界面,其与 Unity 3D 引擎的界面有相似之处。

图 4-2-4　虚幻引擎 4 的工作界面

Titanic:Honor and Glory 是虚拟博物馆与推理破案游戏的结合,由 Vintage Digital Revival 公司制作,该公司之所以选择虚幻引擎开发,是因为该引擎的视觉表现力和易用性吸引了他们。尽管该团队并没有相关引擎开发的经验,但工作很快就走上了正轨。他们把自己的 Maya 模型移植到虚幻引擎 4 中,在其中制作场景动画,实时输出每个视频,然后在后期添加音乐和音效。Vintage Digital Revival 公司在 *Titanic:Honor and Glory* 中以虚拟现实的形式再现"泰坦尼克号",如图 4-2-5 所示。

图 4-2-5 "泰坦尼克号"船内场景

4.2.3 VR-Platform

VR-Platform(VRP)是由我国深圳市中视典数字科技有限公司独立开发的具有完全自主知识产权的一款三维虚拟现实平台软件,可广泛地应用于城市规划、教育培训、室内设计、工业仿真、古迹复原、桥梁道路设计、军事模拟等行业。该软件适用性强、操作简单、功能强大、高度可视化、所见即所得,此软件的出现将给正在发展的虚拟现实产业注入新的活力。

VR-Platform 由 VR-Platform 编辑器和许多 VR-Platform 高级软件模块组成。VR-Platform 编辑器是 VR-Platform 三维互动仿真平台的核心组件,用户通过它来编辑和生成三维互动场景。用户可根据所要制作的场景规模,选择一个合适的 VRP 编辑器产品。它有共享版、学生版、初级版、中级版、高级版、企业版等。可选的高级软件模块是 VRP 功能的延伸,能提高用户所制作的虚拟现实场景的沉浸感,给最终客户带来全方位的感观体验。该软件通常包含游戏外设模块、ActiveX 插件模块、立体投影模块、三通道模块、SDK 软件开发包等。其操作界面如图 4-2-6 所示。

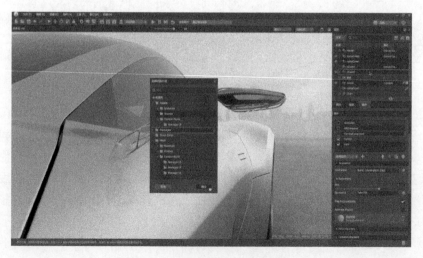

图 4-2-6 VR-Platform 操作界面

VR-Platform 具有以下特点：①人性化、易操作、所见即所得；②高真实感实时画质；③高效渲染引擎和良好的硬件兼容性；④完全知识产权，支持二次开发；⑤良好的交互性；⑥高效、高精度碰撞检测算法；⑦丰富的特效；⑧功能强大的实时材质编辑器；⑨与 3ds MAX 的无缝集成；⑩强大的界面编辑、独立运行功能；⑪快速的贴图查看和资源管理；⑫骨骼动画、位移动画、变形动画；⑬数据库关联；⑭多行业应用专业模块；⑮支持全景模块；⑯支持网络模块；⑰支持虚拟现实相关硬件设备；⑱可嵌入 IE 和多媒体软件。

4.2.4　其他开发引擎

1. CryEngine

CryEngine 是较为先进的游戏引擎，目前版本为 CryEngine 3，它是由德国的 Crytek 公司出品的一款对应最新技术 DirectX 11 的游戏引擎。该引擎最初是 Crytek 为 NVIDIA 开发的技术演示，后来该公司看到了它的潜力，将其用于第一人称射击（FPS）游戏《孤岛惊魂》的开发。该引擎擅长类似于《闪点行动》的超远视距渲染，但拥有更先进的植被渲染系统。2001 年引入的"沙盒"是全球首款"所见即所玩"（WYSIWYP）游戏编辑器，现已发展到第 3 代，WYSIWYP 功能也提升到一个全新层次，并扩展到 PS3 和 X360 平台上，允许实时创作跨平台游戏，其创作工具和开发效率也都得到了全面增强。利用 CryEngine 3 引擎开发的作品包括 *Giant*（《巨人》）、*Sniper* Ⅱ：*Ghost Warrior*（《狙击手Ⅱ：幽灵战士》），以及 *Cabal* Ⅱ（《阴谋集团Ⅱ》）。当 *Crysis*（《孤岛危机》）发布后，CryEngine 马上引起了游戏开发者和玩家们的注意。*Crysis* 中展示出来的图形的保真度达到了新的水平，图 4-2-7 所示为《孤岛危机》游戏画面。随后，CryEngine 发布了多个版本，具有更多的特色和功能。

图 4-2-7　《孤岛危机》游戏画面

此外，玩家在游戏关卡中不需要通过暂停来加载附近的地形。对于室内和室外的地形，游戏引擎也可无缝过渡（照明和渲染模式可能稍有不同）。

当支持像素着色器 3.0 和顶点着色器 3.0 的显卡发行后，Crytek 开发了 CryEngine 1.2 版引擎，其可渲染出更好的图像。随后发布的 CryEngine 1.3 版增加了对高动态光照渲染特效的支持。它只能在单显卡上启用，支持 Shader Model 3.0 和 64 位技术。

CryEngine 3 引擎有如下特性。

① CryEngine Sandbox：实时游戏编辑器，可实现"所见即所玩"。玩家可以很容易地创建大型户外关卡，加载测试自定义的游戏关卡，或看到游戏中特效的任何变化。

② 渲染器：可实现室内和室外的无缝连接。提供对 OpenGL 和 DirectX 8/9 的支持，可利用 Xbox、PS2 和 GameCube 的硬件机能。

③ 物理系统：支持人物的逆运动学效果，如布娃娃系统、载具、刚体、液体、布料和软体等效果。

④ 人物的逆运动学及动作融合技术：支持单一人物模型的多重动作融合。

人工智能系统：基于脚本的 AI 和 AI 行为，能够不使用 C＋＋编程就可以自己创建自定义的敌人行为模式。

⑤ 交互式动态音乐系统：音乐可以由游戏的特定事件触发，提供 CD 品质的 5.1 环绕立体声播放。

⑥ 环境音效及 SFS 引擎：可准确地再现室外环境和室内环境声音的无缝混合。包括对 EAX 2.0 音频的支持。

⑦ 网络客户端和服务器系统：管理多人模式。这是一个基于客户/服务器结构的低延时网络系统。

⑧ 着色器：支持实时的像素渲染、凸凹反射、漫反射、反射、容积光效果、透明显示、窗口、弹孔和光泽表面。

⑨ 地形：采用先进的高度图系统来减少多边形，可形成广阔的真实环境。以游戏单位换算，视野距离可达 2 km。

⑩ 光照和阴影：支持高级的粒子技术和任何用于粒子的容积光照效果。

⑪ 雾：包含容积雾层和视距雾化等增强的大气效果变化。

⑫ 集成工具：使用 3ds Max 或 Maya 创建的物体或建筑可以在游戏或编辑器里使用。

⑬ Polybump™：独立或完全符合 3ds Max 等工具。

⑭ 脚本系统：基于流行的 LUA 语言，可以简单地设置和调整游戏的各种参数、音效和加载画面等而不需要利用 C＋＋编程。

⑮ 模块化：游戏完全由 C＋＋编写，并且带有注释文档。

2. Lumberyard

Lumberyard 是由亚马逊发布的一款全新的游戏引擎，它能够帮助开发者利用其基础设施。亚马逊不仅是电子商务网站的巨头，也是一家科技公司。独立开发者和 AAA 工作室都可以利用 Lumberyard 的优势。而且，Lumberyard 是开源和完全免费的。图 4-2-8 所示为 Lumberyard 官方的培训模拟场景。

图 4-2-8　Lumberyard 官方的培训模拟场景

3. HeroEngine

该引擎在在线游戏等领域获得了非常高的人气,其代表作为《星球大战:旧共和国》,如图 4-2-9 所示。对于新入行的开发者以及初创公司来说,该引擎的授权费用较高,不过,如果开发者有一个非常具备潜力的项目,该引擎还是非常值得考虑的。以下是该引擎的优点与缺点。

(1)优点

提供多个开放世界地图,而且可以实现无缝转换;提供相对完善的 AI;地图工具简单易用,并且集成了多个工具;脚本强大,足够帮助开发者研发复杂的项目、获得需要的资源;可以通过 HeroCloud 支持客户服务器。

(2)缺点

脚本引擎强大但不够直观,HeroEngine 和 HeroCloud 对于初创公司来说成本较高,新开发者学习门槛较高。

图 4-2-9　HeroEngine 开发的《星球大战:旧共和国》游戏画面

4. RAGE

RAGE 是 Rockstar 高级游戏引擎的简称,由游戏公司 Rockstar Games 旗下子公司 Rockstar San Diego 所开发,此引擎适用于 Microsoft Windows、PlayStation 3、Wii、Xbox 360、Xbox One、PlayStation 4 等平台上的游戏开发。

使用 RAGE 引擎开发的游戏有《荒野大镖客:救赎 2》,如图 4-2-10 所示,以及《侠盗猎车手 V》等。

图 4-2-10　RAGE 开发的《荒野大镖客:救赎 2》游戏画面

5. Frostbite Engine

Frostbite Engine 也称寒霜引擎,是由 EA DICE 工作室开发的一款 3D 游戏引擎,主要应用于战地系列游戏。该引擎于 2006 年开始发行,第一款使用寒霜引擎的游戏《战地:叛逆连队》于 2008 年上市。图 4-2-11 所示为利用寒霜引擎开发的《战地 4》游戏画面。

寒霜引擎、寒霜 2 引擎支持多种平台的后端。在 Xbox 360、Windows XP 上支持 DirectX 9.0c(不包括寒霜 2 引擎),支持在 Windows Vista/Windows 7 上应用 DirectX 10/11,支持 PlayStation 3 的 libGCM。寒霜引擎在各平台上都保持较高的独立性,各种渲染工作由引擎内部完成,不会使不同 API 渲染出的画面效果出现较大差别。寒霜引擎注重操作的简易性,其编辑器 FrostED 运用了图形化操作界面,使游戏美工师能够更好地参与游戏制作的过程。复杂的地形创造、积雪模拟,也可以通过内置的滑框来进行简单调节。一些常用的文件转换功能也被集成在引擎之中。引擎使用 Havok Destruction 系统,应用了非传统的碰撞检测系统,可以制造动态的破坏,物体被破坏的细节可以完全由系统即时渲染产生,而非事先预设定。引擎理论上支持 100%物体破坏,包括载具、建筑、草木枝叶、普通物体、地形等,以及燃烧等使物体原形态发生改变。

图 4-2-11　寒霜引擎开发的《战地 4》游戏画面

习　　题

1. 在虚拟现实系统中,建模的意义是什么?
2. 常见的建模软件有哪些,各有何特点?
3. 3ds Max 建模软件相比于同类软件有何优点?
4. 常见的虚拟现实技术的开发引擎有哪些,有何特点? 典型的开发作品有哪些?

第5章 全景技术

学习目标

1. 了解全景技术的分类及特点
2. 了解各种全景素材的拍摄方法
3. 掌握柱形、球形、对象全景的制作技术
4. 了解常见的全景技术工具软件

近年来，随着虚拟现实技术在电子商务、在线房地产展示、虚拟旅游等产业不断得到应用与发展，一种视觉新技术——全景技术应运而生，在全球范围内迅速发展并逐步流行。

全景技术是一种基于图像绘制技术生成真实感图形的虚拟现实技术，具体来说它是一种基于图像处理的 Panorama（全景摄影）技术。它把由相机环绕四周进行 360°拍摄的一组照片拼接成一个全景图像，用一个专用的播放软件在单机或 Internet 上展示，如图 5-0-1 所示。一般来说，全景技术主要是通过图片或者相片的缝合，实现对场景环视和对物体的三维拖动显示。用户可以通过鼠标或键盘进行上下、左右移动，任意选择自己的视角，并进行任意放大和缩小，实现 3D 展示效果，如亲临现场般环视、俯瞰和仰视，具有强烈的动感和影像透视效果，好像在一个窗口前浏览一个真实的场景。

图 5-0-1　全景技术展示示意图

近年来，全景技术在国外发展已经相当成熟，其图像精度、应用领域、设备水平已经达到了较高的水平，特别是在欧洲、美国、澳大利亚等地诞生了大量的全景软件。国内全景技术的发展还处于成长阶段，目前已经有了一定程度的应用，主要应用于房地产、旅游业、汽车业、数字城市等领域。

5.1 全景技术概述

5.1.1 全景技术的特点

全景技术是基于 Internet 的一项应用技术,它是在 Internet 上展示准 3D 图形的实用工具。它具有下述几个优点。

① 无须复杂建模,通过实景采集获得完全真实的场景。全景图片不是利用计算机生成的模拟图像,而是通过对物体进行实地拍摄,再对现实场景进行处理和再现后的真实图像。相比建模得到的虚拟现实效果,它更加真实可信,更能使人产生身临其境的感觉。它能更好地满足对场景真实程度要求较高的应用,如数字城市展示、工程验收、犯罪现场信息采集等。

② 快捷高效的制作流程。全景的制作流程简单快捷,免去了烦琐且又费时的建模过程,通过对现实场景的采集、处理和渲染,快速生成所需的场景。与传统虚拟现实技术相比,其效率提高了十几倍甚至几十倍,它的制作周期短,制作费用低。

③ 有一定的交互性,可以用鼠标或键盘控制环视的方向,进行上下、左右、远近的浏览。

④ 通过网页等方式发布出来。全景的网页展示方式非常多样化,它支持地图导航,热点虚拟可访问外部网页、视频、动画、音频等的链接,它还可以与三维地理系统联系起来集成在软件中进行展示,如 Google Earth。总之,全景的应用领域十分广泛,不论在商业领域、文化领域,还是科技领域都能发挥它特有的优势。

5.1.2 全景技术的分类

随着 Internet 的应用及普及,全景技术的发展也十分迅速,目前全景技术的种类已经从简单的柱形全景,发展到球形全景、立方体全景、对象全景、全景视频等。

(1) 柱形全景

柱形全景是最简单的全景虚拟。柱形全景可以理解为以节点为中心的具有一定高度的圆柱形的平面,平面外部的景物投影在这个平面上。用户可以环水平 360°观看四周的景色,能任意切换视线,也可以在一个视线上改变视角,来取得接近或远离的效果。但是如果用鼠标上下拖动时,上下的视野将受到限制,向上看不到天顶,向下也看不到地面。

这种照片一般采用标准镜头的数码或光学相机拍摄,其纵向视角小于 180°,显然这种照片的真实感并不理想。但其制作十分方便,对拍摄与制作设备的要求低,早期应用较多,目前市场上较为少见。柱形全景如图 5-1-1 所示。

图 5-1-1 柱形全景示意图

（2）球形全景

球形全景的视角为水平 360°，垂直 180°，即全视角。在观察球形全景时，观察者好像位于球的中心，通过鼠标、键盘的操作，可以观察到任何一个角度，让人融入虚拟环境之中。球形全景照片的制作比较专业，首先必须用专业鱼眼镜头拍摄 2～6 张照片，然后再用专用的软件把它们拼接起来，做成球面展开的全景图像，最后把全景照片作品嵌入展示网页中。球形全景产生的效果较好，所以有专家认为球形全景才是真正意义上的全景。球形全景展示效果较完美，所以它被作为全景技术发展的标准，已经有很多成熟的软硬件设备和技术来支持。球形全景如图 5-1-2 所示。

图 5-1-2　球形全景示意图

（3）立方体全景

立方体全景是另外一种实现全景视角的拼合技术，和球形全景一样，它的视角也为水平 360°，垂直 180°。与球形全景不同的是，立方体全景保存为一个立方体的六个面。它打破了原有单一球形全景的拼合技术，能拼合出更高精度和更高储存效率的全景。立方体全景照片的制作比较复杂，首先拍摄照片时，要把对象的上下、前后、左右全部拍下来，可以使用普通数码相机拍摄，只不过普通数码相机要拍摄很多张照片（最后拼合成六张照片），然后再用专门的软件把它们拼接起来，做成立方体展开的全景图像，最后把全景照片嵌入展示网页中。立方体全景如图 5-1-3 所示。

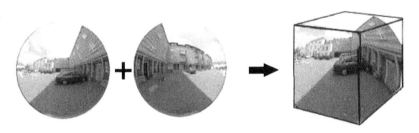

图 5-1-3　立方体全景示意图

（4）对象全景

对象全景也叫 object VR，即 360°三维物体展示技术。球形全景是从空间内的节点来看周围 360°的景物所生成的视图，而对象全景则刚好相反，它从分布在以一件物体（即对象）为中心的立体 360°球面上的众多视点来看一件物体，从而生成这个对象的全方位的图像信息。它的拍摄方法与其他全景技术不同：拍摄时瞄准对象（如果拍摄的是玩具，那玩具就是对象），转动对象，每转动一个角度，拍摄一张，按顺序完成。用户用鼠标来控制物体旋转以及对象的放大与缩小，也可以把它们嵌入网页中，发布到网站上。对象全景的应用范围很广，电子商务公司可以利用该技术在 Internet 上进行商品的三维展示，如手机、工艺品、电子产品、古代与现代艺术品的展示等。对象全景如图 5-1-4 所示。

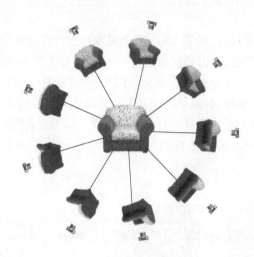

图 5-1-4　对象全景示意图

（5）全景视频

动态全景视频是全景摄影的主要发展方向，观众甚至可以在一些网站上看到进行中的带音响效果的全景球类比赛，并且观众的视角可以随意转动。

全景技术的应用领域有电子商务、房地产行业、旅游业、展览业、宾馆酒店业、三维网站建设等。全景技术与 GIS（地理信息系统）技术的结合可以让平面的 GIS 系统具有三维效果。将此技术应用于数字城市的建设，将大大增强数字城市系统的真实性。

全景技术是一种应用面非常广泛的实用技术，然而它毕竟不是真正的 3D 图形技术，它的交互性十分有限，从严格意义上说，全景技术并不是真正意义上的虚拟现实技术，因此在一定程度上影响了它的普及、推广及发展。

5.1.3　常见的全景技术

目前在全球从事全景技术开发的公司有很多，开发此类软件的国外著名软件公司有 pixround、IPIX、3dvista、ulead、iseemedia 等，常见的全景软件有 3DVista Studio、Corel Photo-Paint、MGI Photo Vista、Image Assembler、IMove S. P. S. 、VR PanoWorx、VR Toolbox、PTGui、IPIX World、Panorama Maker、PhotoShop Elements、PhotoVista Panorama、PixMaker Lite、The Panorama Factory、PixMaker、Pano2VR、QTVR、Krpano、kuleiman、REALVIZ Stitcher、Powerstitch、PanEdit、Hotmedia 等；国内常见的全景软件有杰图造景师、Easy Panorama、观景专家与环视专家等。

这其中比较有代表性的全景软件如下。

1. QTVR

QTVR 是 QuickTime Virtual Reality 的简称，它是美国苹果公司开发的新一代虚拟现实技术软件，属于桌面型虚拟现实中的一种。此技术是一种基于静态图像处理的、在微机平台上能够实现的初级虚拟现实技术。尽管如此，它有其自身的特色与优势。它的出现使专业实验室中的成本昂贵的虚拟现实技术有了广阔的应用与普及前景。

QTVR 技术有 3 个基本特征：从三维造型的原理上看，它是一种基于图像的三维建模与动态显示技术;从功能特点上看,它有视线切换、推拉镜头、超媒体链接 3 个基本功能;从性能上看,它不需要昂贵的硬件设备就可以产生相当程度的虚拟现实体验。

（1）使用方便,兼容性好

浏览 QTVR 场景的用户无须佩戴欣赏一般虚拟现实产品所要求的昂贵的特殊头盔、特殊眼镜和数据手套等,仅通过普通鼠标、键盘就可实现对场景的操纵。QTVR 可运行于普通微机,无须运行于高速工作站。QTVR 可以在目前流行的操作系统平台上运行,并且可跨平台运行。

（2）多视角观看,真实感强

QTVR 运用真实世界拍摄的全景图像来构建虚拟的现实空间,真实世界的全景图像通常采用数码相机来拍摄,操作十分方便。它比由计算机生成的图像真实感强,可以提供较高的清晰度,从而使生成的图像具有更丰富、更鲜明的细节。同时,它提供了观察场景的多个视角,使用户可以在场景中从各个角度观察一个真实物体,从而使用户可以获得良好的 VR 体验。

（3）制作简单,数据量小

QTVR 的制作过程简单,前期拍摄的设备也很简单,一般只需要数码相机就可以。制作流程主要包括拍摄、数字化、场景制作,制作周期短。前期拍摄过程中不利因素的影响,如阴天光线不足,都可以通过后期数字化加工处理来解决。一般制作一个大型的场景,也只需几个月。QTVR 采用了苹果公司独有的专利压缩技术,相对于其他虚拟现实技术,QTVR 影片数据量极小。这意味着同样大小的磁盘空间采取 QTVR 可以存储更多的图片,同时也意味着用户对场景的操作也更加便捷。

2. IPIX World

IPIX 全景图片技术是美国联维科技公司（IPIX）在中国推广的包括其全景合成软件 IPIX World 和尼康镜头等设备在内的"整体解决方案"。它于 2000 年 5 月进入中国市场,它的宗旨是要让人人能够自己拍摄和制作全景照片。

IPIX 全景图片技术是利用基于 IPIX 专利技术的鱼眼镜头拍摄两张 180°的球形图片,再通过 IPIX World 软件把两幅图像拼合起来,制作成一个 IPIX 360°全景图片的实用技术。IPIX World 是一款"傻瓜型"全景合成软件,用户无须了解其核心原理,也无须对图像进行前、后期处理。IPIX 利用上述原理生成一种逼真的可运行于 Internet 上的三维立体图片,观众可以通过鼠标上下、左右的移动任意选择自己的视角,或者任意放大或缩小视角,也可以对环境进行环视、俯瞰和仰视,从而产生较高的沉浸度。

IPIX 全景图片技术使用的数码相机可以是尼康公司专为 IPIX 设计的数码相机 Nikon Coolpix 系列。此外,拍摄 IPIX 全景图片还需要一些辅助硬件,如三脚架和旋转平台等。

IPIX 有自己开发和设计的专有处理软件 IPIX World,同时也可以提供自行开发的多媒体处理软件。它的特点是可以在 IPIX 图片上进行热点链接,如加入背景音乐、链接到应用程序、加入声音文件、加入文本文件、链接到互联网、链接图片等。

但是该产品基本上属于普及型软件,加之用户需要支付用于购买图像发布许可的密钥和去 IPIX 标志和链接的版权费,其应用受到了一定的限制。

3. PixMaker

PixMaker 是一个简单方便的 360°全景图片制作软件,它可以将描写一个环型场景的多个连续图片无缝地接合在一起,形成一个 360°场景图片。PixAround.com 为拍摄全景图片提供了完整而简易的解决方案。用户在无须昂贵专业器材或额外浏览器插件软件的情况下,即可在 Internet 和 PDA(个人数码助理)上浏览互动的网上虚拟环境。

PixMaker 对相机型号没有特别要求,制作者只要用相机拍下照片,就可用 PixMaker 的专门软件 PixAround Webpage 制作并将制作好的图片上传到 Internet 上。PixMaker 全景 360°图片的最大优点是操作的简易性。制作者只需通过拍摄、拼接、发布 3 个步骤,即可制作出 360°环绕的画面,让网上浏览者随心所欲地利用鼠标观看空间、对象的每一个角落。另外,其拥有多样化的发布形式,根据用户的需要可以制作成 Web、PDA、EXE、JPG 等格式。

4. The Panorama Factory

The Panorama Factory 是专门制作具有 360°环场效果的影像式虚拟工具,提供全自动、半自动、手动的拼接方式,可以制作出超广角的照片。而且它的操作步骤简单,不需要使用 Photoshop 等影像编辑软件来进行调整。该软件可以很容易地将拍摄的多张相同位置不同转动角度的照片拼接成一个完整的全景图。

它可以简单地通过 7 个步骤生成全景图。①使用缝接向导制作全景画;②选择图片缝接方案;③选择数码相机类型等;④控制所输入图片的图像质量,保证图片效果;⑤选择全景图类型;⑥对缝接图片进行锚点;⑦当锚点效果达到满意程度时,可以预览图片与输出全景照片。经过几分钟的运算后,就可以得到最终的效果,这时会出现最后一个向导页。在这个对话框中,选择是要将拼接完的全景照片保存为 ∗.jpg 文件,还是将整个拼接工程保存,或先在浏览器中预览。当然也可以直接选择打印选项,把照片打印出来。

5. 杰图软件

杰图软件是国内全景技术开发的典型代表之一,是国内较成熟的全景软件,也是国内能提供 EXE 全屏全景和全景播放器的供应商。该公司的全景软件融合了神经网络算法、智能寻边等技术,能快速完成全景的生成过程。该公司成功开发出三维全景展示制作系统——造景师、三维物体展示制作系统——造型师、三维虚拟漫游制作系统——漫游大师。

(1)造景师

造景师是全球全景行业领先的 360°全景制作软件,它可以完成全景图拼接和 720°全景拼合,同时支持鱼眼照片和普通照片的全景拼合。它可以拼合鼓形(Drum)模式、全帧(Fullframe)模式、整圆(Circular)模式、立方体(Cube Face)模式的图片素材。图 5-1-5 所示为造景师工作界面。

它具有以下功能:
- 支持 Adobe Flash Player 播放引擎;
- 支持 HTML5 格式的全景漫游,可以在任意地点或任意设备上观看全景;
- 支持嵌入百度地图,能自动识别带全球定位系统信息的图片或通过内嵌的百度地图搜索地名来添加经纬度信息;
- 在拼合过程中支持图形处理器加速,让拼合速度更快;
- 支持导入单反相机拍摄的圆形鱼眼、鼓形鱼眼、全帧鱼眼图的全景图拼合,拼合好的全景图可以导入漫游大师中制作全景漫游;
- 提供右键拼合功能,简便又省时;

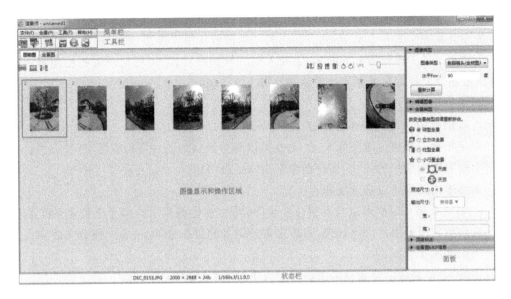

图 5-1-5 造景师工作界面

- 提供耀斑解决方案；
- 支持批处理，可以同时拼合多幅鱼眼图。

（2）造型师

造型师是一款制作 Flash 三维物体的软件。它提供了一种在 Internet 上逼真展示三维物体的新方法。其通过对一个现实物体进行 360°环绕拍摄得到的图像进行自动处理，生成 360°物体展示模型，使观看者可以通过网络交互地观看物体。

（3）漫游大师

漫游大师是一款行业领先的三维全景漫游展示制作软件，可以实现从一个场景走入另一个场景的虚拟漫游效果；并且可以在场景中加入图片、文字、视频、Flash 等多媒体元素，让场景变得更鲜活。其广泛应用于房产楼盘、旅游景点、宾馆酒店、校园等场景的虚拟漫游效果的网上展示，让观看者足不出户即可获得身临其境的感受。漫游大师可以发布 Flash VR、EXE、SWF 格式以及在移动设备上观看的 HTML5 格式。

漫游大师具有以下功能：

- 支持将发布的 HTML5 格式文件发布成一个简易的 App，以便更加便捷地在移动设备上观看；
- 除了支持原来的平面地图外，还支持百度电子地图，通过多地图功能可以制作更加丰富的虚拟漫游效果，用户可以选择电子地图或者卫星地图，自定义平面地图；
- 支持多种音频格式；
- 支持视频漫游（VCD、SVCD、DVD 等格式）；
- 增强热点功能（热点可以链接到另一个场景、URL、弹出图像、另一个虚拟漫游等）；
- 引入分块加载功能，可以缩短在浏览器中运行的加载时间；
- 用户可以在场景或弹出窗口中嵌入 3D 模型，支持文件格式为 3ds。

6. PTGui

PTGui 的名字由 Panorama Tools 的缩写 PT 和 GUI（Graphical User Interface）组合而

成。它是一款为 Windows 和 iOS 操作系统设计的全景拼合软件,目前使用很广泛。它最初是著名多功能全景制作工具 Panorama Tools 的一个图形化用户界面,现在成为一款功能强大的图片拼合软件。其工作流程非常简单:①导入一组原始底片;②运行自动对齐控制点;③生成并保存全景图片文件。它的强大优势表现在以下几个方面:

- 可以拼合多行图片;
- 可以创建 360°的立方体全景、全景展开平面图;
- 即使拍摄时相机位置不水平,PTGui 可以先对倾斜的图片进行旋转,再进行拼合;
- 不限制输出结果的尺寸,支持创建千兆的全景图片;
- 最终输出结果可以是分层图片;
- PTGui 大部分时候可以自动拼合全景图,同时它也提供了许多手工控制的工具,可以对单独的原始图片进行处理,对许多复杂场景的拼合,PTGui 自动拼合无法完成,就必须用到这些功能;
- 支持 16 位最佳图片质量的运行。

7. Pano2VR

Pano2VR 是奥地利 Garden Gnome Software 公司的产品,是一款可以将全景或 360°照片和视频转换为交互式虚拟漫游的软件。它可以将全景图像转换成 HTML5、Flash 和 QTVR 等多种格式,界面操作简单,可定制皮肤,可选择的用户语言界面有英语、汉语、法语、日语、德语、波斯语、俄语、西班牙语、土耳其语和瑞典语。

Pano2VR 具有以下功能:

- 允许输入一张图片完成自动补地操作;
- 可以直接输出 HTML5 文件以及 Flash 文件;
- 可以添加自己的按钮和图形,设计和建造一个热点地图进行虚拟之旅;
- 文件格式支持 JPEG、PNG、TIFF、BigTIFF、Photoshop PSD/PSB、OpenEXR、高动态、HDR、QuickTime;
- Pano2VR 生成的是一个"系统",某种程度上和一个网站系统是一样的。所以说,制作出来的是可供浏览的全景漫游,它的运行环境应该是在服务器上面的,可以通过浏览器打开。

5.2 全景制作的硬件设备与拍摄方法

5.2.1 硬件设备

1. 前期素材获取方案

制作全景作品,首先必须有相应的照片素材,而且全景作品的最终效果在很大程度上取决于前期素材的效果。前期素材的质量与所用的硬件设备有极大的关系,要得到全景作品的素材,一般采用以下 2 种方案。

(1)三脚架+云台+数码相机+鱼眼镜头

这是最常见且实用的一种方法,采用外加鱼眼镜头的数码相机和相应的云台来进行拍摄,拍摄后可直接导入计算机中,制作十分方便。更重要的是,一方面这种方法制作成本低,一次可拍摄大量的素材供后期选择制作;另一方面其制作速度较快,删改照片及效果预览都十分方便,一般推荐采用这种方法。

（2）三维模型的全景导出

这种方法主要用在某些不能拍摄或难于拍摄的场合,或是一些在现实世界中还不存在的物体或场景。如房地产开发中还没建成的小区,虚拟公园的游览,虚拟产品展示等,这些场景只能通过三维建模软件进行制作,制作完成后再通过相应插件将其导出为全景图片。

2. 常用设备

在全景制作中,普遍采用的是第 1 种方案,即采用三脚架＋云台＋数码相机＋鱼眼镜头的方式,但在实际操作中,这些设备会有一个相互配合的问题,并非所有的数码相机都适合全景拍摄,在全景拍摄中,所使用的云台与传统摄影采用的云台也是不同的。

常用的全景拍摄硬件设备的配置如表 5-2-1 所示。

表 5-2-1　常用的全景拍摄硬件设备的配置

	相机	镜头	云台
数码单反相机	D850、D780、D6、D5、佳能 EOS M6 Mark Ⅱ、佳能 EOS 90D、佳能 EOS 850D	Nikkor DX AF 10.5 mm f/2.8G ED、Nikkor AF 16 mm f/2.8D、Sigma 8 mm f/3.5 EX DG	Guide 全景、XGH-2 全景
普通数码相机	Coolpix P950、Coolpix P1000、Coolpix A1000、Coolpix B600、Coolpix P900S		
全景相机设备	Insta360 ONE、Insta360 Air、Insta360 Pro2		普通三脚架

（1）数码相机

在全景作品的制作时,数码相机和传统的光学相机都可以使用。采用传统的胶片光学相机,使用胶片输出形式,精度高,清晰度高,但胶片要进行冲洗,冲洗后再用扫描仪来扫描到计算机中,比较麻烦,时效性差,同时成本较高。而采用数码相机来拍摄景物则较为理想,理论上,所有的数码相机都可以用来制作全景作品。

为了得到较好的全景效果,应该选择成像像素在 1 000 万以上的数码相机,这样得到的图像质量较好。在球形全景作品的制作中,需要采用可以外接鱼眼镜头的数码相机,常见的有 Nikon Coolpix 系列以及 Insta360 公司出品的 Insta360 ONE 等,以 Nikon Coolpix P950 及 Insta360 ONE 等较为常用;也可以采用可换鱼眼镜头的数码单反相机,一般常见的数码单反相机均可。

① Nikon Coolpix P950

Coolpix P950 的光学变焦从 24 mm 广角到 2 000 mm 远摄。强大的变焦功能,可以捕捉到通常难以拍摄的物体,如野生动物、鸟类、远处的风景、飞机甚至行星。而微距拍摄允许相机距拍摄对象约 1 cm。在焦距范围内,该相机能提供清晰、锐利、美丽的影像,致力于满足用户创作的需求。图 5-2-1 所示为 Nikon Coolpix P950 相机。

图 5-2-1　Nikon Coolpix P950

　　凭借双重侦测光学 VR 减震功能,标准模式下 Coolpix P950 提供相当于快门速度提升约 5.5 档的减震效果,有效减轻由于相机震动造成的图像模糊,手持拍摄时也能清晰地捕捉远距离主体。此外,因为使用较慢的快门速度进行拍摄时不必担心相机抖动,因此可以扩大影像表达范围。

　　光学系统采用加强型低色散(ED)玻璃元件,拥有更高的成像能力并有效减少色差,远摄拍摄时可实现良好的图像品质。约 1 605 万有效像素的背部入射式 CMOS 影像传感器和支持最高 ISO 6 400 感光度的 EXPEED 影像处理器,在昏暗环境下也能够捕捉清晰锐利的影像。

　　相机配备约 0.39 英寸、235.9 万像素的电子取景器,放大倍率约 0.68 倍,带有眼感应器,当眼睛或面部靠近时,会自动从显示屏拍摄模式切换到取景器拍摄模式。手持相机时,对焦模式选择器可轻松地在手动对焦和自动对焦之间切换。除了配备变焦快速复位键和侧面变焦控件外,侧面拨盘的位置也便于轻松地控制拍摄。当设置为手动对焦时,该拨盘将用于手动对焦操作;当设置为自动对焦时,该拨盘则变成指定曝光补偿、白平衡或 ISO 感光度等操作设定。约 8.1 cm 的 TFT LCD 显示屏即使在户外也能提供舒适清晰的观看效果,其可翻转功能可为构图拍摄调整成各种角度。配件端子和配件热靴进一步扩展相机的功能,包括使用 DF-M1 点瞄准器时,帮助用户在远摄拍摄期间跟踪鸟类或飞机等远处的小物体,并且在丢失目标后能够重新捕捉。除了点瞄准器 DF-M1 外,还可使用多种另购配件来扩展 Coolpix P950 的性能。表 5-2-2 所示为 Nikon Coolpix 950 主要技术参数。

表 5-2-2　Nikon Coolpix 950 主要技术参数

产品类型	轻便型数码相机
ISO 感光度	自动模式:ISO 100~1 600 [100~400]、[100~800]、[100~1 600] (默认)、[100~3 200]、[100~6 400]、[100]、[200]、[400]、[800]、[1 600]、[3 200]和[6 400](使用 P、S、A、M、U 或视频手动模式时可用)
最大及有效像素数	约 1 605 万(图像处理可能会减少有效像素数)
相机尺寸	约(140.2×109.6×149.8) mm(不含突起部分)
数字变焦倍率	最高 4 倍(相当于 35 mm 格式的约 8 000 mm 镜头的视角),当使用 2 160/30p(4K 超高清)或 2 160/25p(4K 超高清)录制视频时,最高 3.6 倍

产品类型	轻便型数码相机
尺寸与显示分辨率	约 8.1 cm,约 92.1 万画点(RGB),宽视角 TFT LCD 显示屏,带防反射涂层和 5 档亮度调节,可翻转 TFT LCD 显示屏
镜头	带 83 倍光学变焦的尼克尔镜头
对焦范围	[广角端]:约 50 cm～∞,[长焦端]:约 5.0 m～∞ 微距模式:[广角端]:约 1 cm～∞,[长焦端]:约 5.0 m～∞ (所有距离均从镜头前表面中央开始测量)
光圈范围	F2.8～F6.5
快门类型	机械和 CMOS 电子快门
快门速度	自动模式:1/2 000～1 s P、A 模式:1/2 000～2 s(当 ISO 为[100～1 600])或 1/2 000～30 s(当 ISO 固定为[100]时) S、M 模式:1/4 000〔在广角位置,且使用最大的 f 值设定(最小光圈)〕～30 s(在 M 模式下当 ISO 为 3 200 或更低时设定) B 门设定(在 M 模式下当 ISO 为 1 600 或更低时可设定);最长 60 s
取景器	电子取景器,约 1 cm,约 235.9 万画点 OLED,带屈光度调节功能
曝光模式	带柔性程序的程序自动曝光、快门优先自动、光圈优先自动、手动、曝光包围、曝光补偿(−2.0～＋2.0 EV,步长为 1/3EV)
数据接口类型	微型 USB 接口,高速 USB
存储介质	SD/SDHC/SDXC 存储卡
图像格式	照片:JPEG、RAW(NRW)(尼康的专有格式) 视频:MP4(视频为 H.264/MPEG-4 AVC,音频为 AAC 立体声)
电池类型及电源使用时间	一块锂离子电池组 EN-EL20a,使用 EN-EL20a 时拍摄照片约 290 张,或拍摄视频约 1 小时 20 分

②　Insta360 ONE

Insta360 影石是我国深圳一家智能全景影像品牌,为客户提供硬件、软件、行业赋能的产品与服务。成立至今,Insta360 影石旗下专业级 VR 相机产品全球市场占有率超 80%、消费级全景相机领域市场份额跃居全球前列。

Insta360 ONE 可高速录制流畅的慢镜头影像,每秒传输帧数可达 120。解锁"子弹时间"新技能,可轻松拍出冻结时间特效的好莱坞大片。"子弹时间"灵感源自 The Wachowskis 以及瑞士滑雪者 Nicolas Vuignier。图 5-2-2 所示为 Insta360 ONE 相机。

对任意两个画面打点,ONE App 将自动连接标记点,模拟出影视级完美顺滑的摇臂镜头,令用户在 360°视频内二次创作出最有趣的故事。它的

图 5-2-2　Insta360 ONE 相机

智能追踪功能,可以识别并锁定物体的运动状态,并实现一键追踪,生成一段平稳的影片,令主体始终处于视觉中心。

将 ONE 相机连接自拍杆,自拍杆会立刻从画面中消失,用户仿佛拥有一台会低空跟拍、毫无噪声的无人机。表 5-2-3 所示为 Insta360 ONE 主要技术参数。

表 5-2-3　Insta360 ONE 主要技术参数

产品类型	消费级运动相机
陀螺仪	六轴陀螺仪
视频分辨率	3 840×1 920,每秒传输 30 帧;2 560×1 280,每秒传输 60 帧;2 048×512,每秒传输 120 帧(子弹时间)
最高图像分辨率(像素)	6 912×3 456
光学与数字变焦倍数	F2.2
照片格式	INSP、JPG(可通过 App 导出)、RAW
视频格式	INSV、MP4(可通过 App 导出)、LOG
可兼容设备	iPhone XS、iPhone XS Max、iPhone XR、iPhone X、iPhone 8/8 plus、iPhone 7/7 plus、iPhone 6s/6s plus、iPhone 6/6 plus、iPhone SE,iPad Pro(10.5 英寸)、iPad Pro(9.7 英寸)、iPad(9.7 英寸)、iPad Pro(12.9 英寸)、iPad mini4、iPad Air 2;安卓手机部分机型
曝光补偿	−2EV～+2EV
曝光模式	自动、手动(快门 1/4 000～60 s,ISO 100～3 200)、快门优先(1/4 000～2 s)、ISO 优先(100～3 200)
白平衡	自动、阴天、晴天、荧光灯、白炽灯
数据接口类型	Micro USB 2.0
电池容量	820 mAh(5V1A)
电池使用时间	70 分

(2)鱼眼镜头

普通的 35 mm 相机镜头所能拍摄的范围约为水平 40°,垂直 27°,如果采用普通数码相机拍摄的图像制作 360°×180°的全景图像的话,需要拍摄多张,这将导致拼缝太多而过渡不自然,因而需要水平和垂直角度都大于 180°的超广角镜头。

鱼眼镜头就是一种短焦距超广角摄影镜头,一般焦距在 6～16 mm。一幅 360°×180°的全景图像可以由 2～3 幅小角度照片拼合而成。为使镜头达到最大的视角,这种镜头的前镜片呈抛物状向镜头前部凸出,与鱼的眼睛颇为相似,故称"鱼眼镜头"。由于鱼眼镜头是由许多光学镜片组成的,装配精密,一般价格较贵。

鱼眼镜头与传统标准镜头相比,具有以下特点。第一,视角范围大,视角一般可达到 180°以上。第二,焦距很短,因此会产生特殊变形效果,透视汇聚感强烈。焦距越短,视角越大,由光学原理所产生的变形也就越强烈。为了达到超大视角,允许这种变形(桶形畸变)的合理存在,形成除了画面中心景物保持不变,其他部分的景物都发生了相应的变化的效果。第三,景深长,在 1 m 距离以外,景深可达无限远,有利于表现照片的大景深效果。历史上,135 画幅最广的鱼眼镜头是艺康旗下的 6 mm f/2.8,视角接近 220°。而富士研发了世界首台用于 500 万像素 CCD(电荷耦合器件)摄像机的 185°广角全方位镜头。传统的标准镜头与鱼眼镜头拍摄效果对比如图 5-2-3 所示。

图 5-2-3　传统的标准镜头与鱼眼镜头拍摄效果对比

常见的鱼眼附加镜有 Nikon 公司的尼克尔（Nikkor）AF DX 10.5 mm f/2.8G ED、AF-S 鱼眼尼克尔 8～15 mm f/3.5～4.5E ED，日本株式会社适马公司生产的专业鱼眼镜头有 Sigma 4.5 mm f/2.8 EX DC、Sigma 8 mm f/3.5 EX DG，其他著名品牌有 Canon（佳能）、松下。图 5-2-4 所示为几款比较有代表性的鱼眼镜头。

尼克尔AF DX 10.5 mm f/2.8G ED　　　AF-S 鱼眼尼克尔 8～15 mm f/3.5~4.5E ED　　　Sigma 8 mm f/3.5 EX DG

图 5-2-4　常见的鱼眼镜头

① AF-S 鱼眼尼克尔 8～15 mm f/3.5～4.5E ED

FX 格式下，当变焦位置设定为 8 mm 时，垂直和水平（圆形鱼眼）的摄影角度约为 180°；当变焦位置接近但未达到 15 mm 时，对角线方向（全画面鱼眼）的摄影角度约为 180°。DX 格式下焦距刻度上 DX 标记附近，全画面鱼眼图像对角线方向的摄影角度约为 180°。该镜头的光学设计技术能够实现最大光圈或光圈缩小时为整个画面提供高分辨率图像。而且，镜头画面边缘可实现良好的点光源还原能力，呈现清晰锐利的夜景和星空图像。

该镜头的最近对焦距离约为 0.16 m，最大复制比率约为 0.34 倍，因此用户可以接近拍摄对象，而无须担心边缘分辨率的降低。镜头前后端表面采用尼康氟涂层，便于清洁附着在镜头表面的灰尘、水滴和油污。

其拍摄成像为圆形鱼眼图，如图 5-2-5 所示，其主要技术参数如表 5-2-4 所示。

图 5-2-5　圆形鱼眼图

表 5-2-4　AF-S 鱼眼尼克尔镜头主要技术参数

镜头类型	鱼眼镜头
镜头结构	13 组 15 片
对焦视距	0.16 m～∞(无穷远)
视角范围	尼康 DX 格式数码单反相机：约 180°00′～110°00′
外形尺寸	约 77.5 mm（最大直径）×83 mm
产品重量	约 485 g
推荐附件	LC-K102 插入式镜头前盖，LF-4 镜头后盖，HB-80 卡口式遮光罩，CL-1218 镜头套

② Sigma 8 mm f/3.5 EX DG 鱼眼镜头

Sigma 8 mm f/3.5 EX DG 是一只 180°视角的超级鱼眼镜头，它是安装在单反相机上的镜头，镜头后端特设滤镜槽，方便使用插入式胶质滤镜。其外形如图 5-2-6 所示，其拍摄成像为鼓形鱼眼图，如图 5-2-7 所示，可配接尼康部分相机机型以及 Canon 单反相机。其主要技术参数如表 5-2-5 所示。

图 5-2-6　鱼眼镜头 Sigma 8 mm f/3.5 EX DG　　图 5-2-7　鼓形鱼眼图

表 5-2-5　Sigma 8 mm f/3.5 EX DG 鱼眼镜头主要技术参数

产品名称	Sigma 8 mm f/3.5 EX DG 鱼眼镜头
最大光圈	F3.5
最小光圈	F22
光学结构	6 组 11 片
最近对焦距离	0.135 m
焦距范围	8 mm
最大放大倍率	0.217 倍
视角	180°
卡口	佳能 EF 卡口
尺寸	73.5 mm×68.6 mm
重量	400 g

③ 尼克尔 AF DX 10.5 mm f/2.8G ED 鱼眼镜头

该鱼眼镜头具有极其广阔的视角,因此不能像普通镜头那样在其前面安装滤色镜。但尼康在镜头后端提供了一种明胶滤色镜夹,可在不造成周边暗角的情况下使用滤色镜。该款镜头拥有卓越的近距离对焦表现。其外形如图 5-2-8 所示,其拍摄成像为全帧鱼眼图,如图 5-2-9 所示。它匹配尼康所有型号的相机以及其他品牌带有 F 口的相机(如富士等),通常采用 4 张或 6＋2 张(天和地 2 张)即可完成拼合。其主要技术参数如表 5-2-6 所示。

图 5-2-8　尼克尔 AF DX 10.5 mm f/2.8G ED 鱼眼镜头　　　　图 5-2-9　全帧鱼眼图

表 5-2-6　尼克尔 AF DX 10.5 mm f/2.8G ED 鱼眼镜头主要技术参数

产品名称	AF DX 10.5 mm f/2.8G ED 鱼眼镜头
运用尼康 DX 格式的摄像角度	180°
对焦范围	0.14 m～∞(无穷远)
光学结构	7 组 10 片
光圈	f/2.8～f/22
最大放大倍率	1/5
直径×长度(从镜头卡口伸出的延伸段)	63 mm×62.5 mm
滤光镜尺寸	后装置型
尺寸	73.5 mm×61.8 mm
重量	305 g

（3）全景头

全景头(Pano head)也叫全景云台,是专门用于全景摄影的特殊云台,其作用是保持相机的节点不变。

所谓"节点"是指相机的光学中心,穿过此点的光线不会发生折射。在拍摄鱼眼照片时,相机必须绕着节点转动,才能保证全景拼合的成功。如果在转动拍摄时,不采用云台而直接使用数码相机和鱼眼镜头拍摄,那么鱼眼图像将会产生偏移。

球形和立方体全景都是设想以人的视点为中心的一个空间范围内的图像信息,观看全景的时候,场景围绕一个固定点旋转,如果没有全景头,相机在三脚架上旋转的时候,视点必然变化,其图像的真实度降低,全景头的目的是让相机在拍摄场景图像旋转的过程中,视点保持不变。

① Guide 全景云台

Guide 全景云台(图 5-2-10)俯仰轴采用不锈钢内芯,采用每 15°定位插销和侧面锁紧螺丝双重锁定,每个锁紧方式均可单独使用,侧面锁紧方式可实现无级锁定。同时俯仰轴可设置每 5°触感定位,重新定义行业标准,全面满足全景以及矩阵盲拍。自带 10 挡分度台,可以适配各类单反相机。

② XGH-2 全景云台

喜乐途 XGH-2 镂空悬臂云台(图 5-2-11)打破传统圆管式设计结构,采用全镂空式,虽重量比同体积的碳纤维还要轻,却能轻松驾驭重型镜头。云台两侧共设有两个通用 1/4 螺孔,两个通用 3/8 螺孔,可以搭配喜乐途魔术手、XLS-324C 三脚架使用,自带刻度升降槽和阻尼主旋钮。

图 5-2-10　Guide 全景云台　　　　图 5-2-11　喜乐途 XGH-2 镂空悬臂云台

（4）三脚架

三脚架的作用对于全景拍摄来说是十分重要的,尤其是在光线不足和拍夜景的情况下,三脚架的作用更加凸显。在拍摄多张全景照片时,它需要保证相机的稳定,并保证相机的节点在旋转过程中保持不变。三脚架的选择众多,在全景拍摄中不需要专用的三脚架,可采用通用的三脚架。为了得到质量较好的照片,用户总希望三脚架能为一些拍摄情况提供稳定的拍摄状态,如果使用本身重量较轻的三脚架,在开启三脚架时出现不平衡或未上钮的情况,或在使用时过分拉高了中间的轴心杆等,都会使拍摄效果不佳。

在全景拍摄时,可选择重量较大的三脚架来保证拍摄效果,但太重的三脚架又不方便移动,因此用户需要根据实际情况来选择重量合适的三脚架。

在全景拍摄时,有时考虑到鱼眼镜头的视角过大,会使三脚架进入拍摄到的画面中,此时用户可选择采用独脚架,以避免此类问题的发生。所谓独脚架就是用一根腿来替代标准三脚架的三根腿。三脚架通常作为照片摄影的支架,而独脚架的便于携带、轻便、独立的特点,使其更加适合户外数码摄影。但是独脚架的技术操作相较于三脚架更加复杂。对于有真正的低亮度曝光要求的拍摄任务来说,三脚架仍然是唯一的选择。

（5）旋转平台

要制作对象全景作品,须获得对象物体的一系列多个角度图片,在拍摄时为了得到较好的效果,通常使用普通数码相机或数码摄像机进行拍摄,此时拍摄者可采用旋转平台辅助拍摄,以保证旋转拍摄时能围绕着物体的中心,旋转平台如图 5-2-12 所示。它通常由步进电机来驱动底盘的转动,因此拍摄时使物体的中心轴线位于底盘的圆心。

图 5-2-12　旋转平台

5.2.2　全景照片的拍摄方法

在全景作品制作过程中,拍摄全景照片是其制作的第一步,也是较关键的步骤。全景作品的效果在很大程度上取决于前期拍摄工作的质量,主要是指拍摄的素材效果,所以拍摄全景照片素材这一步十分重要。前期的拍摄效果好,在后期制作中就十分方便,反之如果在前期拍摄中出现问题,在后期处理中将变得十分麻烦,所以一定要重视照片的拍摄过程。

1. 柱形全景素材的拍摄

柱形全景素材的拍摄通常可采用普通数码相机＋三脚架完成。一般标准镜头所能拍摄的范围是水平 40°,垂直 27°。要拍摄 360°全景,须拍摄一组相邻两张照片重叠 15％的 10～15 张照片,若作品要求高精度时,则需要拍摄更多的照片。

柱形全景照片的拍摄步骤如下。

① 将数码相机固定在三脚架上,拧紧螺丝;

② 将数码相机的变焦等调至标准状态(不变焦),选择好景物后,按下快门进行拍摄。注意,第 1 张照片要选择光线适中的拍摄角度。记下此时的光圈与快门数值,并将数码相机调整到手动拍摄模式。

③ 拍摄完第 1 张照片后,保持三脚架位置不动。将相机旋转一个角度(每次旋转的角度可不必相同),注意保证相邻的 2 张照片要重叠 15％以上,并且保持在不能改变焦点的情况下改变光圈等曝光参数,有条件的(很多相机支持曝光参数锁定)可进行锁定,以保证此处的一组照片曝光参数相同。此时可按下快门,完成第 2 张照片的拍摄。

④ 依照此方法拍摄后续的照片,直到旋转 360°,完成拍摄。

⑤ 由此可得到在这个位置点上的一组照片,将此组照片上传到计算机中即可进行后期制作。

2. 球形全景素材的拍摄

球形全景素材的拍摄须采用数码相机＋全景云台＋三脚架的拍摄方法才能完成。这里采用尼康数码相机＋Guide 全景云台＋ Sigma 8 mm f/3.5 EX DG 鱼眼镜头＋普通三脚架的解决方案。采用此方案拍摄得到的是水平方向达 120°,垂直方向达 180 °的鼓形鱼眼图,需要 4 张＋1 张(天)或 4 张＋2 张(天和地)来拼合。通常采用"4＋1"的方法,也就是水平拍摄 4 张照片,再拍摄 1 张天空照片,图 5-2-13 所示为鼓形鱼眼图拼合方案。

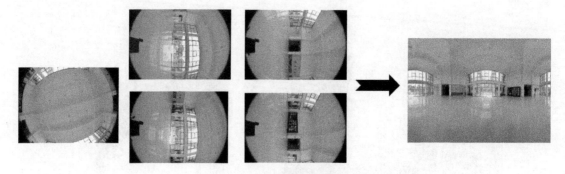

图 5-2-13　鼓形鱼眼图拼合方案

具体拍摄步骤如下。

（1）安装设备

将全景云台安装在三脚架上，再安装好数码相机，调节相机到水平位置，并试着旋转，使其尽量都保持在水平位置，如图 5-2-14所示。

（2）调节节点

节点就是相机中光线汇聚并折射的那一点。拍摄全景的时候要让相机围绕这个点旋转以便消除由于视点移位造成的拼合误差。节点和成像面是不一样的，后者往往是在 35 mm 相机的后部。而对于大多数 35 mm 相机和镜头来说，节点位于镜头内部中心的某个位置。

图 5-2-14　设备安装示意图

① 左右调节。将相机固定在支架上后，拍摄者站到云台前透过镜头进行观察。调节相机支架使镜头的中心处在云台的中轴线上。为了尽可能精确，应该在±2 mm 的范围内进行调节。

② 前后调节。这一步可以在室外轻松地完成。找到一条垂直边沿或线，如门沿或一幢楼的边沿等。把相机和三脚架放在离边沿 15～60 cm 处，或者放在尽量靠近且从取景器看边沿仍然清晰的位置。此时从相机取景器往外看，找到距离较远的另一条垂直边沿或线，如另一幢楼或电线杆。使近处的物体（如墙面）和远处的物体（如电线杆）看起来排列在一条直线上，旋转云台使它们位于取景器的左侧。然后再旋转云台使它们转到取景器的右侧。除非拍摄者在无意中进行了正确的定位，否则拍摄者应该注意到从左向右旋转云台时，这两个物体的相对位置发生了改变。拍摄者可按要求向前或向后滑动相机以消除这个相对移动。

③ 记录结果。在确定了以上两步调节的位置后，须记录下这些拍摄参数设置。全景云台上的指示器刻度大大方便了结果的记录。这些数字代表了该相机和镜头的组合的节点。如果拍摄者更换相机或镜头，以上步骤可能需要重新执行。

（3）调节白平衡

人的视觉会对周围普通光线下的色彩变化进行补偿，数码相机能模仿人类对色温进行自动补偿。这种色彩校正系统就是白平衡。白平衡如果设置不正确，将使图像色温偏冷（蓝色）或偏暖（红色）。普通拍摄者可直接采用数码相机自动白平衡，高级拍摄者也可对白平衡进行细调。

（4）调节拍摄参数

拍摄者拍摄第 1 张照片时，可将感兴趣的景物放在中心，注意选择整个场景中光线适中的位置,记下此时的光圈与快门值,并将相机调整到手动参数状态。调整鱼眼镜头焦点到无穷远。

全景摄影需要大景深,景深越大,拍摄出来的图像的清晰范围也越大,因此要把光圈调小。在光圈优先模式中调节光圈后快门速度将自动生成(一般快门速度不低于 1/125 s,否则易产生抖动导致照片模糊)。

当光圈和快门速度调节后,如果场景偏亮,可以通过选择一个负的曝光补偿值来对图像进行整体修正。如果场景偏暗,可以适当增加一点正的曝光补偿值。需要注意的是,当拍摄一个场景的两幅或三幅鱼眼图像时,不要改变此曝光补偿值,否则会导致最终图像形成明显的拼缝痕迹。

(5)按下快门,完成第 1 张照片的拍摄

(6)再拍摄第 2~4 张照片

在 Guide 全景云台中有相应的刻度,此云台为每 15°定位插销,将一个圆柱周长分为 24 等分,这里需要水平拍摄 4 张水平方向的照片,每拍摄一次要准确转动 6 个等分,保持拍摄的光圈与快门参数与第 1 张照片相同,此时可拍摄第 2 张照片;继续准确转动 6 个等分,保持与第 1 张照片拍摄的光圈与快门参数相同,拍摄第 3 张照片;再准确转动 6 个等分,拍摄第 4 张照片。

(7)拍摄第 5 张照片

第 5 张照片拍摄天空,需将全景云台的水平条向下旋转 90°,使相机竖直向上,保持与第 1 张照片拍摄的光圈与快门参数相同,拍摄第 5 张照片。注意拍摄者要低下身体,不要将头部置于拍摄范围之中。

(8)准备拍摄下一点

将全景云台还原并移动拍摄设备到另一场景。拍摄者须重新调节设备至水平位置,先用相机测光,再调到手动曝光参数,进行下一点的拍摄。

3. 对象全景素材的拍摄

对象全景素材的拍摄通常可采用普通数码相机+三脚架完成。要拍摄 360°全景,拍摄者须拍摄一组照片,且相邻两张照片为了拼合的需要须重叠 15%,因此需拍摄 10~15 张照片,若作品要求高精度时,则需要拍摄更多的照片。

对象全景照片的具体拍摄步骤如下。

① 将对象物体放在旋转平台上,确保旋转平台表面水平且物体的中心与旋转平台的中心点一致。如果没有旋转平台或被拍摄物体不适合放在平台上,也可采用被摄物体不动,相机移动的拍摄方法。

② 将相机固定在三脚架上,调节相机使其中心高度与被摄物体中心点高度位置相同。

③ 在物体后面设置背景,以便在后期图像处理中将物体隔离出来。可以使用白色背景。

④ 在开始拍摄时,须每拍摄一张后,将旋转平台旋转一个角度(360°/张数),重复多次,拍摄一组照片。关于拍摄照片的数量,可根据全景作品的用途来确定。如果用于网络展示则拍摄 12 张左右,而制作 CD、触摸屏或本地计算机展示则一般至少要拍摄 18 张以上,甚至有时要拍摄 36 张。

5.2.3 柱形全景作品的制作

在全景技术中,早期柱形全景最为常见,因此制作柱形全景的软件也十分多,PanoramaStudio Pro

免费专业版是一款非常好用的全景图照片制作软件,它能完美地创建360°无缝全景图,只要拍摄者拿着相机站在原地边转圈边拍照,然后将照片导入PanoramaStudio Pro,就能快速创建全景图照片了。

实例5-1:柱形全景作品的制作

具体操作步骤如下。

图5-2-15　PanoramaStudio Pro软件界面

启动PanoramaStudio Pro软件,软件正常运行后,会自动弹出"新建工程—选择任务"界面,如图5-2-15所示。界面分为5个部分,第一部分是创建单行全景图按钮,单击它进入单行全景图也就是柱形全景图的创作;第二部分是创建多行全景图按钮,单击它可以进入多行全景图也就是360°全景图的创作;第三部分是合并文档按钮,单击它可以进行文档合并操作;第四部分是导入全景化图像按钮,单击它可以将已经合成好的图像导入进行再次处理;第五部分是打开工程按钮,可以将之前保存的工程打开进行再次处理。

① 打开PanoramaStudio Pro软件,选择任务栏进行创建单行全景图。也可以选择菜单栏中的"文件→新建工程",或者单击任务栏中的白纸图标,这几种方式都可以新建工程,如图5-2-16所示。

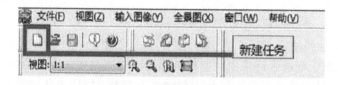

图5-2-16　PanoramaStudio Pro新建工程

② 选择"文件→导入若干图像"或者直接打开图片文件夹将所要导入的文件直接拖入软件,如图5-2-17所示。

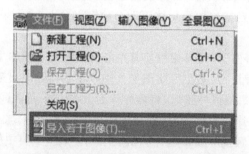

图5-2-17　导入素材

③ 导入图片后单击"对齐",会显示两种图片生成效果,如图5-2-18所示。一种是排列(局部性)全景图,可使图片进行简单拼接;另一种是排列360度全景图,即在图片拼接后,第一张和最后一张再拼接,形成一个360°的全景图片。

图 5-2-18　全景图生成效果分类

④ 选择"排列（局部性）全景图"。"焦距和视野的缺省"可以用来调整图片排列，如图 5-2-19 和图 5-2-20 所示。

图 5-2-19　"设置焦距和视野"框　　　　　　图 5-2-20　预览图片合成效果

⑤ 接着选择"全景图→着色"来完成全景图，或者在任务栏上，单击"编辑"选项，即可通过切换编辑模式来调整细节，如图 5-2-21 所示。

⑥ 单击"着色"之后，在不选择编辑模式的情况下，可以通过调整白框来截取所需全景图，白框可以任意调整尺寸，把生成的图片都可以包裹进来，如图 5-2-22 所示。

图 5-2-21　编辑模式设置　　　　　　图 5-2-22　修改区域设置

⑦ 着色之后就完成了全景图的编辑，查看效果，单击"保存"即可。完成效果如图 5-2-23 所示。

图 5-2-23　呈现效果

5.2.4 球形全景作品的制作

常见的球形全景作品制作软件有：造景师、观景专家、PTGui 等。本实例以 PTGui 和 Pano2QTVR软件为例制作球形全景作品。

实例 5-2：球形全景作品的制作

具体操作步骤如下。

① 打开 PTGui 软件，进入工作界面，如图 5-2-24 所示。单击"Load images"（导入图片）按钮，导入全景素材照片。

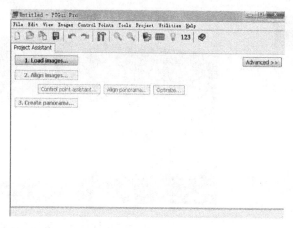

图 5-2-24　PTGui 工作界面

② 单击"Load images"按钮后，进入如图 5-2-25 所示的界面，找到所需的素材文件所在目录，一次性选取 5 个文件，不需要注意先后顺序。

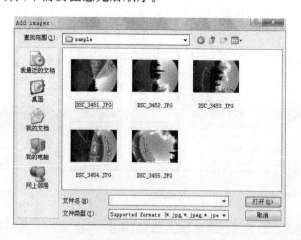

图 5-2-25　导入图片

③ 导入图片后，可以看到素材的缩略图，下面的"Camera/lens parameters"（相机和镜头的参数）中的"Automatic"会自动被选中。还可以对"Source Images"（源图片）进行修改、"Crop"（裁减），如图 5-2-26 所示。

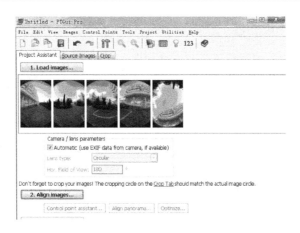

图 5-2-26　导入图片后

单击"Source Images"选项卡，可以得到如图 5-2-27 所示的界面。单击"Crop"选项卡，可以得到如图 5-2-28 所示的界面。

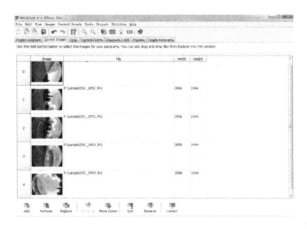

图 5-2-27　"Source Images"选项卡

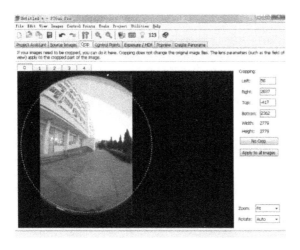

图 5-2-28　"Crop"选项卡

④ 拼合图片。单击"Align images"（排列图片）按钮将图片进行拼合，如图 5-2-29 所示。

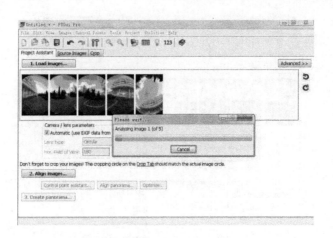

图 5-2-29　拼合图片

⑤ 图片拼合完成之后，软件的选项卡由原来的 3 项变成 7 项。

单击"Control Point Assistant"（控制点助手）后，出现控制点信息，如图 5-2-30 所示；也可以直接单击选项卡"Control Points"（控制点），就会看到如图 5-2-31 所示的界面。

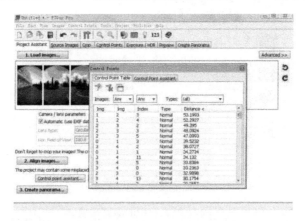

图 5-2-30　控制点信息

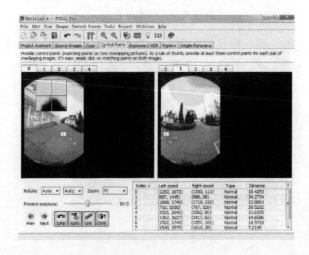

图 5-2-31　控制点调整

⑥ 单击"Align panorama"（排列全景图）按钮，如图 5-2-32 所示，出现"Panorama Editor"（全景图编辑器），如图 5-2-33 所示，可以通过滚动条对全景图进行调整，也可以用鼠标直接在全景图上进行拖拽调整。调整完成后将此窗口关闭。

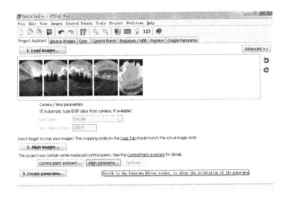

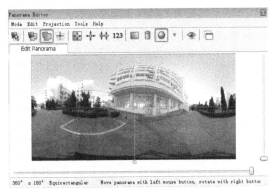

图 5-2-32　单击"Align panorama"按钮　　　　图 5-2-33　全景图编辑器窗口

单击"Create panorama"（创建全景图）按钮，可以直接跳转到最后一个步骤，若对源图片的曝光度不满意，还可以对其曝光度进行优化调整，单击"Optimize now!"（现在开始优化）按钮，对图片进行分析并优化其曝光度，如图 5-2-34 所示。

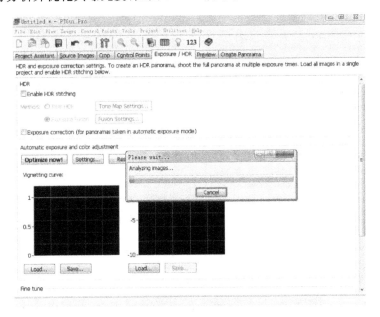

图 5-2-34　优化调整

⑦ 创建全景作品，对输出作品的尺寸、格式进行设置，输出的全景平面展开图为 JPEG、TIF、PSD、PSB 格式，输出的全景照片为 MOV 格式，如图 5-2-35(a) 所示。作品可以分层输出，有 3 个可选项，混合全景、单独图层输出以及以上两种都要，如图 5-2-35(b) 所示。

对输出文件的存储路径进行设置后，单击"Create panorama"按钮，进行生成。如果选择的是 JPEG 格式将会得到全景平面展开图，如图 5-2-36 所示。

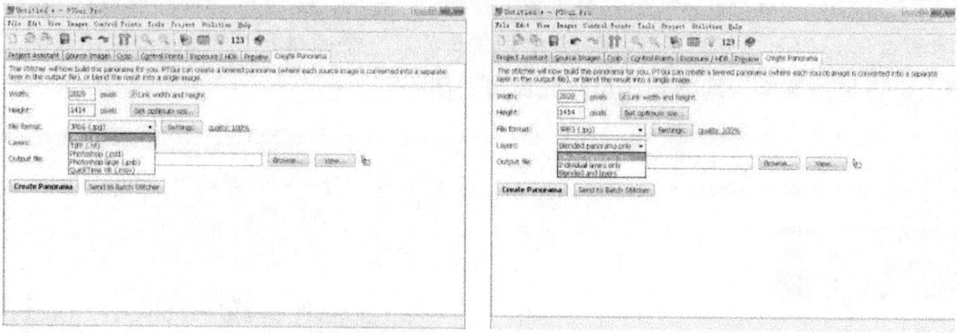

(a)   (b)

图 5-2-35　输出设置

图 5-2-36　全景平面展开图

⑧ 创建 MOV 格式的球形全景图

若选择 MOV 格式,得到 MOV 格式的球形全景图。可以用 Quicktime 播放器进行播放(注意须安装 Quicktime 的相关插件),如图 5-2-37 所示。

图 5-2-37　MOV 格式的球形全景图

如果要制作 Flash 格式的球形全景图,必须先在 PTGui 中将全景素材合成为全景平面展开图,然后用另外一个软件 Pano2QTVR 将其制作成全景照片。可以在 Pano2QTVR 官方网站上下载试用版。

Pano2QTVR 是一个将全景图片转换成 Quicktime VR (QTVR)、Macromedia Flash 8 或 Flash 9(SWF)格式的软件。Pano2QTVR 允许用户创建带有交互热点、自动旋转功能以及背景声的柱形及立方体形全景图。附加的 Flash 组件包能将全景图导出为 Macromedia Flash 8 或 Flash 9 格式。

接下来介绍如何将全景平面展开图制作成全景照片。

⑨ 制作 Flash 格式的球形全景。

打开 Pano2QTVR,得到如图 5-2-38 所示的界面,单击"建立一个新工程",选择工程存放的路径。

图 5-2-38　Pano2QTVR 工作界面

由于使用已经做好的全景展开图,所以在矩形球面展开图的右边单击按钮，找到文件并单击"打开",如图 5-2-39 所示。可以输出 MOV 和 SWF 2 种格式的全景图片,这里以 SWF 格式为例,在输出格式中选择 Flash。

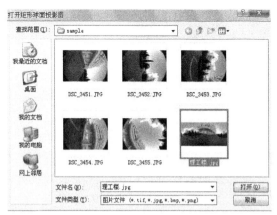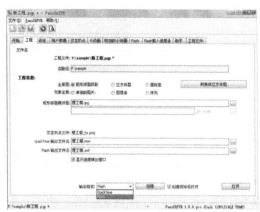

图 5-2-39　加入全景展开图

⑩ 单击"创建"按钮立即进行生成,并跳转到"命令控制台"选项卡,图 5-2-40 所示为正在生成全景作品。

193

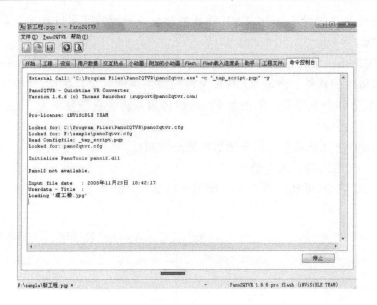

图 5-2-40　生成全景作品

单击"打开"按钮可以进行观看。通过左右拖拽鼠标达到左右 360°环视的目的,通过上下拖拽鼠标达到上下 180°环视的目的,还可通过滑动鼠标滚轮放大和缩小,图 5-2-41 为预览效果。

图 5-2-41　预览效果

⑪ 同时,还可以对全景图片进行热区的链接。单击"交互热点"选项卡,勾选"开启",根据提示选择"是",在需要建立热区的地方用矩形或者其他图形进行标记。选择链接文件的路径。链接的文件可以是 MOV 或者 URL 文件,本例中以链接 MOV 文件为例,如图 5-2-42 所示。

在浏览全景照片的时候会发现,拍摄时误拍入三脚架,效果并不理想,那么要将三脚架去掉,如何操作?在第⑨步,导入全景平面展开图后,单击"转换成立方体图"按钮,如图 5-2-43 所示,进入如图 5-2-44 所示的界面,会将之前的全景平面展开图生成 6 张图。

图 5-2-42 热区的链接过程

图 5-2-43 转换成立方体图

图 5-2-44 转换成立方体的六个面

得到如图 5-2-45 所示的 6 张立方体图,这时候可以看到含有三脚架的那张图被单独分开了,在 Photoshop 中把三脚架处理掉,再放入这个位置,或者将这张图用其他的标志图代替,注意不要改变文件名。

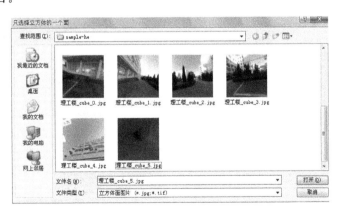

图 5-2-45 替换含有三脚架的那张照片

⑫ 将得到的 6 张图片拼合成一张全景图片。接下去的步骤与前面一样,再将这张全景图片生成 SWF 或 MOV 格式文件,这里就不赘述了。

5.2.5 对象全景作品的制作

常见的对象全景作品制作工具软件有：造型师、环视专家等。本例中，主要采用 Object2VR 软件来进行制作，可以在该软件的官方网站上下载试用版。

实例 5-3：对象全景作品的制作

具体操作步骤如下。

① 打开 Object2VR 3.0，可以看到如图 5-2-46 所示的工作界面。

图 5-2-46 Object2VR 工作界面之一

② 单击"Light Table"（导入图片的表格）按钮，对导入照片的表格进行设置，假如拍摄的照片是 16 张一组，那么在"Columns"（列）后面输入 16，在"Rows"（行）后面输入 1，单击"Update"（更新）按钮生成 16 个斜纹格，这就是存放导入照片的位置，如图 5-2-47 所示。

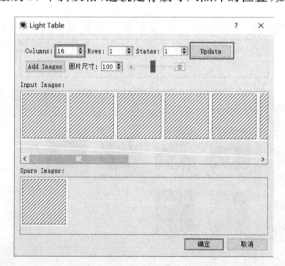

图 5-2-47 Object2VR 工作界面之二

单击"Add Images"（添加照片）按钮，导入照片，如图 5-2-48 所示。如果素材图片的数量超过所设置的 Column 的数量，剩余的图片将在下方的"Spare Images"（剩余图片）中显示。比如,在"Columns"中输入的是 15,但实际图片数量为 16,最后一张图片会在"Spare Images"中显示。

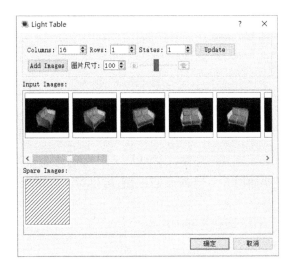

图 5-2-48　添加照片界面

③ 单击主界面上"View Parameters"(参数显示)的"Modify"(修改)按钮,会出现如图 5-2-49 所示的界面。在右边的预览窗口中设置默认的显示状态,即一开始就显示的状态,可以通过鼠标的左右拖拽来进行选择。默认视图下面的"Column"和"Row"会显示目前用的是哪一张图片,本例选择第 24 张图片作为默认状态。

对控制方式进行调整,有 3 种类型,如图 5-2-50 所示,"Grabber/Scroller"为默认状态,也是常用的状态,在浏览对象全景时,可以通过鼠标和键盘上下箭头 2 种方式来控制物体。"Absolute"指通过鼠标来控制浏览;"Joystick"指可以通过游戏杆来控制浏览。

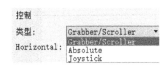

图 5-2-49　"View Parameters"对话框　　　　图 5-2-50　控制方式调整

可以选择"Horizontal"(水平)拖拽鼠标或者"Vertical"(竖直)拖拽鼠标来控制物体的左右旋转,也可以同时选择水平和竖直拖拽鼠标控制物体的旋转。勾选"reverse"(相反),则鼠标拖拽方向和物体旋转方向相反。

④ 单击工作界面上"User Data"(用户数据)下方的"Modify"(修改)按钮,出现如图 5-2-51 所示界面,可以添加文件的标题、作者信息、版权等。

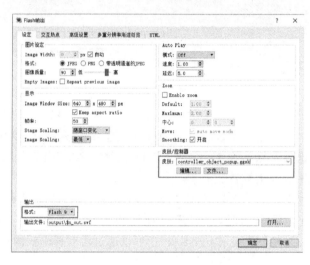

图 5-2-51 "User Data"对话框

⑤ 选择输出格式,得到如图 5-2-52 所示的界面,可以对图片质量、窗口大小等进行设置。

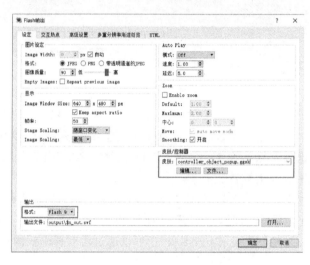

图 5-2-52 输出界面

图 5-2-53 所示为输出结果。

图 5-2-53 输出结果

5.3 手机全景作品的拍摄与制作

5.3.1 手机全景作品的拍摄技术

随着智能手机的普及,手机全景拍摄逐渐成为人们日常生活中常用的一种拍照模式,它更广的取景范围使照片本身能够容纳更多的风景,不必再去进行后期的拼接,并且随着智能手机硬件的不断升级,手机全景照片在拍摄完成后自身合成的速度相比之前也有大幅提升,基本上是拍完即合成完,用户体验也进一步提升。手机全景拍摄广泛应用于户外旅游、全景看房、会议现场等场合。

5.3.2 手机全景拍摄设备

1. 手机全景拍摄——鱼眼外置设备

手机鱼眼镜头是可以直接安装在手机上使用的小型鱼眼摄像头。其主要产品有:斯泰克AK033、华为全景相机、卡色(Kase)手机镜头、思瑞360全景手机镜头等。

本节主要对华为全景相机进行介绍,华为全景相机支持微博360°全景直播,互动时无须来回调整手机角度,可提供多视角窗口,360°全景拍摄,并一键生成全景图片。配备前后1300万像素、210°广角组合摄像头,可拍摄5K画质全景照片,录制2K全高清视频。它可以帮助用户随时随地创作VR作品,支持华为VR或其他VR设备浏览,同时支持微博、微信等国内外主流社交平台分享作品。兼容华为Mate、P、Nova系列手机以及其他USB Type-C接口,安卓6.0版本以上手机系统。即插即用,小巧便携。用户在使用时需要下载对应的"华为全景相机"App。其具体参数如表5-3-1所示,外观如图5-3-1所示。

表 5-3-1　华为全景相机参数

产品类型	全景相机
有效像素	1300万像素
最高分辨率	5376×2688
图像分辨率	5376×2688 3840×1920
镜头说明	2个镜头,FOV:210°
变焦类型	定焦
感光度	ISO 100～1600
短片拍摄	1920×960(2K超清):每秒传输30帧 1280×640:每秒传输30帧
全景拍摄	360°移动全景拍摄
文件格式	图像:JPEG DCF2.0兼容,GIF 短片:MP4(MPEG-4-AVC/H.264,音频:AAC)
电源性能	手机OTG(on-the-go)供电
产品接口	USB Type-C,USB 2.0

续 表

产品类型	全景相机
产品功能	支持透视图、鱼眼视图、小行星、水晶球;支持陀螺仪、VR、手指拖动查看方式;支持滤镜功能 操作系统:安卓 6.0 及以上
其他性能	即插即拍即分享
工作环境	工作温度:0~40 ℃,存储温度:−20~60 ℃,工作湿度≤90 ℃
产品重量	约 30 g

图 5-3-1　华为全景相机

2. 手机全景拍摄——手机云台和三脚架

手机云台是固定手机的支撑设备,它分为固定云台和电动云台两种。手机云台目前主要应用于直播、夜景、慢动作、延时全景等视频拍摄中。在手机云台的配合下,手机拍摄画面更为稳定,成像效果更好。三脚架可以为手机云台提供支撑,主要在不方便手持或者身处特殊地形时使用。

手机云台的主要产品有大疆 Osmo Mobile 3(灵眸手机云台 3),大疆口袋灵眸云台相机等,三脚架的主要产品有思锐(SIRUI)A1005＋Y10 三脚架等。

本节主要对 DJI 大疆 Osmo Mobile 3 进行介绍。通常由于内部空间限制,手机会选择电子增稳,通过剪裁画面的方法"防抖",但这种方式会损失画质,无法彻底消除抖动。而大疆灵眸三轴机械云台利用高精度无刷电机,根据云台姿态进行实时调整补偿,消除画面抖动,实现无损防抖,所见即所得,视频拍摄极为顺畅。同时灵眸手机云台 3 更轻更小,一次折叠即可完全收纳,带来全新的使用模式,可在收纳时使用手机并随时切换到拍摄状态,无论是日常自拍还是旅行拍摄它都可以应对自如。

精心设计的云台倾角,符合人体工程学,即使长时间拍摄人也不易疲劳。自带的 Story 模式拥有专业摄影师制作的大量拍摄模板,选择模板后,云台将按照设定的轨迹运动进行拍摄,同时它为用户提供了各种风格的音乐,支持导入自己喜欢的乐曲,拥有多种转场效果等。可在后期进行精细编辑,并将作品快速分享至社交媒体和短视频平台。

灵眸手机云台 3 的手势控制得益于新的视觉识别算法,前置与后置相机都能识别手势动作。对着镜头做出简单手势即可触发跟随以及拍摄照片、视频。简单框选、单击模式切换按键或面对镜头做出手势,云台即可智能跟随目标,轻松完成运动、环绕等多种场景的拍摄,深度学习和计算机视觉算法的结合,提高了云台识别和跟随的成功率,使跟随更加流畅。该款云台同时具有全景拍摄、延时拍摄、慢动作、横竖自拍无缝切换、单手拍摄滑动变焦等多种拍摄模式;其主要参数如表 5-3-2 所示,外观如图 5-3-2 所示。

表 5-3-2 灵眸手机云台 3 参数

产品类型	手机云台
适配型号	适用 62～88 mm 宽度的手机
最大负重	0.2 kg
产品尺寸	展开：(285×125×103) mm　折叠：(157×130×46) mm
重量	405 g
电池容量、电压	18652 锂离子电池，2 450 mAh，7.2 V
工作时间、充电时间	15 h，2.5 h
云台功耗	1.2 W
结构设计范围平移	−162.5°～+170.3°
横滚、俯仰	−85.1°～252.2°，−104.5°～235.7°
最大控制转速	120°/s
无线模式型号	低功耗蓝牙 5.0
App	DJI Mimo
其他配件	充电器、充电线、束口袋、手绳、手机夹防滑垫

3. 手机全景拍摄——全景合成软件

手机全景合成软件是在手机全景拍摄的基础上对所拍摄的内容进行后期整合处理并且输出的工具。相关软件主要有转转鸟、百度圈景、360VR、ipc360 等。

本节主要对转转鸟 App 进行介绍。转转鸟全景相机是由浙江得图网络有限公司自主研发的全景拍摄类应用，在多照片拼接融合技术上具有领先优势，合成的全景图片支持多类型终端的展示。除了全景拍摄功能外，该 App 还具有基础社交功能，可查看其他用户的全景照片，进行用户关注，查看优秀全景照片等。

转转鸟是一款真正的 360°无死角球形全景相机 App。它以引导式的拍摄方式，利用先进算法将多张图像拼接成真正的 360°全景图片，并可一键分享至微信朋友圈、微博等社交平台。

图 5-3-2　灵眸手机云台 3

可以通过转转鸟 App 欣赏世界各地的景观，关注优秀的全景摄影师，找到志同道合的朋友。同时它提供专业的图片云端存储功能，可以将图片保存于云端，通过计算机、手机方便管理珍贵图片。转转鸟 App 支持目前市面上所有型号的苹果手机，支持 Android 4.1 以上的设备。

5.3.3　手机全景拍摄

为保持手机拍摄的稳定性，通常采用一些器材来辅助拍摄。大疆灵眸手机云台 3 是 DJI 大疆创新发布的全新一代手机云台，重量只有 405 g，一次折叠即可完全收纳，方便使用。

① 在开始拍摄前，需要对全新的大疆灵眸手机云台 3 进行设置。将手机安装在云台上面，红色箭头所指的方向即为手机摄像头方向，握住俯仰轴电机固定，左右移动手机，直至手机在自然状态下保持平衡，如图 5-3-3 所示。

② 长按 M 键 1.5 s，听到"咚"的一声，云台开机。打开手机蓝牙，运行 DJI Mimo 应用程序，单击左上角的摄像头标志，选择需要连接的设备，DJI Mimo 将弹出提示，根据该提示填写

用户账号，完成设置步骤。

③ 灵眸手机云台3的侧边有一个 Type-C 接口，支持给云台和手机充电。

④ 云台正面，有3个按钮，分别是 M 键、拍摄键和摇杆键，如图 5-3-4 所示。长按 M 键可以进行开关机操作，单击可切换拍照和录像，双击可切换横竖拍，三次快速单击，云台则进入休眠状态。拍照时可以通过上下左右推动摇杆控制云台镜头移动，调到合适位置后，按下拍照按钮，即可拍出想要的照片。如果要进行变焦，则可以使用变焦滑杆，上下滑动滑杆控制变焦。

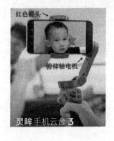 

图 5-3-3　安装手机　　　　图 5-3-4　灵眸手机云台3操作按钮

⑤ 进行旋转拍摄，将周身 360°空间拍摄成若干张照片，需要注意的是每张照片需要有30%～50%的重合部分，尽可能拍摄的数量多一些，同时注意选择较开阔且人较少的地方作为拍摄场地，以方便后期处理。

⑥ 拍摄完成后将手机拍摄的照片导出至计算机，打开 Photoshop 软件。选择菜单栏的"文件"→"打开"，如图 5-3-5 所示。

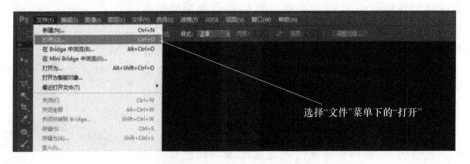

图 5-3-5　Photoshop 打开照片

选择事先准备的图片素材（按快捷键 Ctrl＋A 可以选择全部照片，按住 Ctrl 键可以进行照片多选），单击"打开"按钮，如图 5-3-6 所示。

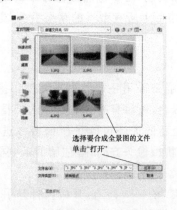

图 5-3-6　Photoshop 选择照片

在这里可以看到打开的文件，单击上面的标签可以切换照片，如图 5-3-7 所示。

图 5-3-7 切换照片

选择菜单栏"文件"→"自动"→"Photomerge"，如图 5-3-8 所示。

图 5-3-8 打开"Photomerge"

打开"Photomerge"，单击"添加打开的文件"按钮，如图 5-3-9 所示。

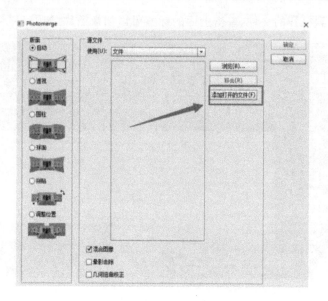

图 5-3-9　添加打开的文件

　　中间会列出在 Photoshop 中打开的文件,如图 5-3-10 所示,在左侧的面板中选择"自动"(其他的选项也可以选,效果会略有不同),单击"确定"按钮。

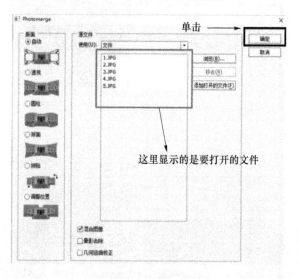

图 5-3-10　图片合成

　　耐心等待图片合成完毕,如图 5-3-11 所示。

图 5-3-11　图片合成完毕

选择工具栏里的"裁切"工具把边缘的空白处去掉,如图 5-3-12 所示。

图 5-3-12　裁切边缘空白处

最后将处理完的图片保存为.jpg 格式供后期制作使用。

5.3.4　手机全景拍摄后期制作

实例 5-4:利用 Pano2VR 合成球形全景图

具体操作步骤如下。

① 将 5.3.3 节中通过 Photoshop 处理完成的图片素材移至计算机文件夹中。

② 在制作全景图之前,要对素材做好分组和整理工作,如图 5-3-13 所示。

图 5-3-13　照片素材整理

③ 在 Pano2VR 中涉及的所有命名尽量使用英文字符和数字。所有是指全景制作的输入、制作、输出过程中涉及的一切文件,以避免出现输出无法打开,音视频图片无法加载等情况。

④ 单击"输入",在弹出的文件夹中选择要输入的全景图片,也可以按住"Ctrl"键,选择多张图片同时输入,如图 5-3-14 所示。

输入的全景图会在导览浏览器中显示,注意在第 1 个全景图的左上角有一个"①"标志。

这个标志代表该全景图为首节点,即整个全景漫游初始场景,也即打开预览时第一个看到的场景。当然这个初始场景可以更换,单击选中其他场景,然后右击,选择"设定初始场景全景"即可更换,如图 5-3-15 所示。

图 5-3-14　照片素材导入 Pano2VR

图 5-3-15　设定初始场景全景

⑤ 在完成照片素材的输入后,还可以为全景设置背景音乐,选择场景,在"属性"的"背景声音"处设置,如图 5-3-16 所示。

单击选择声音(音乐)文件,单击"打开"按钮,如图 5-3-17 所示。

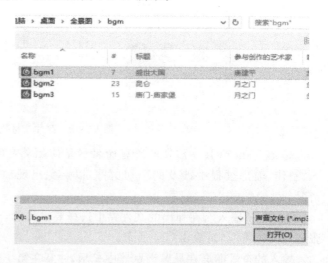

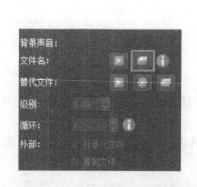

图 5-3-16　设置全景背景音乐 1

图 5-3-17　选择背景音乐

确定后,查看相关设置,如图 5-3-18 所示。

"替代文件"是指当设置的背景音乐无法播放时用来替代的文件,由于这种情况很少发生,所以这里就不做设置了。"级别"是指设置插入音乐的音量大小,默认是 1,即原始文件的音量,可以调小,作用不大,若个别声音文件的音量较突出,可以在此快捷地"均衡"一下音量。"循环"是指设置背景音乐的播放次数,默认是1,即播放一遍后就停止,可以设置循环播放的次数。如果想要无限循环,需设置为0。

设置的背景音乐也可以移除,右击鼠标,选择"清空"即可。

⑥ Pano2VR 可以输入多个全景图片,场景个数在理论上不受限制。输入了多个场景需将它们"串联"起来,即可以从一个场景切换到下一个场景,继续浏览观看。单纯的场景切换有很多方式,可通过热点将场景串联并切换浏览。之前的步骤已经介绍了添加多张全景图的方法,添加的每个全景图的左下角都有一个三角形叹号标志,这个标志的意思是这个场景(全景图)没有出去和进入的热点,即它没

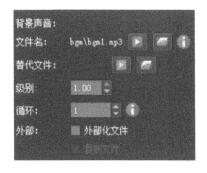

图 5-3-18　设置全景背景音乐 2

有链接指向其他场景,且其他场景也没有链接指向它,如图 5-3-19 所示。

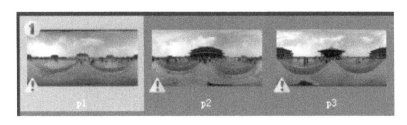

图 5-3-19　多个全景图的"串联"

当添加"出去"和"进入"的热点后,这个三角形叹号标志会消失。通过预览窗口选择"热点",如图 5-3-20 所示。

图 5-3-20　指定热点

在预览窗口中选定要插入的位置,双击鼠标后将在预览窗口中看到一个红色标志(图中白框圈起的标志),即热点在编辑状态下的标志,如图 5-3-21 所示。

图 5-3-21　热点设置

　　和插入图片及音视频一样,左边是对应的参数设置区域。在"类型"中,可以选择"导览节点","标题"和"描述"框中可以填充文字,如图 5-3-22 所示。在"导览节点"中,标题是有意义的,它会在鼠标经过热点时显示。而"描述"的类型为信息时,会和标题一同显示。

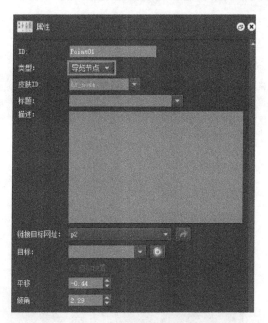

图 5-3-22　导览节点

　　⑦ 链接目标网址,这里只需要单击箭头,选择"场景节点"即可,如图 5-3-23 所示。

图 5-3-23　场景选择

　　在"导览节点"类型下,"目标"是指进入热点链接场景后的视角。

　　选择输入目标后,输入目标值,指定进入热点链接场景后的视角。不过通常并不是以参数输入,而是单击"目标"下拉框后面的红圈(查看目标参数),在弹出的小窗口中,可以预览目标场景。利用鼠标拖动和鼠标滚轮缩放来确定切换后的视角,单击"OK"按钮,即可确定目标视角,如图 5-3-24、图 5-3-25 所示。

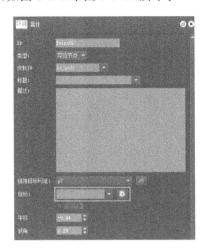

图 5-3-24　目标场景

图 5-3-25　确定目标视角

除了输入目标外,还有两个选项,"前进"和"后退"。"前进"的意思是以当前场景的视角(即热点所在的平移值)进入下一场景。"后退"的意思是以当前相反的视角(更改 180°)进入下一场景。下面的"平移"和"倾角"是热点在场景空间的位置,可以通过这两个参数,改变热点的位置,也可以直接在预览窗口中拖动热点改变位置。

如果想删除已添加的热点,单击鼠标选中,按键盘的 Delete 键即可删除。

热点设置到这里还没有结束,在输出前,还要注意输出的热点设置。可以看到"热点"下面有一个"热点文本框",如图 5-3-26 所示。

前文提到过"标题"的设置,在鼠标经过热点时会显示标题处填写的内容。"热点文本框"就是针对这里进行设置的。

注意到,"热点文本框"前面有勾选方框,默认勾选状态。此时在鼠标经过热点时,即使标题处没有填写内容,也会显示一个空白的文本框,默认宽 180 像素、高 20 像素。如果不进行勾选,那么鼠标在经过时将不会显示文本框。

在场景切换的过程中,可以设置过渡效果,这就像在制作视频的时候,会添加一些转场特效,以使画面的切换不至于生硬,可在输出部分进行设置。

⑧ 控制按钮即操作浏览按钮,一般位于底部。在制作之前,首先要有按钮的素材,也就是按钮图片。按钮

图 5-3-26　热点文本框

图片可以是任何图片格式,但首推 SVG 格式,其次是 PNG 格式,鉴于 PNG 格式较为常见且容易通过 Photoshop、Fireworks 等工具制作,所以选择使用 PNG 格式的按钮图片,如图 5-3-27 所示。

打开皮肤编辑器,单击"添加按钮",在画布空白处单击鼠标,选择要添加的按钮图标,添加完成后,需要对按钮进行排版,所排样式可根据设计要求或者设计者的喜好设置,可以先拖动

鼠标,排出大致轮廓,再通过右边的参数"位置"调整按钮确切位置。调整各按钮的 X 值保持按钮等间距,调整按钮的 Y 值,保持各按钮的等高,如图 5-3-28 所示。

图 5-3-27 控制按钮

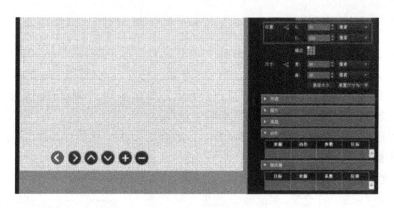

图 5-3-28 按钮布局

按钮排好后,需要给按钮添加"动作",也就是触发它们得到什么结果。

单击➕或者双击前面空白处,给按钮添加动作。由图标也可以看出每个按钮要实现的动作,开始给第一个按钮添加"点击左转"的动作,如图 5-3-29 所示。

图 5-3-29 添加"点击左转"动作

图 5-3-30 "动作设定"窗口

弹出"动作设定"窗口。给第一个按钮添加"点击后左转"的动作,如图 5-3-30 所示。

"速度"参数是指点击后转动的幅度大小。这个参数默认是 0,数值越大动作幅度越大。但是需要注意,当值是 0 或者不设置时,默认为最小值 1。可以根据具体的实验来确定动作幅度的数值。

依次设置后面几个按钮的动作,如图 5-3-31 所示。

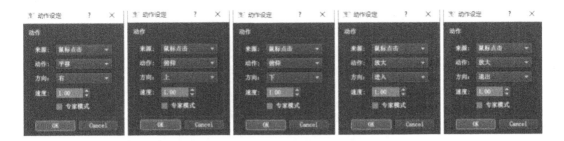

图 5-3-31　其他按钮动作设定

以上是第一种按钮的制作,只赋予按钮一种单向的动作。

下面介绍第二种按钮的制作,赋予按钮双向的动作,严格说是分别赋予两个按钮单向的动作,但占用一个位置,看起来像按钮可切换能实现双向动作。

以音乐开关按钮为例。

这里以单向动作按钮的制作方式来添加两个背景音乐控制按钮,给两个按钮分别添加"播放"和"暂停"的动作,默认的 ID 就是 _background,如图 5-3-32 所示。

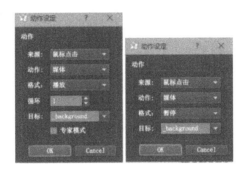

图 5-3-32　音乐开关按钮动作设定

添加完动作就需要将两个按钮拖到一起(可使用参数调节使之更契合),占用同一位置,如图 5-3-33 所示。

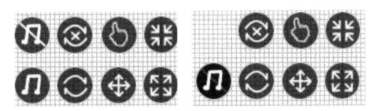

图 5-3-33　按钮合并

接下来,需要继续给按钮添加动作。在添加动作前,先从逻辑上理顺:两个按钮,同时只能显示一个,另一个隐藏;在单击显示的按钮时,自身隐藏,另一个则显示出来。

所以两个按钮在开始之前需要隐藏一个,至于隐藏哪个要根据具体情况决定,如果添加背景音乐时,循环参数设为 0 或者 1、2、3……即进入场景就播放音乐的,那就把播放的按钮先隐藏,显示暂停的按钮。如果循环参数设为 -1,即进入场景不自动播放音乐的,就要把暂停按钮先隐藏,显示播放的按钮。

进入场景就播放音乐的情况,动作设置如图 5-3-34 所示。

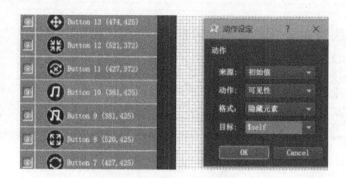

图 5-3-34　音乐开关按钮设置 1

先让播放按钮的初始值为隐藏自己，如图 5-3-35 所示。

图 5-3-35　音乐开关按钮设置 2

给两个按钮添加动作，分别是单击隐藏自己和单击显示对方，如 5-3-36 和 5-3-37 所示。

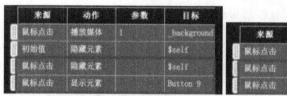

图 5-3-36　音乐开关按钮设置 3

图 5-3-37　音乐开关按钮设置 4

若要求不高，只使用一个按钮动作也能实现。因为双向的动作本身就存在，如图 5-3-38 所示。

图 5-3-38　双向按钮

音乐开关按钮设置完成后,依次制作自动旋转切换、拖拽方式切换、全屏切换按钮。这四组按钮对应的动作,都可以由一个按钮赋予一个双向的动作完成。

当动作和按钮的位置设定后,为了对按钮进行统一管理(如统一移动位置、共同作为动作的目标等),还需要对按钮分组。

图 5-3-39　绘制容器

单击"绘制容器",如图 5-3-39 所示。

绘制过程即为框选所有按钮图标,如图 5-3-40 所示。

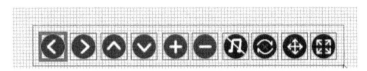

图 5-3-40　绘制过程

绘制完成后,可以看到所有的按钮文件都成为容器 Container 1 的子级。

调整容器的位置不是调整 X、Y,而是调整锚点的位置。这样设置,控制按钮组才会真正地位于底部居中位置,如图 5-3-41 所示。

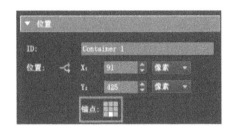

图 5-3-41　控制按钮组位置设置

在制作过程中,可以随时"实时预览",查看效果。

使用时,直接在皮肤下拉菜单选择就可以了,如图 5-3-42 所示。

图 5-3-42　按钮使用

⑨ 输出,在主界面右边,单击"+"即可选择输出形式,单击后会出现很多选项供选择。需要注意,这些输出形式不全是全景漫游,输出为全景漫游的是 HTML5、反射/闪光(即 Flash)、QuickTime VR。输出 HTML5 形式的全景漫游,输出设置暂时不做任何修改,确认输出文件夹的位置后,直接单击"生成输出"齿轮状按钮,此时会提示保存工程文件,单击"OK"按钮,选

择保存的文件夹,保存工程文件后,输出开始,如图 5-3-43 所示。

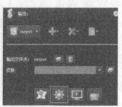

图 5-3-43　全景输出

输出完毕自动调用浏览器打开,进行预览,如图 5-3-44 所示。

图 5-3-44　全景输出预览

在预览时可能会遇到这样的问题:制作好的全景漫游自动调用浏览器能打开并正常浏览,关闭浏览器后,尝试直接用浏览器打开 .html 文件却发现打不开。如遇到上述情况,请选择使用 Firefox 火狐浏览器或者 Microsoft Edge 浏览器打开。

5.4　无人机全景拍摄

5.4.1　无人机全景拍摄技术

随着社会的发展与进步,无人机作为现代科技的产物,在日常生活、生产中得到了广泛的应用,尤其是无人机的全景拍摄技术。无人机全景拍摄技术即在图像建模与渲染的基础上,在空间之中选择一点为视点,对此视点视野范围内可以观察到的相关图像进行连续性的采集,借助技术处理使采集的图像呈现出连续且无缝隙的图像,也就是全景图像,使用有效的显示引擎将无人机采集到的图像具体呈现出来,从而构建从任意角度都可观测的三维虚拟场景。这实际上就是对三维场景的虚拟再现,是借助视点真实呈现景象,准确反映现实情况的手段。无人机全景拍摄能够获得"上帝视角"的效果,更适合场景较大的环境。

无人机全景拍摄即通过无人机在空中拍摄画面,通过后期拼接处理,制作成三维立体可旋转的 360°全方位实景图像。全景航拍超凡的效果展现给人们带来全新的真实现场感和交互式的感受,使无人机在房地产楼盘航拍全景展示、旅游景区航拍、城市全景航拍,工业园区全景航拍等领域得到了有效的应用。在无人机航拍中,比较常见的无人机有 DJI 大疆"御"Mavic

214

系列、"晓"Spark、"精灵"Phantom 系列,其中 DJI 大疆"御"Mavic Air 系列较为常用。

无人机全景拍摄有以下特点。

① 全方位:全面地展示了 360°球形范围内的所有景致;可按住鼠标左键拖动画面,观看场景的各个方向。

② 真实景:真实的场景,三维实景大多是在照片基础之上拼合得到的图像,最大限度地保留了场景的真实性。

③ 可旋转:360°环视的效果,虽然照片是平面的,但是通过软件处理之后得到的 360°实景却能给人三维立体的空间感觉,使观者犹如身在其中。

需要说明的是,无人机全景拍摄具有一定的限制,一方面无人机全景拍摄需要专业的设备、人员及许可审批,自行拍摄成本相对较高,另一方面人员密集或者周围有涉密单位的禁飞区域无人机是不能进行拍摄的。

5.4.2　无人机全景拍摄设备

制作无人机全景作品,首先必须有相应的照片素材,而且全景作品的效果在很大程度上取决于前期素材的效果,前期素材的质量与所用的硬件设备有极大的关系,要得到制作全景图的素材,普遍采用的设备是四旋翼+飞行平台+飞行控制系统+相机云台,但在实际操作中,这些设备有一个相互配合的问题,并非所有的无人机都适合全景拍摄。

1. 无人机飞行器

"御"Mavic Air 是大疆创新迄今为止最小的配备有一体化三轴机械增稳云台、1 200 万像素及 8 GB 机载内存的无人机。1/2.3 英寸 CMOS 传感器,配上特别适合风光拍摄的等效 24 mm 焦距和 f/2.8 光圈一体化设计镜头,另外还自带 8 GB 机载内存,支持扩展 Micro SD 卡,可将照片、视频通过机身 USB 3.0 Type-C 接口快速导出。它的云台采用高阻尼材料,精密的减震布局,与新一代控制算法相配合,提高飞行时画面的稳定性,实现±0.005°的角度抖动量。可拍摄分辨率高达 8 192×4 096 的球形全景照片,这得益于全新的机内拼接方案:精心设计的相机图像处理流程及视觉与机载姿态估计系统。自动拍摄 25 张照片后,约 8 s 即可合成一张平滑、完整、清晰的 3 200 万像素球形全景照片。另外,"御"Mavic Air 也支持竖拍、广角和 180°全景拍照模式,还可配合 DJI 飞行眼镜享受无缝 VR 全景体验,其参数如表 5-4-1 所示、外形如图 5-4-1 所示。

表 5-4-1　"御"Mavic Air 主要参数

产品名称	"御"Mavic Air
尺寸	折叠:(168×83×49) mm,展开:(168×184×64) mm
对角线轴距	213 mm
最大上升速度	4 m/s(S 模式),2 m/s(P 模式),2 m/s(Wi-Fi 模式)
最大下降速度	3 m/s(S 模式),1.5 m/s(P 模式),1 m/s(Wi-Fi 模式)
最大水平飞行速度(海平面附近无风)	68.4 km/h(S 模式),28.8 km/h(P 模式),28.8 km/h(Wi-Fi 模式)
最大起飞海拔高度	5 000 m
最长飞行时间(无风)	21 分(25 km/h 匀速飞行)
最长悬停时间(无风)	20 分
最大续航里程(无风)	10 km
最大抗风等级	5 级风
最大可倾斜角度	35°(S 模式),15°(P 模式)

产品名称	"御"Mavic Air
最大旋转角速度	250°/s(S 模式),250°/s(P 模式)
工作环境温度	0~40℃
工作频率	2.400~2.483 5 GHz,5.725~5.850 GHz
发射功率(等效全向辐射功率)	2.400~2.483 5 GHz,FCC:≤28 dBm CE:≤19 dBm SRRC:≤19 dBm,MIC:≤19 dBm 5.725~5.850 GHz,FCC:≤31 dBm CE:≤14 dBm SRRC:≤27 dBm
全球导航卫星系统(GNSS)	GPS+GLONASS
悬停精度	垂直:±0.1 m(视觉定位正常工作时),±0.5 m(GPS 正常工作时) 水平:±0.1 m(视觉定位正常工作时),±1.5 m(GPS 正常工作时)
机载内存	8 GB

图 5-4-1　"御"Mavic Air 外形

"御"Mavic Air 具有以下特点。

① 采用三维折叠设计,体积小、性能强。

② 配备三轴云台,可稳定拍摄 4K 超高清视频。

③ 具有全新的一键球形全景和"慧拍"模式,智能跟随和一键短片等功能,前、下、后三向环境感知,高级辅助飞行系统和智能返航功能。续航时间长达 21 分。

④ 支持以 100 Mbit/s 码流录制 4 K/帧速率为 30 的视频,可以在录制过程中捕捉更多细节,从而获得更加出色的画质表现。

⑤ 在 HDR 模式下,支持手动调节强度范围,可以根据环境智能选择曝光度,还原过曝及暗部细节,并让明暗过渡更加自然。同时,硬件引擎加速使拍摄更快更高效。

2. 遥控器

遥控器的作用对无人机拍摄来说是十分重要和必需的,将遥控器连接手机,再启动 DJI GO4 App 就可对无人机进行控制。"御"Mavic Air 遥控器采用了折叠结构,遥控杆可拆卸并巧妙藏于遥控器机身当中。在无人机航拍过程中,可操纵拨轮控制云台俯仰。当无人机遇到紧急情况时,遥控器上"急停按钮"可使飞行器停止动作,自动悬停。还可通过遥控器上的"智能返航键"一键返回。遥控器上的"拍照""录像"按钮,可以对飞行器进行控制,使其在任何地点都能拍摄出完美的图片或视频,其参数如表 5-4-2 所示,外观如图 5-4-2 所示。

表 5-4-2　"御"Mavic Air 遥控器主要参数

工作频率	2.400~2.483 5 GHz,5.725~5.850 GHz
最大信号有效距离(无干扰、无遮挡)	2.400~2.483 5 GHz, FCC:4 000 m,CE:2 000 m SRRC:2 000 m,MIC:2 000 m 5.725~5.850 GHz, FCC:4 000 m,CE:500 m,SRRC:2 500 m

工作频率	2.400～2.483 5 GHz,5.725～5.850 GHz
工作环境温度	0～40 ℃
内置电池	2 970 mAh
工作电流/电压	1 400 mA ━ 3.7 V(连接安卓设备时) 750 mA ━ 3.7 V(连接 iOS 设备时)
支持移动设备	最大长度 160 mm 厚度 6.5～8.5 mm
支持接口类型	Lightning,Micro USB(Type-B),USB Type-C

图 5-4-2 　"御"Mavic Air 遥控器

3. 无人机云台(俯仰、横滚、偏航)

无人机云台是无人机用于安装、固定摄像机等任务载荷的支撑设备,主要功能是增强拍摄的稳定性。三轴云台就是三个方向增稳的云台,可以让视频拍摄达到稳定的效果,Mavic 的云台是目前最小的机械云台。Mavic 在功能上更强大,更实用。Mavic 具备精灵 4 的所有功能,也有精灵 4 所不具备的功能,如折叠、地形跟随、手机控制等。它的续航时间更长,图传距离更长,图传像素也更高,"御"Mavic Air 三轴机械云台参数如表 5-4-3 所示,外观如图 5-4-3 所示。

表 5-4-3 　"御"Mavic Air 三轴机械云台主要参数

轴数	三轴(俯仰、横滚、偏航)
结构设计范围	俯仰:−135°～45°,横滚:−45°～45°,偏航:−100°～100°
可控制范围	俯仰:−90°～0°(默认设置),−90°～24°(扩展)
最大控制转速(俯仰)	100°/s
角度抖动量	±0.005°

图 5-4-3 　"御"Mavic Air 三轴机械云台

5.4.3 无人机全景拍摄

1. 合理选择起飞地点

根据国际民航组织和各国空管对空域管制的规定以及对无人机的管理规定,无人机必须在规定的空域中飞行。出于飞行安全的考虑,无人机会默认开启飞行限制功能,包括高度和距离限制以及特殊区域飞行限制,以帮助用户更加安全合法地使用无人机。起飞地点的选择要注意以下三点。

① 选择开阔、周围无高大建筑物的场所作为飞行场地。大量使用钢筋的建筑物会影响无人机指南针的工作,而且会遮挡 GPS 信号,导致飞行器定位效果变差甚至无法定位。

② 请勿在有高压线、通信基站或发射塔等区域飞行,以免遥控器受到干扰。

③ 请勿在海拔 6 000 m 以上的高度飞行,环境因素可能导致飞行器电池及动力系统性能下降,飞行性能将会受到影响。

2. 科学制定航线规划

无人机航拍摄影航线规划是视频拍摄、延时摄影拍摄的重要组成部分,科学合理的航线规划有助于提升拍摄质量、稳定画面效果和确保飞行安全。进行航线规划要考虑以下几点:

① 要注意飞行空间的大小,是否有飞行航线死角和盲区;

② 确定 GPS 信号位置正常,周边是否有物体遮挡视线的情况;

③ 确定飞行环境中有无可能产生信号干扰的情况,如高楼、高压线、信号发射塔等;

④ 分析预判航拍飞行画面效果;

⑤ 根据航拍摄影的具体情况、复杂程度,利用大疆飞行软件、荔枝飞行软件等进行手动和智能化航线规划。

3. 飞行前的检查

每一款无人机都有一系列飞行前的检查事项,这些检查工作有利于确保无人机和拍摄设备的安全。起飞前,用户需要进行如下检查。

(1) 无人机飞行地点检查

① 这里是否远离人群和居民点?

② 这里是否远离电线、建筑物和树木?

③ 这里是否属于禁飞区或者在机场附近?

④ 附近是否有政府机构的建筑物?

⑤ 附近是否有繁忙的道路或者铁路?

⑥ 是否已经将手机充满电?

(2) 检查无人机

① 无人机之前是否受过损伤?

② 电池是否充好了电?

③ 是否准备了备用电池?

④ 是否将智能手机或平板计算机充满了电?

⑤ 相机电池是否充满了电(对于非内置相机的情况)?

⑥ SD 卡是否是空的且已做好了格式化?

(3) 飞行前的检查

① 将无人机放置在水平起飞位置;

② 检查无人机遥控器的遥控杆是否良好,将遥控器的遥控杆放置在中间位置,将油门推杆放置到中立位置,打开遥控器;

③ 安装无人机电池,打开无人机电源,确保周围的行人、儿童和动物的安全;

④ 检查电动机和螺旋桨的稳定性,如果一切正常,就可以启动飞行计时,双手操作无人机遥控器,慢慢加大油门,按照预定好的航线平稳飞行。

（4）校准罗盘

正确地校准无人机的罗盘是非常重要的。在每次飞行时都要进行这一步操作,特别是当无人机要在一个新的地点进行飞行时,这将有助于确保无人机的安全。

① 远离金属构件、大的建筑物和手机信号发射塔,这些都可能会对校准产生干扰。

② 打开遥控器及无人机电源。

③ 在遥控器上,将罗盘切换到"校准"选项。各个品牌的遥控器稍有不同。遥控器和无人机上将亮起黄灯,不同品牌无人机灯光颜色可能不同。

④ 保持无人机水平,进行旋转,直到两个指示灯都变为绿色。

⑤ 保持无人机转至与地面垂直,再次旋转无人机,直到两个指示灯再次变绿。

⑥ 如果指示灯为红色并闪烁,则说明以上操作有问题。在这种情况下,重复前面的步骤,直到指示灯变绿为止。

（5）无人机相机的设置

① 分辨率:一般有 2.7K 分辨率和 4K 分辨率两种模式,尽量选择较大的存储卡,采用 4K 的分辨率。

② 宽高比:视频拍摄常选用 16∶9 或 17∶9 的宽高比(GoPro 相机采用较大或超大的宽高比),但如果拍摄的是静态图片则尽量选择 4∶3 的宽高比。

③ 帧数:24 帧/秒(用于视频播放的标准格式)。

④ RAW/Protune:通常选用 RAW 格式拍摄,对于 GoPro 相机则选择 Protune 格式。

⑤ ISO 值:选择 ISO 400 或较低的值。较低的 ISO 值意味着较低的快门速度和较细腻的画面质量。

⑥滤镜:使用中性滤镜以及(或者)偏光片,这样能够抵消强烈的阳光干扰,并能以较低的快门速度进行拍摄,使拍摄的画面更有电影感。

4. 准备拍摄

待无人机搜寻到多个 GPS 卫星后,遥控器也锁定了能够接收到信号的卫星,无人机进入准备飞行状态,通常会自动设置好返航的 GPS 坐标。有些无人机上有一个单独的 GPS 锁定功能。

启动电动机:多数无人机都采用组合摇杆命令的方式启动电动机。例如大疆 Phantom 精灵 4 无人机,可通过同时将左、右摇杆"内八字"推动来启动电动机。电动机开始旋转的同时将摇杆放开,此时无人机已做好了起飞准备,操作者应保持在 3 m 以外的距离。

起飞:将油门推杆慢慢地向上推动,无人机缓缓起飞,也可以使用自动起飞功能。起飞以后,将无人机在较低的高度保持 1 分钟的悬停状态,检查它是否会发生漂移,飞行表现是否正常。如果发生了漂移,就将无人机收回来重新进行校准。再仔细地尝试向指定的方向移动,以确保无人机在操作者的完全控制之下。

降落:降落时,将无人机悬停在一个水平位置然后慢慢地将油门收小直到落地。在距离地面 30 cm 的高度之前,不能突然将油门收到底。

校准与配平：如果无人机没有按预想的方式飞行或者往一个方向偏斜，那么它就需要进行配平。有两个因素会造成漂移，其中一个是风，另一个就是未经过校准的陀螺仪。

5.4.4　无人机全景拍摄后期制作与发布

1. 全景照片的拍摄

在全景作品制作过程中，拍摄全景照片是第一步，也是较关键的步骤。全景作品的效果在很大程度上取决于前期的工作质量，主要是指拍摄的素材效果，所以全景照片的素材十分重要。如果前期的拍摄效果好，那么后期制作就十分方便，反之如果在前期出现了问题，那么后期处理过程将变得十分麻烦，所以一定要重视照片的拍摄过程。

具体操作步骤如下。

（1）无人机手动模式

将无人机升到一定高度。这个高度选在没有建筑物遮挡视线与能完整展现拍摄主体的平衡点，一般以 50～100 m 为宜。

将无人机的云台视角设置为水平。控制水平旋转操纵杆进行顺时针或逆时针 360°旋转，每旋转 45°拍摄一张照片，保证每两张照片之间有 20％的地方是重合的，以方便后期拼接。

将无人机云台视角调为下倾 45°，用与上面同样的方式，每 45°拍摄一张照片，至少拍摄 8 张照片。

将云台调为与地面垂直 90°，俯拍一张底图。

需要注意的是，无人机受视角的限制（无法仰拍），会导致其对天空的拍摄不完整。这就需要进行后期"补天"，可以自己拍摄或者直接利用素材进行拼接。

（2）无人机自动模式

启动遥控器与飞行器电源，打开 DJI GO4 App，根据提示完成对频。连接好设备，飞行器飞至空中，调整好拍摄角度和相关参数，在一键全景前最好试拍图片，查看是否存在照片过曝等问题，以便及时调整。

单击屏幕上的拍照图标，单击"拍照模式"，如图 5-4-4 所示。

图 5-4-4　拍照模式

单击最下面的全景图标，选择拍摄模式为"全景"→"球形"，待无人机飞到想要的高度后单击拍摄键即可拍摄以无人机所在位置为中心的全景图片 25 张。拍摄过程中要注意观察无人机的视角,避免无人机将自己拍摄进去,影响后期的合成。在图 5-4-5 所示的无人机拍摄视角中,GPS 信号为 12 星,电量为 90%,目前无人机高度为 0.0 m。左下角小地图显示当前无人机所在位置。

图 5-4-5　全景拍摄模式

2. 全景素材的制作

全景图制作是指把采集到的一些有相互重叠区域的图像序列拼接成一幅无缝的全景图的过程。图像的拼接是构建 360°虚拟全景空间的一个重要步骤,是全景图生成中最为关键的一步,全景图拼接质量的好坏决定着全景漫游效果的好坏。PTGui 是一款多功能的全景制作工具,它通过为全景制作工具(Panorama Tools)提供可视化界面来实现对图像的拼接,从而创造出高质量的全景图像。以下使用 PTGui 10.0.7 制作全景图像,具体操作步骤如下。

① 打开 PTGui 10.0.7 软件,进入工作界面,如图 5-4-6 所示,单击"加载图像"按钮,导入全景素材照片。

图 5-4-6　PTGui 10.0.7 界面

② 单击"加载图像"按钮后,进入以下界面,如图 5-4-7 所示,找到所需素材文件所在目录,一次性地选取这 25 个文件,需要注意前后顺序。

图 5-4-7　导入图片

③ 导入图片后,可以看到素材的缩略图,下面的"相机/镜头参数"中的"自动(使用来自相机的 EXIF 数据,如果可用)"会自动选中,还可以对"源图像"进行修改、裁剪,如图 5-4-8 所示。

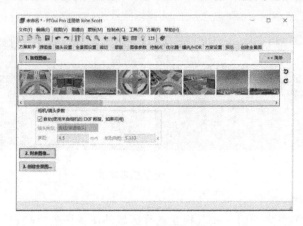

图 5-4-8　图片导入后

单击"源图像"选项卡,可以得到如图 5-4-9 所示的界面。

图 5-4-9　源图像选项卡

单击"裁切"选项卡,可以得到如图 5-4-10 所示的界面。

图 5-4-10　裁切选项卡

④ 拼合图片。单击"对准图像"按钮进行图片拼合,如图 5-4-11 所示。

图 5-4-11　拼合图片

若图片拼合不完整,会出现控制点信息。控制点就是两张图片的连接点,添加控制点的目的在于告诉软件这两张图片的相同点,使其更好地拼接。在添加控制点之前隐藏蒙版并放大至 100%,每两张图片之间至少要添加 3 个控制点。单击选项卡"控制点",就会看到如图 5-4-12所示的界面。

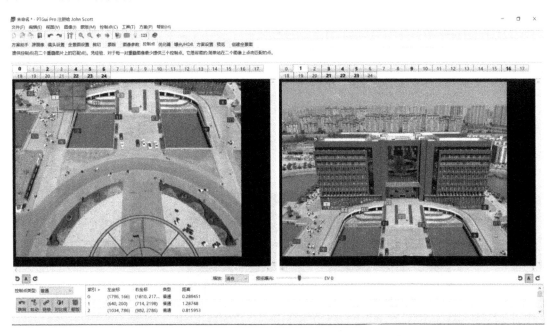

图 5-4-12　控制点添加

完成图片拼合后,出现全景图编辑器,如图 5-4-13 所示,可以通过鼠标左键来移动全景图,用右键来旋转全景图进行调整,调整完成后可以将此窗口关闭。

最后,单击"创建全景图"按钮,如果对源图片的曝光度不满意,还可以对其曝光度进行优化调整。单击"曝光/HDR"选项下的"立即优化"按钮,将对图片进行分析并优化其曝光度,如图 5-4-14 所示。

图 5-4-13　全景图编辑器窗口

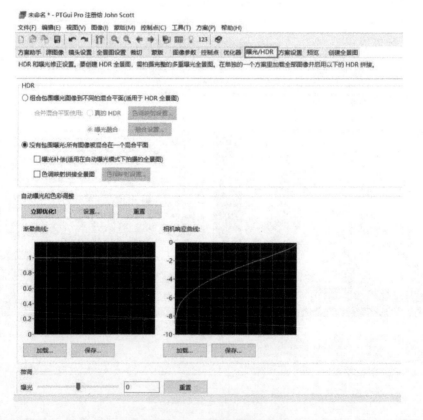

图 5-4-14　优化调整

⑤ 创建全景作品。对输出作品的大小、格式进行设置,输出全景平面展开图为 JPG、TIF、PSD、PSB 格式,输出的全景图片为 MOV 格式,如图 5-4-15 所示,作品可以分层输出,有 3 个可选项——仅混合全景图、仅个别图层、混合和图层。

图 5-4-15　输出设置

　　对输出文件的存储路径设置好后,单击"创建全景图"按钮,进行生成。如果选择的是 JPG 格式得到的就是全景平面展开图,如图 5-4-16 所示。

图 5-4-16　全景平面展开图

3. 全景素材的优化

　　由于无人机无法拍摄顶部天空,则需使用 Photoshop 软件来补充天空部分图层以达到全景图像拼接。Photoshop 作为一款图像处理软件,在去除图像斑点瑕疵和修补图像残损方面有着较强的优势,多用于图像精修和创意合成方面。目前补充天空部分有两种方法:导入天空法和生成天空法。导入天空法简单直接,适用于天际线呈直线,比较平整的全景图片;其缺点是天际线会留下结合痕迹,光影很难做到协调一致,不是很自然。生成天空法适用于天际线有山脉、建筑等高低起伏的全景图片,如果图片本身的天空是晴朗的,生成效果更完美。通常用生成天空法来进行全景补充天空部分,具体操作步骤如下。

225

① 在 Photoshop CS6 中打开全景图,单击菜单中的"滤镜"→"扭曲"→"极坐标",弹出"极坐标"窗口,单击"确定",将全景图平面坐标转变为极坐标,如图 5-4-17 所示。

图 5-4-17　打开全景图

中间"黑洞"部分就是要填充的天空,用 Photoshop CS6 的多边形套索工具选取这个"黑洞",如图 5-4-18 所示。

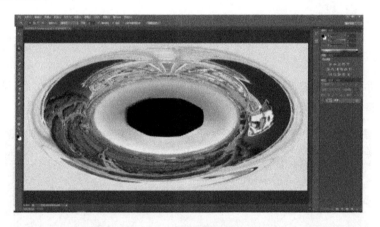

图 5-4-18　选取黑洞

② 单击菜单中的"编辑"→"填充",弹出"填充"窗口,填充内容选择"内容识别",单击"确定",完成填充,如图 5-4-19 所示。

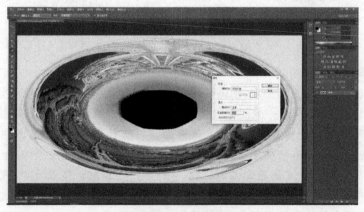

图 5-4-19　内容填充

③ 由于运算原因,里面还有一些瑕疵,在边缘地方还有拍摄时穿帮的桨叶,这些都需要用图章工具进行细致的修复,修复后的效果如图 5-4-20 所示。

图 5-4-20 修复后的效果

④ 最后单击菜单中的"滤镜"→"扭曲"→"极坐标",选择"极坐标到平面坐标",转换回平面图,即完成补天处理。最后进行适当的调色,完成全部后期合成,最终效果如图 5-4-21 所示。

图 5-4-21 最终效果

4. 全景作品制作工具及平台发布

(1)天空之城

天空之城平台是全球航拍爱好者和专业摄影师的社交平台,用"御"Mavic Air 无人机拍摄完成的全景图,可以即时上传至 SkyPixel 天空之城"360"全景图板块,并支持 VR 浏览。

具体步骤如下。

① 在"御"Mavic Air 无人机中打开 DJI GO4,进入拍照模式,单击"单拍",然后再单击右导航栏的第一个按钮,如图 5-4-22 所示。

图 5-4-22 "单拍"模式

② 单击右导航栏的第二个按钮,选择"全景",即可进入全景拍照模式,Mavic Air 提供了 4 种全景拍摄模式,分别是球形、180°、竖拍和广角,如图 5-4-23 所示。

图 5-4-23　4 种全景拍摄模式

③ 单击"球形"全景模式,即可快速合成全景照片,可在 DJI GO4 图库中查看,效果如图 5-4-24 所示。

图 5-4-24　效果图

④ 单击"天空之城"板块,单击右上角 logo"发布图片",可选择"发布本地相册的图片"或"发表编辑器里的图片",进入选择页面,选取需要发布的图片,单击"选择",如图 5-4-25 所示。

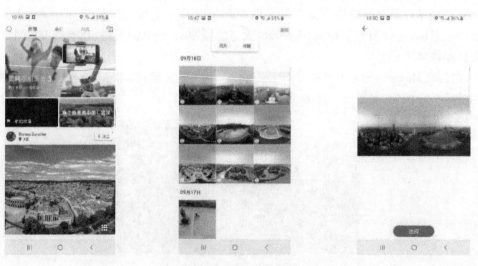

图 5-4-25　选择全景图片

⑤ 选择完毕,可在文本框中填写作品名称和作品简介,单击"发表作品"进行发布,如图 5-4-26 所示。

图 5-4-26　发表作品

⑥ 发布完成后,单击右上角"完成",也可分享给好友,支持的平台有微信、QQ、微博、ins等。不同的平台有不同的分享形式,以微信为例,可以链接形式分享,也可以文件形式分享,如图 5-4-27 所示。

图 5-4-27　分享作品(以链接形式分享,以文件形式分享)

⑦ 最终效果如图 5-4-28 所示。

图 5-4-28　分享后最终效果

（2）720yun VR 全景发布平台

实例 5-5：用 720yun 合成球形全景图

全景漫游制作主要是通过链接每个场景，将它们组成一个实景地图。在全景高级设置中，可制作每个场景的链接，同时设定初始视角，添加阳光、雨雪等天气特效；还可以嵌入一张二维平面地图作为沙盘。在全景切换中添加热点，可以链接至各个场景，并且选择链接图标以及动画方式。将各个场景链接完毕后就可以进行发布，该平台提供了链接和二维码供用户使用。另外，使用手机扫描二维码，可以进入场景进行漫游。

具体操作如下。

① 进入 720yun 官网，注册并登录，如图 5-4-29 所示。

图 5-4-29　注册界面

② 注册完成后，单击"发布"，选择"全景漫游"，在本地文件夹中选择图片，如图 5-4-30 所示。

图 5-4-30　上传页面

③ 上传完成后单击右上角个人设置中的"作品管理"，找到上传的图片，单击"编辑"可对加入的全景图片进行编辑，如图 5-4-31 所示。

图 5-4-31　作品管理页面

④ 进入编辑页面后,可以自定义封面、名称、介绍以及进行其他全局设置等,也可对图片进行重命名,如图 5-4-32 所示。

图 5-4-32　编辑页面

⑤ 如果想要添加额外的全景图片,可以单击下方的"＋添加场景"按钮,如图 5-4-33 所示。

图 5-4-33　添加全景图片

⑥ 全景漫游制作主要是链接每个场景,即热点功能。单击"热点",再选择一张全景图片,单击右侧"添加热点"按钮,如图 5-4-34 所示。

图 5-4-34　添加热点

⑦ 选择一个热点图标,热点类型有全景切换、超链接、图片热点、视频热点、文本热点、音频热点、图文热点、环物热点等。选择"全景切换",如图 5-4-35 所示,选择场景列表中的场景,再选择一个场景切换效果,最后单击"完成"。

图 5-4-35　热点设置

⑧ 当跳转下一个场景时,可以设置初始视角范围及限制观看区域。单击左侧"视角"按钮,中间出现初始视角框,右侧会出现初始视角的相关设置,可自行设置视角范围、垂直视角限制等数值,设置结束后单击初始视角框中的蓝色框"把当前视角设为初始视角",如图 5-4-36所示。

图 5-4-36　视角功能设置

⑨ 在场景中,也可以选择添加背景音乐或语音讲解。单击"音乐"按钮,界面右侧会出现音乐的相关设置。单击"选择音频"按钮,进入音乐选择界面,可以选择之前已经上传到音频素材库中的音乐,也可单击"上传素材"上传本地音频。选择音频后,单击"确定"。可以设置音乐的音量、应用到的场景、是否循环播放,如图 5-4-37 所示。

图 5-4-37　音乐功能设置

⑩ 界面左侧有一列功能面板,除了设置热点外还可以进行沙盘、遮罩、嵌入(图片、视频、文字等)、特效、导览、足迹和细节的设置,如图 5-4-38～图 5-4-41 所示。

图 5-4-38　沙盘、遮罩功能设置

图 5-4-39　嵌入、特效功能设置

图 5-4-40　导览、足迹功能设置

图 5-4-41　细节功能设置

⑪ 最后，对作品进行保存、预览和分享，如图 5-4-42～图 5-4-44 所示。

图 5-4-42　保存、预览

图 5-4-43　效果展示

图 5-4-44　作品分享

习　　题

1. 什么是相机的"节点"？
2. 柱形全景与球形全景在观看时有何不同？
3. 全景拍摄的硬件配置方案有哪些？
4. 全景技术在现阶段的应用领域有哪些？举例说明。
5. 结合本章的知识点，谈谈全景技术的发展前景。
6. 如何在拍摄球形全景时确定节点？
7. 在无人机全景拍摄中有哪些需要注意的事项？

第 6 章 Unity 3D 开发基础

学习目标

1. 深入了解 Unity 3D 基本操作
2. 掌握基于 Unity 3D 的 VR 及 AR 案例开发

Unity 3D(简称 Unity)是美国 Unity Technologies 公司自 2004 年起研发的一款强大的跨平台游戏开发引擎,是一个实时 3D 互动内容创作和运营平台。Unity 科技公司提供一整套软件解决方案,可用于创作、运营和实现实时互动的 2D 和 3D 内容,支持平台包括手机,平板计算机,个人计算机,游戏主机,增强现实、虚拟现实和混合现实设备。

2019 年使用 Unity 制作的游戏和体验已在全球范围内覆盖将近 30 亿台设备,月均下载量超过 30 亿次,并且其在 2019 年的安装量超过 370 亿次。全平台(包括 PC/主机/移动设备)游戏中有很多作品都是基于 Unity 创作的。Unity 科技公司提供易用实时平台,开发者可以在平台上构建各种 AR、VR 和 MR 互动体验,全球超过 60％的 AR 和 VR 内容都用 Unity 制作。

2020 年 5 月 9 日,Unity 科技公司宣布收购加拿大技术服务公司 Finger Food,进一步拓展工业应用版图。Unity 3D 引擎使开发者能够为超过 20 个平台创作和优化内容,包括 iOS、安卓、Windows、Mac OS、索尼 PS4、任天堂 Switch、微软 Xbox One、谷歌 Stadia、微软 HoloLens、谷歌 AR Core、苹果 AR Kit、商汤 SenseAR 等。

Unity 科技公司提供技术支持服务,通过线上问答、项目分析、现场培训等形式为中国开发者解决技术难题,企业级服务支持游戏上线。Unity 科技公司技术支持团队还提供各种定制服务,包括开放大世界解决方案、游戏代码加密方案、UPR(Unity Profiling Reporting,是 Unity 科技公司官方提供的性能分析和检测工具)性能优化、技术美术支持等服务。

据 Unity 科技公司官方透露,截至 2019 年年底,Unity 科技公司在中国、比利时、芬兰、加拿大、法国、新加坡、德国等 16 个国家拥有 44 个办公室,创作者分布在全球 190 个国家和地区。

在全球,Unity 3D 开发引擎有较大的用户群,开发操作简单易学,是初学 VR 开发的常用开发引擎之一。

6.1 Unity 3D 开发引擎安装

6.1.1 Unity 3D 的历史版本

Unity 3D 具有 7 个大类,分别是 Unity 3. x、Unity 4. x、Unity 5. x、Unity 2017. x、Unity 2018. x、Unity 2019. x、Unity 2020. x,其中每个大类里面又会分为若干个更为细致的版本,如 2020. 1. 1、2020. 1. 2 等。

Unity 5. x 中的 Unity 5. 5 已正式支持 Microsoft Holographic(HoloLens),可以在 Unity 3D 中进行 AR 与 VR 的开发,与之前 Unity 官方发布的版本系列相比,此版本在粒子系统和线条渲染器组件上有了重大改善。其中包括改善了动画窗口工作流程并大幅提高了性能,迭代更快也更可靠;还改善了 IAP(In App Purchase)应用内购功能,无须编写代码即可使用 Storefronts 并添加对 CloudMoolah 商店的支持。

Unity 2017. x 中引进关于图集的新对象 SpriteAtlas,与以前的 SpritePack 相比具有更强的灵活性和扩展性,全面支持 XR 平台,支持内置 Vuforia 插件。

Unity 2018. x 中引入着色器可视化编程工具 Shader Graph 和 Visual Effect Graph(可视化特效工具预览版),增加了 Project Tiny 小游戏开发套件,更新了一些功能,如粒子系统、光照、AR、XR 等内容。

Unity 2019. x 中更加强调 Package Manager 这种包管理方式,而且逐渐抛弃很熟悉的启动界面而全面转用 Unity Hub 启动方式。

Unity 2020. x 中 Recorder API 开始支持从运行时获取 GPU(Graphics Processing Unit)信息,方便分析渲染周期所造成的性能消耗,从 Unity 2020. 1 开始编辑 Prefab 物件会默认在场景内编辑。场景内其他的对象会变成灰色,当然也可以切换显示或隐藏。2D 骨骼动画性能也有了很大的提升,Unity 3D 内将不再支持开启 Asset Store 网页的窗口,用户可以直接从网页上购买套件,然后从 Unity 3D 的 Package Manager 内的 My Assets 中找到套件并下载使用。

6.1.2 Unity 3D 的安装指南

在安装 Unity 3D 之前,先来了解关于 Unity 3D 开发引擎对硬件的相关要求。建议计算机配置为 64 位操作系统,4 GB 以上运行内存,Intel 奔腾 3. 1 GHz 以上处理器,970Ti 及以上显卡等,Unity 3D 具体使用流畅程度则视具体计算机配置而定。

下载不同版本的 Unity 3D 有两种方法,一种是在 Unity 3D 官方网站上查找所需要的版本;还有一种是下载 Unity Hub 软件,通过此软件下载各个版本的 Unity 3D。

Unity Hub 是一个致力于简化工作流程的桌面端应用程序,是一个集社区、项目管理、学习资源、安装于一体的工作平台。它既方便项目的创建与管理,又简化了多个 Unity 3D 版本的查找、下载及安装过程,还可以帮助新手快速学习 Unity 3D,Unity 2019 之后的版本都必须使用 Unity Hub 才能打开,因此下面以 Unity Hub 为例介绍 Unity 3D 开发引擎的安装步骤。

① 首先在 Unity 中国官网上下载 Unity Hub,接受条款并单击"Download Unity Hub"进

行下载,如图 6-1-1 所示。

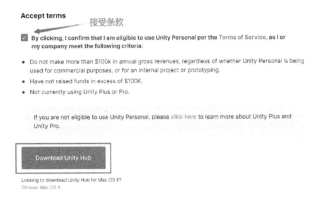

图 6-1-1　下载 Unity Hub

② 下载完成后打开 Unity Hub,登录自己的 Unity 账号,没有账号的,可免费注册;然后在安装页面单击"安装",如图 6-1-2 所示。

图 6-1-2　安装 Unity

③ 选择自己所需要的 Unity 3D 版本,单击"INSTALL"(安装),如图 6-1-3 所示。

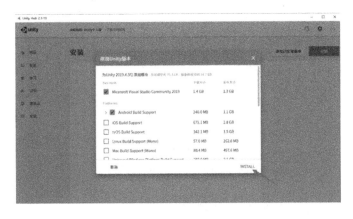

图 6-1-3　安装所需的 Unity 版本

④ 安装完毕后,在安装页面就可以看到所安装的版本,如图 6-1-4 所示。

⑤ 单击"新建"进行新项目创建,选择所需要的模版,再单击"创建",如图 6-1-5 所示。

图 6-1-4　安装页面

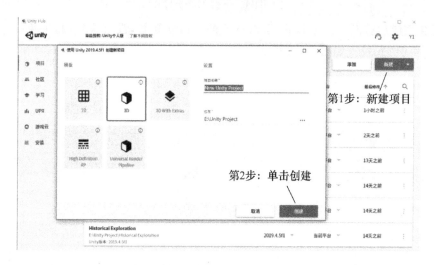

图 6-1-5　新建项目

⑥ 单击"创建"后,便进入 Unity 3D 项目窗口中,如图 6-1-6 所示。

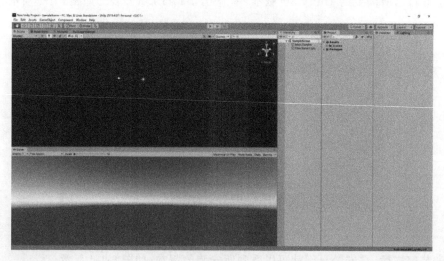

图 6-1-6　Unity 3D 项目窗口

6.2　Unity 3D 开发引擎简介

Unity 3D 拥有功能强大、操作简单、可定制的编辑器，许多工作都可以通过 Unity 3D 可视化编辑器轻松实现而无须任何编程操作。Unity 3D 的基本界面非常简单，主要包括菜单栏、工具栏以及五大视图（层级视图、项目视图、检视视图、场景视图、游戏视图），几个窗口就可以实现几乎全部的编辑功能，开发者可以在较短的时间内掌握相应的基础操作方法。

6.2.1　界面简介

Unity 3D 整体界面如图 6-2-1 所示。

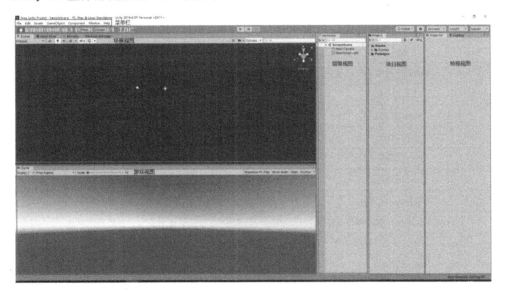

图 6-2-1　Unity 3D 整体界面

1. 菜单栏

菜单栏集成了 Unity 3D 的所有功能，学习菜单栏可以对 Unity 3D 的各项功能有直观而清晰的了解。默认情况下共有 7 个菜单选项，分别是 File、Edit、Assets、GameObject、Component、Window 和 Help。

（1）File 菜单

File（文件）菜单主要包含工程与场景的创建、保存以及输出等功能，具体功能如表 6-2-1 所示。

表 6-2-1　File 菜单功能

命令	功能
New Scene（新建场景）	创建一个新的场景
Open Scene（打开场景）	打开一个已经创建的场景
Save Scene（保存场景）	保存当前场景

命令	功能
Save Scene As(另存场景)	将当前场景另存为一个新场景
New Project(新建项目)	新建一个项目
Open Project(打开项目)	打开一个已经创建的项目
Save Project(保存项目)	保存当前项目
Build Settings(发布设置)	项目发布的相关设置
Build & Run(发布并执行)	发布并运行项目
Exit(退出)	退出 Unity

(2) Edit 菜单

Edit(编辑)菜单主要用来实现场景内部相应的编辑设置,具体功能如表 6-2-2 所示。

表 6-2-2　Edit 菜单功能

命令	功能
Undo(撤销)	撤销上一步操作
Redo(重做)	重做上一步操作
Cut(剪切)	将对象剪切到剪贴板
Copy(复制)	将对象复制到剪贴板
Paste(粘贴)	将剪贴板中的对象粘贴到当前位置
Delete(删除)	删除对象
Duplicate(复制)	复制并粘贴对象
Frame Selected(缩放窗口)	平移缩放窗口至选择的对象
Lock View to Selected(聚焦)	聚焦到所选对象
Find(搜索)	切换到搜索框,通过对象名称搜索对象
Select All(选择全部)	选中所有对象
Preferences(偏好设置)	设定 Unity 编辑器偏好设置功能相关参数
Modules(模块)	选择加载 Unity 编辑器模块
Play(播放)	执行游戏场景
Pause(暂停)	暂停游戏
Step(单步执行)	单步执行程序
Sign in(登录)	登录 Unity 账户
Sign out(退出)	退出 Unity 账户
Selection(选择)	载入和保存已有选项
Project Setting(项目设置)	设置项目相关参数
Graphics Emulation(图形仿真)	选择图形仿真方式以配合一些图形加速器的处理
Network Emulation(网络仿真)	选择相应的网络仿真方式
Snap Setting(吸附设置)	设置吸附功能相关参数

(3) Assets 菜单

Assets(资源)菜单提供了针对项目资源管理的相关工具,通过 Assets 菜单的相关命令,用户不仅可以在场景内部创建相应的对象,还可以导入或导出所需要的资源,其具体功能如表 6-2-3 所示。

表 6-2-3　Assets 菜单功能

命令	功能
Create(创建)	创建资源(脚本、动画、材质、字体、贴图、物理材质、GUI 皮肤等)
Show in Explorer(在资源管理器中显示)	打开资源所在的目录位置
Open(打开)	打开对象
Delete(删除)	删除对象
Open Scene Additive(打开添加的场景)	打开添加的场景
Import New Asset(导入新资源)	导入新的资源
Import Package(导入资源包)	导入资源包
Export Package(导出资源包)	导出资源包
Find References in Scene(在场景中找出资源)	在场景视图中找出所选资源
Select Dependencies(选择相关)	选择相关资源
Refresh(刷新)	刷新资源
Reimport(重新导入)	将所选对象重新导入
Reimport All(重新导入所有)	将所有对象重新导入
Run API Updater(运行 API 更新器)	运行 API 更新器
Open C♯ Project(打开 C♯ 文件)	打开 C♯ 文件

（4）GameObject 菜单

GameObject(游戏对象)菜单主要创建游戏对象,如灯光、粒子、模型、界面等,了解 GameObject 菜单可以更好地实现场景内部的管理与设计,其具体功能如表 6-2-4 所示。

表 6-2-4　GameObject 菜单功能

命令	功能
Create Empty(创建空对象)	创建一个空的游戏对象
Create Empty Child(创建空的子对象)	创建其他组件(摄像机、几何物体等)
3D Object(3D 对象)	创建三维对象
2D Object(2D 对象)	创建二维对象
Light(灯光)	创建灯光对象
Audio(声音)	创建声音对象
Video(视频)	创建视频对象
UI(界面)	创建界面对象
Camera(相机)	创建摄像机对象
Center on Children(聚焦子对象)	将父对象的中心移动到子对象上
Make Parent(构成父对象)	选中多个对象后创建父子对象的对应关系
Clear Parent(清除父对象)	取消父子对象的对应关系
Set as First Sibling	设置选定子对象为所在父对象下面的第一个子对象

续 表

命令	功能
Set as Last Sibling	设置选定子对象为所在父对象下面的最后一个子对象
Move to View(移动到视图中)	改变对象的 Position 的坐标值,将所选对象移动到场景视图中
Align with View(与视图对齐)	改变对象的 Position 的坐标值,将所选对象移动到场景视图的中心点
Align View to Selected(移动视图到选中对象)	将编辑视角移动到选中对象的中心位置
Toggle Active State(切换激活状态)	设置选中对象为激活或不激活状态

（5）Component 菜单

Component(组件)菜单可以实现 GameObject 的特定属性,本质上每个组件是一个类的实例。在 Component 菜单中,Unity 为用户提供了多种常用的组件资源,其具体功能如表 6-2-5 所示。

表 6-2-5　Component 菜单功能

命令	功能
Add(新增)	添加组件
Mesh(网络)	添加网络属性
Effects(特效)	添加特效组件
Physics(物理属性)	使物体带有对应的物理属性
Physics 2D(2D 物理属性)	添加 2D 物理组件
Navigation(导航)	添加导航组件
Audio(音效)	添加音频,可以创建声音源和声音的听者
Video(视频)	添加视频
Rendering(渲染)	添加渲染组件
Layout(布局)	添加布局组件
Miscellaneous(杂项)	添加杂项组件
UI(界面)	添加界面组件
Scripts(脚本)	添加脚本组件
Event(事件)	添加事件组件
Network(网络)	添加网络组件

（6）Window 菜单

Window(窗口)菜单可以控制编辑器的界面布局,还能打开各种视图以及访问 Unity 的 Asset Store 在线资源商店,具体功能如表 6-2-6 所示。

表 6-2-6　Window 菜单功能

命令	功能
Next Window(下一个窗口)	显示下一个窗口
Previous Window(前一个窗口)	显示前一个窗口
Layouts(布局窗口)	显示页面布局方式,可以根据需要自行调整
Asset Store(资源商店)	显示资源商店窗口

命令	功能
Package Manager(资源管理)	显示资源管理窗口
Rendering(渲染)	显示渲染窗口
Animation(动画窗口)	显示用于创建时间动画的窗口
Audio(音频窗口)	显示用于添加音频的窗口
Asset Management(资源管理器)	显示用于链接资源管理器的窗口
2D	显示 2D 画面的窗口

（7）Help 菜单

Help(帮助)菜单汇聚了 Unity 的相关资源链接,如 Unity 手册、脚本参考、论坛等,主要用于帮助用户快速学习和掌握 Unity,其具体功能如表 6-2-7 所示。

表 6-2-7　Help 菜单功能

命令	功能
About Unity(关于 Unity)	提供 Unity 的安装版本号及相关信息
Unity Manual(Unity 教程)	打开 Unity 官方在线反馈平台
Scripting Reference(脚本参考手册)	连接至 Unity 官方在线教程
Unity Services(Unity 在线服务平台)	连接至 Unity 官方在线服务平台
Unity Forum(Unity 论坛)	连接至 Unity 官方论坛
Unity Answers(Unity 问答)	连接至 Unity 官方在线问答平台
Unity Feedback(Unity 反馈)	连接至 Unity 官方在线反馈平台
Check for Updates(检查更新)	检查 Unity 版本更新
Download Beta(下载 Beta 版安装程序)	下载 Unity 的 Beta 版安装程序
Manage License(管理许可证)	管理许可证
Release Notes(发行说明)	连接至 Unity 官方在线发行说明
Software Licenses(软件许可证)	软件使用许可证
Report a Bug(问题反馈)	向 Unity 官方报告相关问题

2. 工具栏

在工具栏中,一共包含 14 种常用工具,如表 6-2-8 所示。

表 6-2-8　工具栏功能

图标	含义	功能
	平移窗口工具	平移场景视图画面
	位移工具	针对单个或两个轴向做位移
	旋转工具	针对单个或两个轴向做旋转
	缩放工具	针对单个轴向或整个物体做缩放
	矩形手柄	设定矩形选框
Center	变换轴向	与 Pivot 切换显示,以对象中心轴线为参考轴做移动、旋转与缩放
Pivot	变换轴向	与 Center 切换显示,以网格轴线为参考轴做移动、旋转与缩放

图标	含义	功能
Local	变换轴向	与 Global 切换显示，控制对象本身的轴向
Global	变换轴向	与 Local 切换显示，控制世界坐标的轴向
▶	播放	播放游戏以进行测试
⏸	暂停	暂停游戏并暂停测试
⏭	单步执行	单步进行测试
Layers ▾	图层下拉列表	设定图层
Layout ▾	页面布局下拉列表	选择或自定义 Unity 的页面布局方式

3. Hierarchy 视图

Hierarchy(层级)视图包含了每一个当前场景的所有游戏对象，其中一些是资源文件的实例，如 3D 模型和其他预制物体(Prefab)的实例可以在 Hierarchy 视图中选择对象或生成对象。当在场景中增加或删除对象时，Hierarchy 视图中相应的对象则会出现或消失。

4. Project 视图

Project(项目)视图显示资源目录下所有可用的资源列表，相当于一个资源仓库，用户可以使用它来访问和管理项目资源。每一个 Unity 的项目包含一个资源文件夹，其内容将呈现在 Project 视图中。这里存放着游戏的所有资源，如场景、脚本、三维模型、纹理、音频文件和预制组件等。如果在 Project 视图里单击某个资源，可以在资源管理器中找到其对应的文件本身。

5. Inspector 视图

Inspector(检视)视图用来显示当前选定的游戏对象的所有附加组件(脚本属于附加组件)及其属性的相关详细信息。

6. Scene 视图

Scene(场景)视图是交互式沙盒，是对游戏对象进行编辑的可视化区域，游戏开发者创建游戏时所用的模型、灯光、相机、材质、音频等内容都将显示在该视图中，如图 6-2-2 所示。

图 6-2-2　Scene 视图

7. Game 视图

Game(游戏)视图用于显示最后发布的游戏的运行画面,游戏开发者可以通过此视图进行游戏的测试,如图 6-2-3 所示。

图 6-2-3　Game 视图

6.2.2　物理引擎和碰撞检测

1. 物理引擎

在 Unity 中,物理引擎是项目设计中最为重要的部分,主要包括刚体(Rigidbody)、碰撞体(Collider)、物理材质以及关节运动等。物理引擎的作用是模拟当有外力作用到对象上时对象间的相互影响,比如在赛车游戏中,驾驶员驾驶赛车和墙体发生碰撞,进而出现被反弹的效果。物理引擎就是用来模拟真实的碰撞后的效果的。

(1)刚体

Unity 中的刚体可以为游戏对象赋予物理属性,实现该对象在场景当中的物理交互。当游戏对象添加了刚体组件后,便可以接受外力与扭矩力。任何游戏对象只有在添加了刚体组件后才会受到重力影响。

(2)碰撞体

碰撞体是物理组件中的一类,它与刚体一起促使碰撞发生。当两个刚体相互撞在一起时,只有两个刚体有碰撞体时物理引擎才会计算碰撞,在物理模拟中,没有碰撞体的刚体会彼此相互穿过。碰撞体类型分为以下几种。

① Box Collider 是一个外形为立方体的基本碰撞体,该碰撞体可以调整为不同大小的长方体,可用作门、墙及平台等。

② Sphere Collider 是球体形状的碰撞体,是一个基于球体的基本碰撞体,它的三维大小可以按同一比例调节,但不能单独调节某个坐标轴的方向和大小,该碰撞体适用于落石、乒乓球等游戏对象。

③ Capsule Collider 由一个圆柱体和两个半球组合而成,其半径和高度都可以单独调节,可用在角色控制器或可与其他不规则形状的碰撞结合使用,通常添加至 Character 或 NPC 等对象的碰撞属性。

④ Mesh Collider(网格碰撞体)采用网格资源(Mesh Asset)并基于该网格构建其碰撞体。

对于碰撞检测,采用网格资源的方式比基元用于复杂网格的方式要精确得多。标记为凸体(Convex)的网格碰撞 Wheel Collider(车轮碰撞体)是一种针对地面车辆的特殊碰撞体,自带碰撞侦测、轮胎物理现象和轮胎模型,专门用于轮胎处理。

（3）角色控制器

角色控制器(Character Controller)主要用于对第三人称或第一人称游戏主角的控制,并不使用刚体物理特效。

（4）布料组件

布料组件可以模拟类似布料的行为状态,如飘动的旗帜、角色身上穿的衣服等,布料组件包括 Skinned Mesh Renderer(蒙皮网格渲染器)和 Cloth 组件。

（5）关节组件

关节(Joint)组件属于物理组件的一部分,是模拟物体与物体之间的一种连接关系,关节组件必须依赖于刚体组件。关节组件可以添加到多个游戏对象中,关节组件包括 Hinge Joint(铰链关节)、Fixed Joint(固定关节)、Spring Joint(弹簧关节)、Character Joint(角色关节)、Configurable Joint(可配置关节)。

2. 碰撞检测

很多时候,当主角与其他游戏对象发生碰撞时,开发者需要做一些特殊的事情,如子弹击中敌人,敌人就得执行一系列的动作。这时,开发者就需要检测碰撞现象,即碰撞检测。

要产生碰撞必须为游戏对象添加刚体和碰撞体,刚体可以让物体在物理影响下运动。碰撞体是物理组件的一类,它要与刚体一起添加到游戏对象上才能触发碰撞。

所以物体发生碰撞的必要条件是两个物体都必须带有碰撞体,其中一个物体还必须带有刚体。

在 Unity 中系统已经提供了碰撞检测的相关方法,这里介绍两种碰撞检测方法:Collision 检测和 Trigger 检测。

（1）Collision 检测

使用 Collision 检测需要用到 3 个重要的方法:在刚体与刚体接触时立即调用 OnCollisionEnter()方法、在刚体与刚体碰撞中调用 OnCollisionStay()方法、在刚体与刚体碰撞结束时调用 OnCollisionExit()方法。

（2）Trigger 检测

使用 Trigger 检测需要勾选 IsTrigger 属性,并用到 3 个重要方法:OnTriggerEnter()——开始碰撞、OnTriggerStay()——碰撞中、OnTriggerExit()——结束碰撞。

6.2.3 Unity UGUI

UI(图形用户界面)是指采用图形方式显示的计算机用户操作界面。与早期计算机使用的命令界面相比,图形界面相对于用户来说在视觉上更容易接受,可以使玩家更好地了解游戏。UI 中包含许多控件,需要开发人员通过代码实现控件的访问以及功能的修改。

1. Canvas

Canvas(画布)是摆放所有 UI 元素的区域,在场景中创建的所有控件都会自动变为 Canvas 游戏对象的子对象,若场景中没有画布,在创建控件时会自动创建画布。创建画布有两种方式:一是通过菜单直接创建;二是直接创建一个 UI 组件时自动创建一个容纳该组件的画布。不管以哪种方式创建画布,系统都会自动创建一个名为 EventSystem 的游戏对象,上面挂载了若干与事件监听相关的组件可供设置。

2．EventSystem

创建 UI 控件后，Unity 会同时创建一个叫 EventSystem（事件系统）的 GameObject，用于控制各类事件。

3．Panel 控件

面板（Panel）实际上就是一个容器，在其上可放置其他 UI 控件，当移动面板时，放在其中的 UI 控件就会跟随移动，这样可以更加合理与方便地移动与处理一组控件。当创建一个面板时，此面板会默认包含一个 Image(Script)组件。其中，Source Image 用来设置面板的图像，Color 用来改变面板的颜色。

4．Text 控件

Text 控件也称标签，Text 区域用于输入将显示的文本。它可以设置字体、样式、字号等内容。

5．Image 控件

在 Image 的控件属性中，Source Image 是 Image 控件的最主要属性之一，其主要功能是用来显示源图像，用户可以把一个图片赋给 Image，前提是需要把图片转换成精灵模式，转化后的精灵图片就可拖放到 Image 控件的 Source Image 属性位置。

转换方法是：在 Project 视图中选中要转换的图片，然后在 Inspector 属性面板中，单击 Texture Type（纹理类型）右边的下拉列表，选中"Sprite(2D and UI)"并单击下方的"Apply"按钮，就可以把图片转换成精灵模式，之后就可以拖放到 Image 控件的 Source Image 属性位置。

6．Raw Image 控件

Raw Image 控件向用户显示了一个非交互式的图像，它可以用于装饰、图标等。Raw Image 控件类似于 Image 控件，但是 Raw Image 控件可以显示任何纹理，而 Image 控件只能显示一个精灵。

7．Button 控件

Button 控件默认拥有 Image 与 Button 两个组件，Image 组件里的属性与前面介绍的一样。Button 是一个复合控件，其中还包含一个 Text 子控件，通过子控件可设置 Button 控件中显示的文字内容、字体、样式、大小、颜色等，与前面讲述的 Text 控件是一样的。

8．Toggle 控件

Toggle 控件也是一个复合型控件。它有 Background 与 Lable 两个子控件，Background 控件中还有一个 Checkmark 子控件。Background 是一个图像控件，其子控件 Checkmark 也是一个图像控件，其 Lable 控件是一个文本框，通过改变它们所拥有的属性值，来修改 Toggle 的外观，如颜色、字体等。

9．Slider 控件

在游戏的 UI 中会见到各种滑块，用来控制音量或是摇杆的灵敏度。Slider 控件也是一个复合控件，其中的 Background 是背景，默认颜色是白色；Fill Area 是填充区域。

10．Scrollbar 控件

Scrollbar（滚动条）控件可以垂直或水平放置，主要用于通过拖动滑块改变目标的比例。它最恰当的应用是用来将一个值变成指定的百分比，最大值为 1（100%），最小值为 0（0%），滑块可在 0 和 1 之间拖动。

11. Input Field 控件

Input Field 控件也是一个复合控件，包含 Placeholder 与 Text 两个子控件。其中 Text 是文本控件，程序运行时用户所输入的内容就保存在 Text 控件中，Placeholder 是占位符控件，表示程序运行时在用户还没有输入内容时显示给用户的提示信息。Input Field 控件和其他控件一样，也有 Image(Script)组件，包括 Transition 属性，其中默认是 Color Tint。此外，它还有一个重要的 Content Type(内容属性)。

6.2.4 Mecanim 动画系统

Mecanim 动画系统是 Unity 公司推出的全新动画系统，具有重定向、可融合等诸多新特性，可以帮助程序设计人员通过和美工人员的配合快速设计出角色动画。

Mecanim 动画系统提供了 5 个主要功能：

① 通过不同的逻辑连接方式控制不同的身体部位运动能力；

② 将动画之间的复杂交互作用可视化地表现出来，是一个可视化的编程工具；

③ 针对人形角色的简单工作流以及动画的创建能力进行制作；

④ 具有能把动画从一个角色模型直接应用到另一个角色模型上的 Retargeting(动画定向)功能；

⑤ 具有针对 Animation Clips 动画片段的简单工作流，针对动画片段以及它们之间的过渡和交互过程的预览能力，从而使设计师在编写游戏逻辑代码前就可以预览动画效果，以便更快、更独立地完成工作。

6.3 VR 开发实战案例

6.3.1 VR 全景制作演示案例

【案例】 VR 全景图片制作及播放

1. 全景照片拼合

① 将无人机拍摄的 25 张图片导入全景拼合软件 PTGui 形成全景图，如图 6-3-1 所示。

图 6-3-1 全景图拼合图

② 用 Photoshop 打开该全景图,用"套索"工具把空缺的天空补齐,如图 6-3-2 所示。

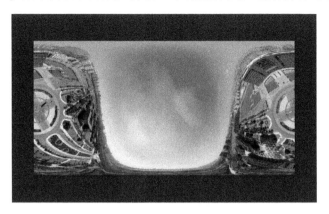

图 6-3-2　生成效果图

③ 用 PTGui 软件打开保存的图片,选择"工具"→"全景图编辑器",把图片恢复到正常的全景图格式,如图 6-3-3 所示。

图 6-3-3　重新展开成全景图

2. 将全景图导入 Unity 3D

① 创建一个 Unity 项目,命名为 P-deom,如图 6-3-4 所示。

图 6-3-4　创建项目

② 在"Assets"菜单栏下,选择"Import New Asset",导入全景图,如图 6-3-5 所示。

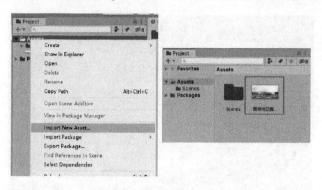

图 6-3-5　导入全景图

③ 设置全景图的延展方式:在"Inspector"(检视面板)中修改图片的延展方式为"Cube"后单击"Apply"(应用),如图 6-3-6 所示。

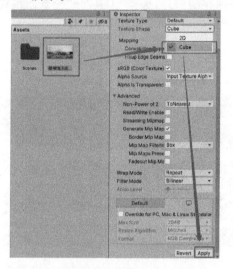

图 6-3-6　改变全景图的延展方式

④ 创建材质:在"Assets"下右击选择"Create"(创建),再单击"Material"(材质),创建材质,命名为"图书馆",如图 6-3-7 所示。

图 6-3-7　创建材质

⑤ 在"Inspector"中修改"Shader"为"Skybox"中的"Cubemap",如图 6-3-8 所示。

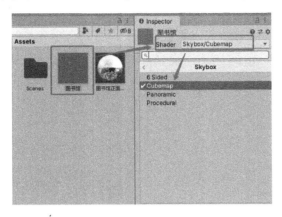

图 6-3-8　修改材质的 Shader

⑥ 将设置为 Cube 的全景图拖入材质的来源框中,如图 6-3-9 所示。

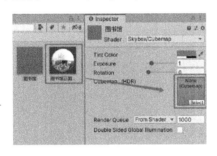 

图 6-3-9　将全景图拖入材质

⑦ 在场景中创建一个承载全景图的球体,如图 6-3-10 所示。

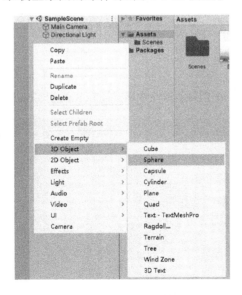

图 6-3-10　创建球体

⑧ 将设置好的材质放入球体中,如图 6-3-11 所示。

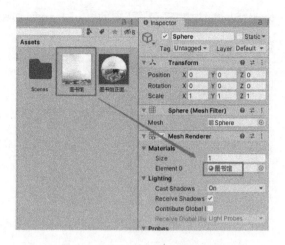

图 6-3-11　给球体添加材质

⑨ 导入第一人称控制器,如图 6-3-12 所示。

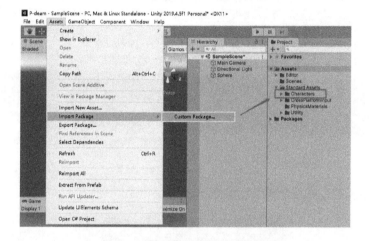

图 6-3-12　导入第一人称控制器

⑩ 将 FPS 预制体放置在场景中(删除 main camera),并且在 FirstPersonCharacter 的检视面板里 Camera 物体的 Clear Flags 属性中将 Skybox 改为 Solid Color,如图 6-3-13 所示。

图 6-3-13　把 FPS 预制体放入场景中

⑪ 创建平面 Plane,取消网格渲染器显示,如图 6-3-14 所示。

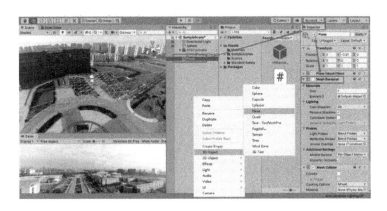

图 6-3-14　创建平面 Plane

注意：平面 Plane 要在第一人称控制器下才能"托住"。

3. 实现多场景切换

① 创建一个 UI 面板，如图 6-3-15 所示，同时在面板上创建 3 个按钮，命名为"图书馆""校公租房""操场"，如图 6-3-16 所示。

图 6-3-15　创建面板　　　　　　　　　　图 6-3-16　创建按钮

② 创建脚本并命名为"Test"，如图 6-3-17 所示。

图 6-3-17　创建脚本

③ 通过代码实现单击对应的按钮来切换材质球，代码如图 6-3-18 所示；把写好的代码"Test"拖给 Sphere，然后把对应的材质拖入，如图 6-3-19 所示。

```csharp
using System.Collections;
using System.Collections.Generic;
using UnityEngine;

public class Test : MonoBehaviour
{
    public Material mat_0;
    public Material mat_1;
    public Material mat_2;

    public void Mat_0()
    {
        gameObject.GetComponent<Renderer>().material = mat_0;
    }

    public void Mat_1()
    {
        gameObject.GetComponent<Renderer>().material = mat_1;
    }

    public void Mat_2()
    {
        gameObject.GetComponent<Renderer>().material = mat_2;
    }
}
```

图 6-3-18　编写代码

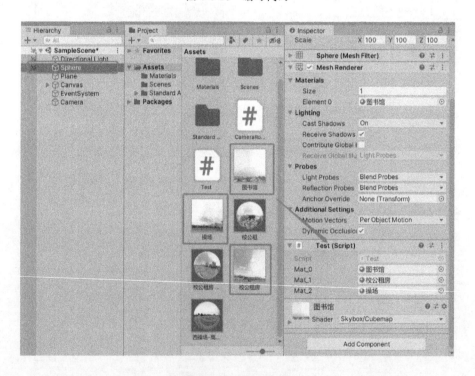

图 6-3-19　绑定材质

④ 给对应的 Button 绑定鼠标注册事件，如图 6-3-20 所示。

⑤ 由于第一人称控制器在使用时会隐藏鼠标，影响鼠标的点击，所以要去掉第一人称控制器，通过代码控制相机旋转实现全景浏览。创建脚本并命名为"CameraRotation"，代码如图 6-3-21 和图 6-3-22 所示。

254

⑥ 将“CameraRotation”脚本附加到 Camera 物体身上，则可以实现按住鼠标左键全方位浏览全景图的目的，如图 6-3-23 所示。

图 6-3-20　给按钮添加事件

```
using System.Collections;
using System.Collections.Generic;
using UnityEngine;

public class CameraRotation : MonoBehaviour
{

        //数据声明
    public enum Rotation { MouseXAndMouseY, MouseX, MouseY }//枚举声明
    Rotation axes = Rotation.MouseXAndMouseY;//声明一个枚举对象

    [SerializeField]//设定一个公开区域
    float sensitivity=10;//定义灵敏度
    [SerializeField]
    float rotationY=0;//Y轴角度
    [SerializeField]
    float min=-90;//限制最小值
    [SerializeField]
    float max=90;//限制最大值

    // Update is called once per frame
    void Update()
    {
        NewMethod(Rotation.MouseY);
    }
```

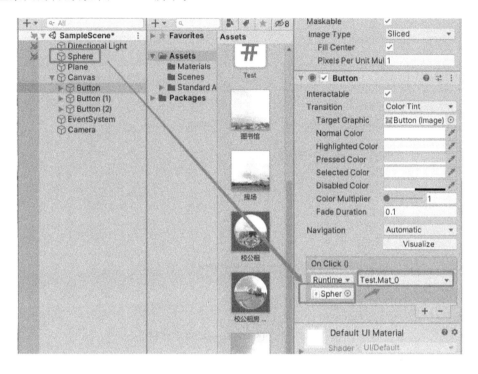

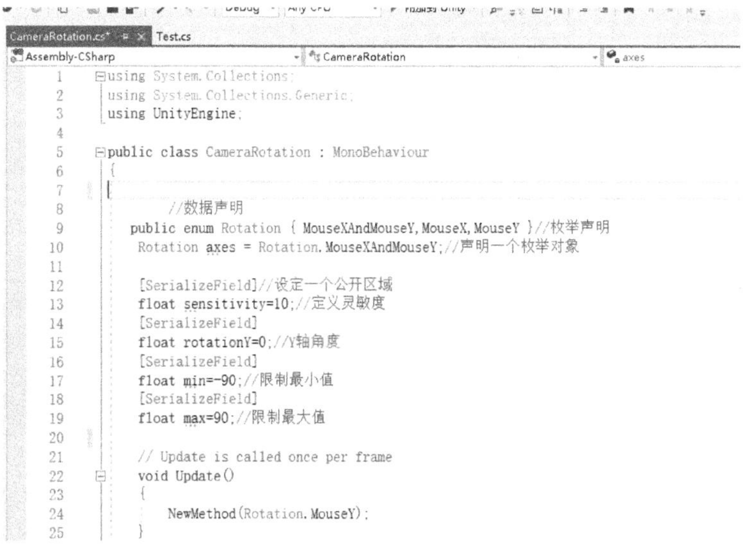

图 6-3-21　“CameraRotation”脚本代码 1

```
public void NewMethod(Rotation axes1)
{
    //1.判断是否点击左键
    if (Input.GetMouseButton(0))//if判断如果去掉就会成为第一人称效果
    {
        //2.判断旋转方式是哪一种
        if (axes == Rotation.MouseXAndMouseY)
        {
            //3.通过获取游戏物体的自身欧拉角来实现旋转
            float rotationX = transform.localEulerAngles.y + Input.GetAxis("Mouse X") * sensitivity;

            rotationY += Input.GetAxis("Mouse Y") * sensitivity;

            rotationY = Mathf.Clamp(rotationY, min, max);//限制Y轴角度

            transform.localEulerAngles = new Vector3(-rotationY, rotationX, 0);
        }
        if (axes == Rotation.MouseX)//方式二，左右
        {
            transform.Rotate(0, Input.GetAxis("Mouse X") * sensitivity, 0);
        }
        else
        {
            rotationY += Input.GetAxis("Mouse Y");

            rotationY = Mathf.Clamp(rotationY, min, max);
            //物体本身相对于父物体的旋转
            transform.localEulerAngles =
            new Vector3(-rotationY, transform.localEulerAngles.y, 0);
        }
    }
}
```

图 6-3-22　"CameraRotation"脚本代码 2

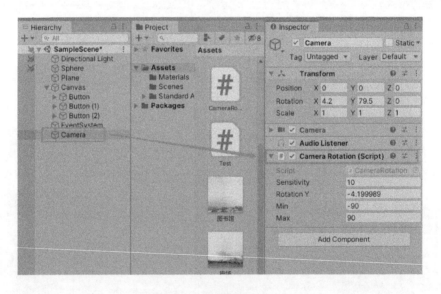

图 6-3-23　脚本赋给 Camera

6.3.2　VR 开发演示案例

本案例使用 HTC 的头盔显示器作为显示终端,HTC Vive 是一款较为常见的虚拟现实头盔,由 HTC 和 Valve 公司制造。它提供一种在虚拟世界中的浸入式体验。

在开始学习之前,操作者必须拥有下列条件:

· 一台支持 VR 的 Windows 操作系统的个人计算机;

- 在机器上安装有 Unity 5.5 或更高版本;
- 一套完整的 HTC Vive 硬件,并配置和升级相应软件;
- 安装 Steam 和 SteamVR 等相关软件。

① 制作一个简单的 Unity 场景,添加 1 个 Plane 和 5 个 Cube,如图 6-3-24 所示。

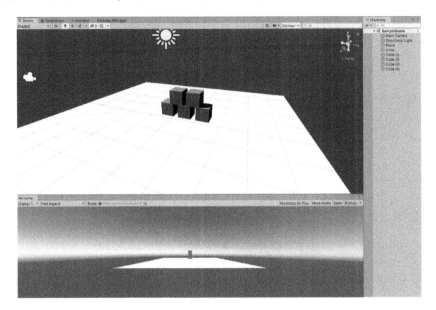

图 6-3-24　Unity 场景

② 需要设置 SteamVR,SteamVR SDK 是一个由 Valve 提供的官方库,以简化 Vive 开发。当前在 Asset 商店中是免费的,它同时支持 Oculus Rift 和 HTC Vive 两种不同型号的设备。打开 Unity 的 Asset Store,搜索 SteamVR Plugin,将其导入 Unity 中,如图 6-3-25 所示。

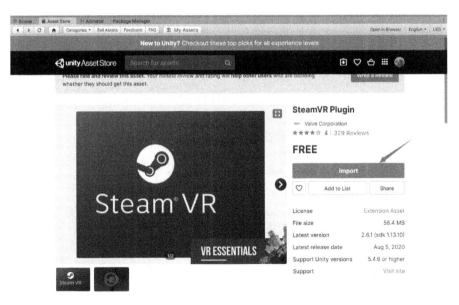

图 6-3-25　导入 SteamVR Plugin

257

③ 导入完成后删除层级视图下的 Main Camera 物体，添加 Player，如图 6-3-26 所示。

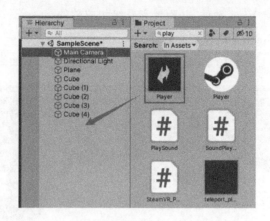

图 6-3-26　添加 Player

④ 添加 Teleporting，支持玩家可以通过手柄进行传送移动，如图 6-3-27 所示。

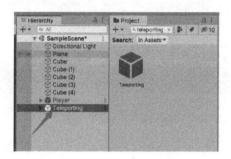

图 6-3-27　添加 Teleporting

⑤ 在 Project 中搜索 TeleportPoint，即瞬移传送点，将其拖入场景中，便可以在场景中通过手柄将射线瞄准它进行瞬移，如图 6-3-28 所示。

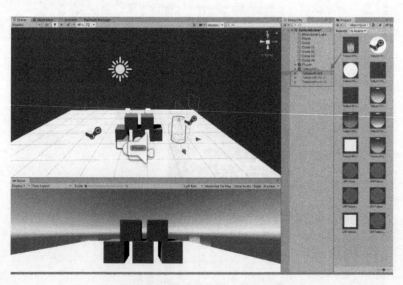

图 6-3-28　添加瞬移传送点

⑥ 为了方便玩家能够在 5 个物体周围通过射线随意移动,在物体周围添加一个适当大小的 Plane,并给 Plane 添加一个 Teleport Area 组件,如图 6-3-29 所示。

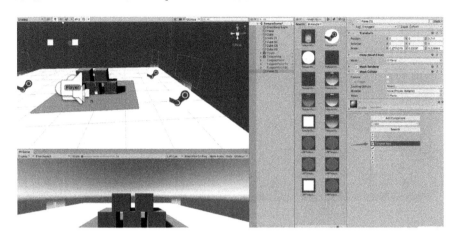

图 6-3-29　添加 Teleport Area 组件

⑦ 给物体分别添加 Interactable 和 Throwable,使物体具有可互动与可投掷属性,添加 Throwable 后会自动添加 Rigidbody 组件,如图 6-3-30 所示。

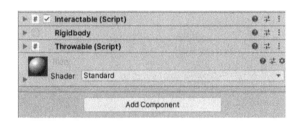

图 6-3-30　添加 Interactable 和 Throwable

⑧ 设置完成后,单击"运行",按住手柄的移动键即可出现物体周围可自由移动的区域以及可瞬移的传送点,如图 6-3-31 和图 6-3-32 所示;将手柄放置在物体旁边,物体周围出现边框表示可抓取,如图 6-3-33 所示;按住抓取键可将物体抓起,如图 6-3-34 所示。

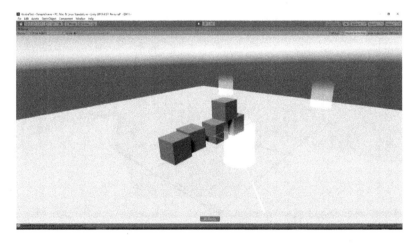

图 6-3-31　可自由移动的区域

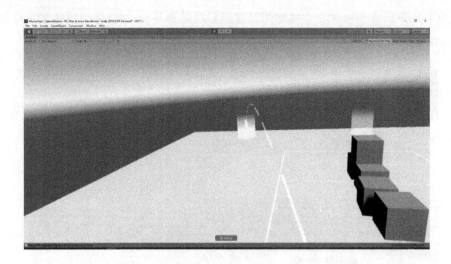

图 6-3-32　可瞬移的传送点

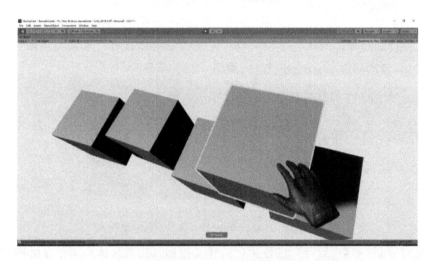

图 6-3-33　可抓取的物体

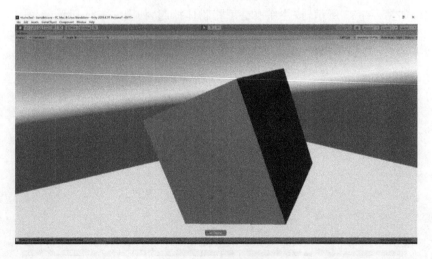

图 6-3-34　抓起物体

6.4　AR 开发实战案例

6.4.1　AR 开发演示案例(一)

1. Vuforia 简介

Vuforia 扩增实境软件开发工具包(Vuforia Augmented Reality SDK)是高通公司推出的针对移动设备扩增实境应用的软件开发工具包。它利用计算机视觉技术实时识别和捕捉平面图像或简单的三维物体(如盒子),然后允许开发者通过照相机取景器放置虚拟物体并调整物体在镜头前实体背景上的位置。Vuforia 是 AR 开发工具的一种,接入较为简单,而且使用方便。

2. 注册账号

在使用 Vuforia 前需要注册账号,在浏览器页面输入网址 https://developer.vuforia.com/,进入 Vuforia 官网进行账号注册,如图 6-4-1 所示。

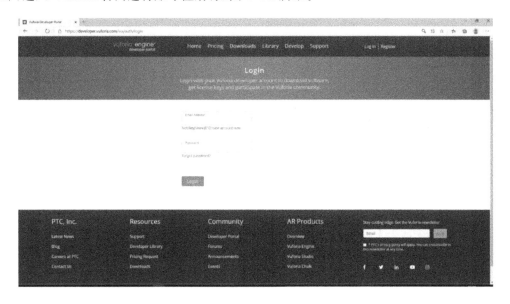

图 6-4-1　注册 Vuforia 账号

3. 创建开发者资源

① 登录后,单击"Get Development Key",创建开发者资源。单击后,进入新的页面,如图 6-4-2 所示。

② 创建许可密钥,如图 6-4-3 所示。

③ 首先输入相应的名字,其次勾选同意协议,最后确认。本例中输入 VuforiaTest,单击"Confirm"(确定)后就会在原来的页面中增加自己所创建的开发者资源,如图 6-4-4 所示。

图 6-4-2　创建开发者资源

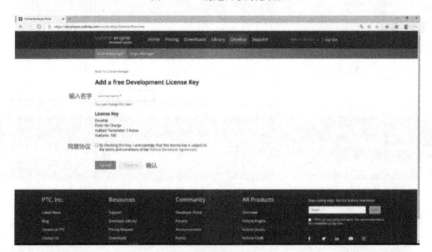

图 6-4-3　创建许可密钥

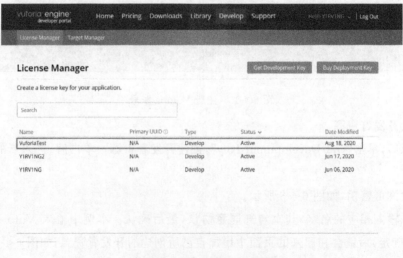

图 6-4-4　增加的开发者资源

4．创建数据库

① 首先切换到"Target Manager"，然后单击"Add Database"添加数据库，如图 6-4-5 所示。

图 6-4-5　创建新数据库

输入有效的数据库名字后，即可单击"Confirm"（确认）创建，之后便可以看到所创建的数据库，本例中输入"VuforiaTestDatabase"，如图 6-4-6 所示。

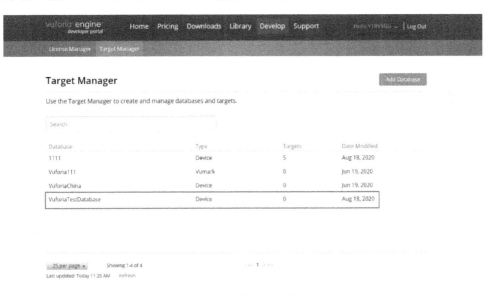

图 6-4-6　新增加的数据库

② 在数据库中添加图片。单击所创建的数据库，便可自由添加要识别的图片，最好选择锐化度较高的、棱角分明的图片（图片最大不能超过 2 MB，如果添加 .png 格式的图片不成功，就添加 .jpg 格式的图片）。上传后，Vuforia 后台会自动生成文件加入当前数据库，并对图片评定 1～5 星不等，其中 5 星图片的 AR 测试识别率最高，将目标图片、图片宽度、图片名字输入完毕后单击"Add"（添加）确认添加即可，如图 6-4-7 所示。

③ 单击"Download Database(All)"（下载），将数据库下载至桌面备用，如图 6-4-8 所示。注意，因为在 Unity 中制作，所以下载的时候要选择"Unity Editor"，如图 6-4-9 所示。

图 6-4-7　添加图片

图 6-4-8　下载数据库

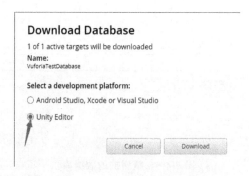

图 6-4-9　选择 Unity Editor

5. Unity 3D 中 Vuforia 的设置

① 直接在 Unity 3D 中的 Package Manager 中找到 Vuforia Engine AR 进行下载，下载后即可使用，如图 6-4-10 所示。

② 添加 AR Camera 组件，然后把工程中原来的相机删掉。

③ 添加许可密钥。首先在官网中找到所创建的 License Manager，单击进入并复制其中的密钥，将密钥粘贴至 Unity 3D 中，如图 6-4-11 和图 6-4-12 所示。

图 6-4-10　安装 Vuforia 工具包

图 6-4-11　复制密钥

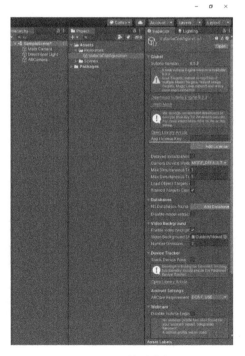

图 6-4-12　粘贴密钥

④ 将下载好的 Vuforia 数据库包 VuforiaTestDatabase. unitypackage 导入 Unity 工程中。

⑤ 添加 AR Image 组件,系统会自动识别出所添加的数据库的图片,如图 6-4-13 所示。

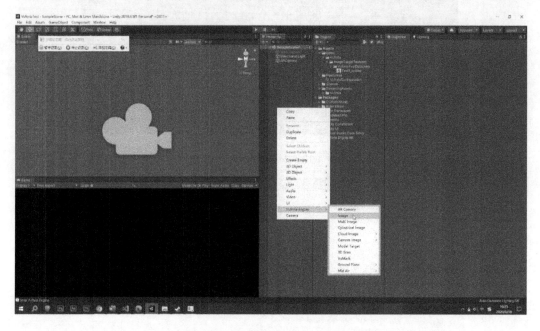

图 6-4-13　添加 AR Image 组件

⑥ 添加物体。在 ImageTarget 下创建圆柱体模型,调整其大小,如图 6-4-14 和图 6-4-15 所示。

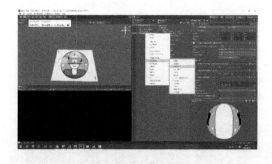

图 6-4-14　添加物体

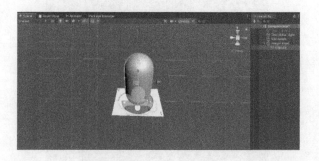

图 6-4-15　Scene 窗口

⑦ 运行,测试效果,如图 6-4-16 所示。

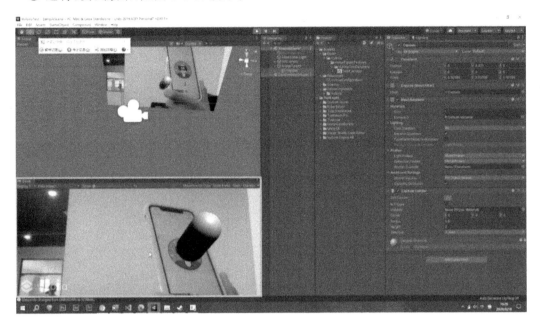

图 6-4-16　运行、测试

6.4.2　AR 开发演示案例(二)

此案例将演示如何通过扫描 3D 物体出现物体模型。

1. 下载扫描软件

① 在 Vuforia 官网 https://developer.vuforia.com/downloads/tool 中下载扫描软件,如图 6-4-17 所示。

② 解压文件后将其中的 Media 文件夹打开,里面包含两个 PDF 文件,将其中名为"A4-ObjectScanningTarget"的文件打开,打开后如图 6-4-18 所示,辅助坐标纸主要是用来辅助扫描的。

图 6-4-17　下载扫描软件

图 6-4-18　辅助坐标纸

③ 将名为"VuforiaObjectScanner-9-3-3"的 APK 文件保存至手机并进行安装,如

图 6-4-19 所示。

图 6-4-19 文件安装包

2. 进行扫描

① 扫描三维物体,需要把要扫描的物体放到辅助坐标纸的灰色部分上,根据其坐标系来识别扫描,如图 6-4-20 所示。

② 然后打开安装好的手机软件,单击右上角"+"号添加扫描对象,如图 6-4-21 所示。

图 6-4-20 放置物体

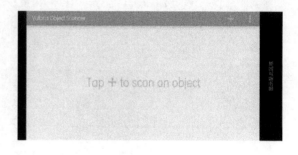

图 6-4-21 添加扫描对象

③ 手机对准物体时会出现三条线,即一个坐标系,如图 6-4-22 所示。

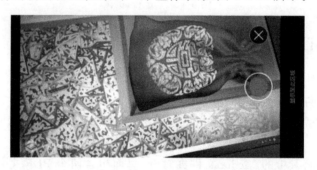

图 6-4-22 坐标系

④ 单击屏幕上的录像按钮,即可看到物体上有很多绿色的识别点,以及有一个带有线框的遮罩,扫描识别到物体后,遮罩就会变成绿色,如图 6-4-23 和图 6-4-24 所示。

图 6-4-23 扫描识别

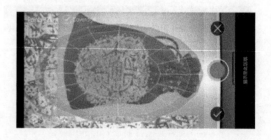

图 6-4-24 扫描完成

⑤ 然后单击屏幕右下角的"√",对文件进行命名即可。

⑥ 扫描完成后可以单击"Test"进行测试,其中绿色立方体是直立在原点的,如图 6-4-25 和图 6-4-26 所示。

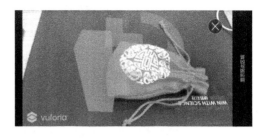

图 6-4-25　测试 　　　　　　　　　　　　　　图 6-4-26　测试成功

⑦ 测试成功后将其导入计算机中。把导入计算机中的包上传至 Vuforia 官网数据库,与上传图片唯一不同的是要将"Type"(类型)更改为"3D Object"选项,如图 6-4-27 所示。

图 6-4-27　上传官网

⑧上传成功后,下载下来导入 Unity 中,如图 6-4-28 所示。在 Unity 中新建场景,将 Vuforia 插件中的 AR Camera、Object Target 拖入新场景,如图 6-4-29 所示。

图 6-4-28　导入 Unity 　　　　图 6-4-29　将 AR Camera、Object Target 拖入新场景

在"Object Target"的检视面板中将"Database"和"Object Target"分别选择对应的设置，如图 6-4-30 所示。

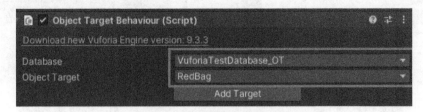

图 6-4-30　选择对应目标

⑨ 在"Hierarchy"的"Object Target"下添加一个新的模型，如图 6-4-31 所示。

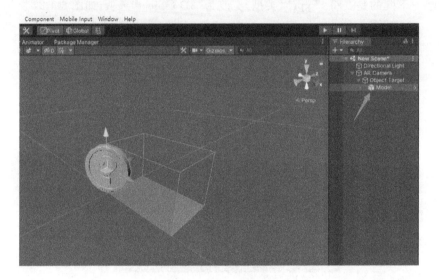

图 6-4-31　添加模型

⑩ 将项目导出成 APK 文件，安装至手机即可使用，如图 6-4-32 和图 6-4-33 所示。

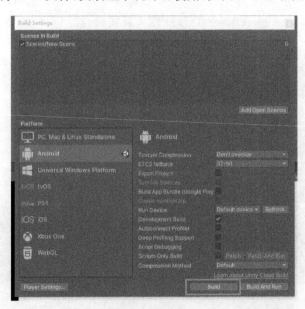

图 6-4-32　导出

图 6-4-33　手机使用画面

习　　题

1. Unity 3D 中的碰撞器分为几种？
2. 物体发生碰撞的必要条件是什么？
3. Unity 3D 的菜单栏里有哪些功能？
4. 简述全景图的制作流程。
5. 角色控制器和刚体的区别是什么？
6. 根据本章的演示案例,尝试开发简单的 VR 作品。
7. 根据本章的演示案例,尝试开发简单的 AR 作品。

参 考 文 献

［1］　Weiner E J,Sanchez D R. Cognitive ability in virtual reality：Validity evidence for VR game-based assessments[J]. International Journal of Selection and Assessment,2020, 28(3).

［2］　Zhan Tao,Yin Kun, Xiong Jianghao, et al. Augmented reality and virtual reality displays：perspectives and challenges[J]. iScience,2020,23(8).

［3］　David D,Edwin, Arman E, et al. Development of Escape Room Game using VR Technology[J]. Procedia Computer Science,2019,157.

［4］　叶玉萍. 基于虚拟现实技术的三维校园漫游系统研究[J]. 电脑与信息技术,2020,28(2)： 14-16.

［5］　Altin C,Orhan ER. Realization of flight control system in virtual reality environment with biological signals[J]. Electronic Letters on Science&Engineering,2017(1).

［6］　Wahyudi A,Adam P,Jesyriviano G. Virtual reality of historical places in North Sulawesi[J]. Cogito Smart Journal,2016,3(1).

［7］　Han J Y. Development of HMD-based 360° VR content of Korean heritage[J]. Indian Journal of Science and Technology,2016,9(24).

［8］　Kim T E. A study on the creation of augmented reality map[J]. Journal of Convergence for Information Technology,2018,8(6).

［9］　Tseng J L. Development of a 3D intuitive interaction interface for head-mounted virtual reality system[J]. International Journal of Advanced Studies in Computer Science and Engineering,2018,7(7TB).

［10］　Fazeli H R, Venkatesh S K, Peng Qingjin. A virtual environment for hand motion analysis[J]. Procedia CIRP,2018,78.

［11］　Koller S, Ebert L C, Martinez R M, et al. Using virtual reality for forensic examinations of injuries[J]. Forensic Science International,2019,295.

［12］　徐金芳. 基于 Unity 3D 的场景交互漫游研究与实践[J]. 科技创新导报,2018,15(34)： 103,105.

［13］　李晓莹,郝腾飞,赵永强,等. 基于虚拟现实应用环境的三维模型立体显示技术开发[J]. 科技创新与应用,2018(24)：145-146.

[14] 徐波,景茹.虚拟仿真技术在"三维场景制作"中的应用与研究[J].电脑知识与技术, 2019,15(33):223-224.

[15] 陈超良.刍议 VR 虚拟现实技术[J].电子技术与软件工程,2016(16):16-17.

[16] 郑培城.数字媒体艺术专业教学中对虚拟现实技术的应用探究[J].艺术科技,2019,32 (12):39-40.

[17] 吴祥恩.虚拟现实技术在"现代教育技术"课程中的应用研究[J].中国电化教育,2011 (3):96-100.

[18] 高鹏.虚拟现实技术及其应用[J].电子技术与软件工程,2019(22):128-129.

[19] 马爱平.5G 网络、4K 直播、VR 虚拟 央视春晚带来高科技"饕餮盛宴"[N].科技日报, 2019-02-05(10).

[20] 陶文源,翁仲铭,孟昭鹏.虚拟现实概论[M].江苏:江苏科学技术出版社,2019.

[21] 韩伟.虚拟现实技术——VR 全景实拍基础教程[M].北京:中国传媒大学出版 社,2019.

[22] 吕云,王海泉,孙伟.虚拟现实——理论、技术、开发与应用[M].北京:清华大学出版 社,2019.

[23] 娄岩.虚拟现实与增强现实技术概论[M].北京:清华大学出版社,2016.

[24] 张金钊,徐丽梅,高鹏.虚拟现实技术概论[M].北京:机械工业出版社,2020.

[25] 王贤坤.虚拟现实技术与应用[M].北京:清华大学出版社,2020.

[26] 李新晖,陈梅兰.虚拟现实技术与应用[M].北京:清华大学出版社,2016.

[27] 胡小强.虚拟现实技术与应用[M].北京:高等教育出版社,2004.

[28] 陆晶辉.VRML 入门与提高[M].北京:北京大学出版社,2003.

[29] 曾芬芳.虚拟现实技术[M].上海:上海交通大学出版社,1997.

[30] 黄心渊.虚拟现实技术及应用[M].北京:科学出版社,1999.

[31] 苏威洲,童仲豪,叶翰鸿.实现网络三维互动[M].北京:清华大学出版社,2001.

[32] 张秀山.虚拟现实技术及编程技巧[M].长沙:国防科技大学出版社,1999.

[33] 网冠科技.Cult3D 产品三维展示——时尚创作百例[M].北京:机械工业出版社,2002.

[34] 石教英.虚拟现实基础及实用算法[M].北京:科学出版社,2002.

[35] 申蔚,夏立文.虚拟现实技术[M].北京:北京希望出版社,2002.

[36] 刘祥.虚拟现实技术辅助建筑设计[M].北京:机械工业出版社,2004.

[37] 张金钊.虚拟现实三维立体网络程序设计语言 VRML[M].北京:清华大学出版社,北 京交通大学出版社,2004.

[38] 胡小强.虚拟现实技术[M].北京:北京邮电大学出版社,2005.

[39] 张茂军.虚拟现实系统[M].2 版.北京:科学出版社,2002.

[40] 周正平,等.使用 VRML 与 JAVA 创建网络虚拟环境[M].北京:北京大学出版 社,2003.

[41] 段新昱.虚拟现实基础与 VRML 编程[M].北京:高等教育出版社,2004.

[42] 韦有双,杨湘龙,王飞.虚拟现实与系统仿真[M].北京:国防工业出版社,2004.

[43] 潘志庚,林柏纬,唐冰,等.多投影面沉浸式虚拟环境及其应用[J].系统仿真学报, 2003,9.

[44] 鲍虎军.虚拟现实技术概论[J].中国基础科学,2003,3.

［45］ 许云,任爱珠,江见鲸.虚拟现实技术 WTK 及应用开发［J］.计算机工程,2001,5.

［46］ 吴国良,马登武.虚拟现实系统建模方法［J］.火力与指挥控制,2002,10.

［47］ 唐秋华,陈定方,孔建益.虚拟现实工具包 WTK 接口开发技术［J］.武汉理工大学学报,2001,23(10).

［48］ 张国宣,韦穗.虚拟现实技术中的 LOD 技术［J］.计算方法与算法理论,2001,11(1).

［49］ 张红芬,李科杰,申延涛.传感手套技术研究［J］.传感器世界,1997.

［50］ 杨元栋,杨泽红,贾培根.虚拟现实力反馈设备的设计与实现［J］.计算机工程与应用,2001,37(23).

［51］ White R,李琳.虚拟现实头盔的工作原理［J］.电子与电脑,2000,6.

［52］ 栾悉道,谢毓湘,吴玲达,等.虚拟现实技术在军事中的新应用［J］.系统仿真学报,2003,15(4).

［53］ 潘志庚,姜晓红,张明敏,等.分布式虚拟环境综述［J］.软件学报,2000,11(4).

［54］ 陈谊,赵海哲,梁炳成,等.分布式虚拟现实及其在仿真中的应用［J］.计算机仿真,2002,19(1).

［55］ 孙连荣,姜元章,任玲.虚拟现实技术及其在高校教学中的应用［J］.石油教育,2003.